特高压多端混合
直流输电运维实用技术

主　编　吕习超　樊友平
副主编　石万里　李晓霞

中国电力出版社
CHINA ELECTRIC POWER PRESS

内 容 提 要

本书第 1 章对常规、柔性直流输电、多端柔性直流输电以及混合直流输电做了简要介绍；第 2 章主要是以昆柳龙多端混合直流输电工程为例，介绍了其控制策略；第 3 章针对昆柳龙多端混合直流输电工程的柳州站、昆北站的一次设备进行了介绍；第 4 章介绍了昆柳龙多端混合直流输电工程的控制保护设备；第 5 章介绍了柳州站的辅助系统；第 6 章针对多端混合直流输电工程的一些典型故障进行了介绍以及分析。

图书在版编目（CIP）数据

特高压多端混合直流输电运维实用技术 / 吕习超，樊友平主编．—北京：中国电力出版社，2022.12
ISBN 978-7-5198-6124-7

Ⅰ．①特… Ⅱ．①吕… ②樊… Ⅲ．①特高压输电–直流输电–研究 Ⅳ．①TM723

中国版本图书馆 CIP 数据核字（2021）第 252273 号

出版发行：中国电力出版社
地　　址：北京市东城区北京站西街 19 号（邮政编码 100005）
网　　址：http://www.cepp.sgcc.com.cn
责任编辑：肖　敏
责任校对：黄　蓓　常燕昆
装帧设计：张俊霞
责任印制：石　雷

印　　刷：望都天宇星书刊印刷有限公司
版　　次：2022 年 12 月第一版
印　　次：2022 年 12 月北京第一次印刷
开　　本：787 毫米×1092 毫米　16 开本
印　　张：13.25
字　　数：283 千字
印　　数：0001—1000 册
定　　价：65.00 元

编　委　会

前言 Preface

　　2010 年以来，我国柔性直流输电工程取得世界瞩目的成就，南方电网南澳±160kV 多端柔性直流输电示范工程、云南电网和南网主网异步联网鲁西背靠背柔性直流输电工程相继投产，2020 年采用了我国原创、世界领先的柔性直流电网技术张北柔直工程和创造了 19 项世界第一的乌东德电站送电广东广西特高压多端直流示范工程（昆柳龙直流工程）相继投产，柔性直流输电已经成为当前世界直流输电的主流和前沿技术。

　　柔性直流输电技术作为第三代直流输电技术，相比以往常规直流，具有灵活可控、谐波小、无换相失败、可向无交流电源的负荷点送电等优点，可广泛应用于海上风电、光伏并网发电、长距离大容量高电压直流送电等，对于我国实现 2030 碳达峰、2060 碳中和目标具有重大意义。同时，随着城市配电网规模的不断扩大，对电能的质量以及电网运行的安全性和灵活性也提出了更高的要求，对此，柔性直流输电也是一个良好的解决方案。

　　昆柳龙直流工程孕育了多端直流第三站投退、特高压柔直换流器在线投退、混合直流线路故障自清除、柔性直流降压运行、直流线路汇流母线保护配置等关键技术。柳州换流站作为昆柳龙工程的中间站点，站内涵盖了柔直换流阀、柔直换流变、直流高速并联开关、柔性直流穿墙套管等上百套国内首次应用的"首台套"设备，本书依托昆柳龙直流工程，依托柳州换流站的建设、运行经验，同时也参考国内其他柔性直流输电工程的相关运行维护经验，从柔性直流技术介绍、±800kV 多端混合直流输电技术、一次主设备、控制保护主设备、辅助系统、特高压多端混合直流输电典型故障分析六个方面进行总结和介绍。

　　本书编者全过程参与了昆柳龙直流工程的设备选型、工程招标、设备监造、现场安装验收、直流系统调试、生产准备和运行维护工作，本书归纳、总结、汇集了特高压多端混合直流建设、运维实践中的丰富经验。

　　本书在编写中得到了南方电网科学研究院有限责任公司魏伟、李桂源博士，超高压输电公司陈名、谢桂泉，武汉大学曾子安、尚茂林等专家大力支持和帮助，在此表示感谢。限于作者水平和经验，书中难免存在不妥之处，恳请读者批评指正。

编　者

2022 年 12 月

目录 Contents

第1章 概　述

1.1　常规直流输电工程发展概况及技术特点

1.1.1　发展概况

高压直流（high voltage direction current，HVDC）输电主要是换流站之间通过高压直流输电线路连接起来的一种结构，这种结构型式在传统的电力电子技术层面扮演着重要的角色。在研究直流输电最初的阶段，由于技术发展的落后导致了人们对于直流输电这项技术产生了诸多怀疑，直接导致其发展在当时有很大的局限性并间接促使交流输电技术得到大量应用。而随着社会经济的快速发展，在输送容量不断增加的情况下，稳定性问题使得交流输电难以满足快速发展的需求。人们急切需要一项可以实现大容量并且远距离传输电能的技术。随着科学技术的不断发展，可控汞弧阀换流器问世，电力电子技术和计算机技术的发展再次打开了直流输电崛起之路。

1954 年，瑞典的果特兰岛建成了世界上第一条长度为 100km 的海底电缆直流输电线路。由于汞弧阀在运行过程中会发生逆弧、熄弧等故障，并且阳极和阴极对温度要求不同，使得温度控制较复杂；同时汞弧阀需要安装真空装置和特殊的阀厅等辅助设施，从而导致其价格昂贵、运行维护不便、可靠性较低，使得直流输电的发展一度受到限制。

随着电力电子技术和微电子技术的快速发展，1957 年美国通用电气公司开发出世界上第一个晶体闸流管（简称"晶闸管"）产品，并于 1958 年使其商业化。国际电工委员会（IEC）定义，晶闸管是指具有三个以上的 PN 结，主电压—电流特性至少在一个象限内具有导通、截止两个稳定状态，且可在这两个稳定状态之间进行相互转换的半导体器件。晶闸管在工作过程中，它的阳极 A 和阴极 K 与电源和负载连接，组成晶闸管的主电路，晶闸管的门极 G 和阴极 K 与控制晶闸管的装置相连，组成晶闸管的控制电路。

相对于汞弧阀换流器，晶闸管换流器在实际运行过程中，不会出现逆弧等故障，而且制造、运行、维护相对简单；特别是高压大功率晶闸管的问世，有效改善了直流输电的运行性能和可靠性，大大促进了直流输电技术的发展。下面介绍几个以晶闸管换流器为基础的具有代表性的直流输电工程。

1. 伊尔河工程（1972 年）

1972 年投入运行的加拿大伊尔河背靠背直流输电系统是第一个全部采用晶闸管换流器的直流输电工程，它标志着直流输电进入了一个新的阶段。该工程将魁北克与新布伦兹维克进行非同步互联，其交换功率为 300MW，电压等级为 2×80kV。

2. 卡哈拉—巴萨工程（1978 年）

该工程连接莫桑比克河与南非约翰内斯堡，传输功率为 1920MW，电压等级为 ±533kV，它是世界上首个极间电压超过百万伏的工程。

3. 伊泰普工程（1986 年）

在我国三峡水电站建成投入运行之前，位于巴西和巴拉圭边界上的伊泰普水电站是世界上最大的水电站，总装机容量达 12600MW。该水电站共安装单机容量为 700MW 的水轮发电机组 18 台，其中 9 台的频率为 60Hz，另 9 台的频率为 50Hz；而用电 98% 的巴西为 60Hz，因此，只能通过直流输电将大量电力送往巴西。与伊泰普电力外送相关的直流输电功率达 6000MW，电压等级为 ±600kV，线路总长度为 1589km。

4. 波罗的海海底电缆直流工程（1994 年）

瑞典与德国之间于 1994 年建成的波罗的海海底电缆直流工程，电缆长度为 255km，电压等级为 450kV，是目前世界上电压等级最高的电缆输电工程。

1.1.2　技术特点

1. 12 脉动换流器单元拓扑结构

12 脉动换流器单元是由两个交流侧电压相位相差 30°的 6 脉动换流器单元在直流侧串联而在交流侧并联所构成，其接线原理图如图 1−1 所示。

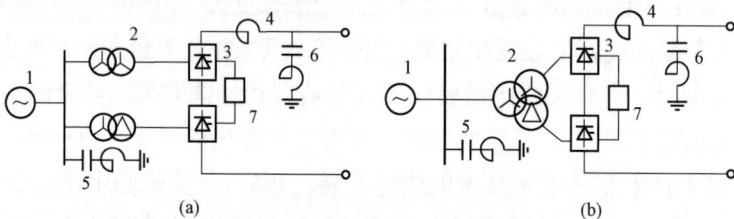

图 1−1　12 脉动换流器单元接线原理图

(a) 双绕组换流变压器；(b) 三绕组换流变压器

1—交流系统；2—换流变压器；3—12 脉动换流器；4—平波电抗器；
5—交流滤波器；6—直流滤波器；7—控制保护装置

12 脉动换流器单元可以采用双绕组换流变压器或三绕组换流变压器（见图 1−1）。为了使换流变压器阀侧绕组的电压相位相差为 30°，其阀侧绕组的接线方式须令其中一个为星形接线，另一个为三角形接线。换流变压器可以选择三相结构或单相结构。因此，对于一组 12 脉动换流单元的换流变压器，可以有四种选择方案：① 1 台三相三绕组变压器；② 2 台三相双绕组变压器；③ 3 台单相三绕组变压器；④ 6 台单相双绕组变压器。

2. 12 脉动换流器单元工作原理

由于 12 脉动换流器是由两个 6 脉动换流器在直流侧串联、在交流侧并联组成。针对常见的两组双绕组变压器，12 脉动换流器的接线原理如图 1-2 所示。

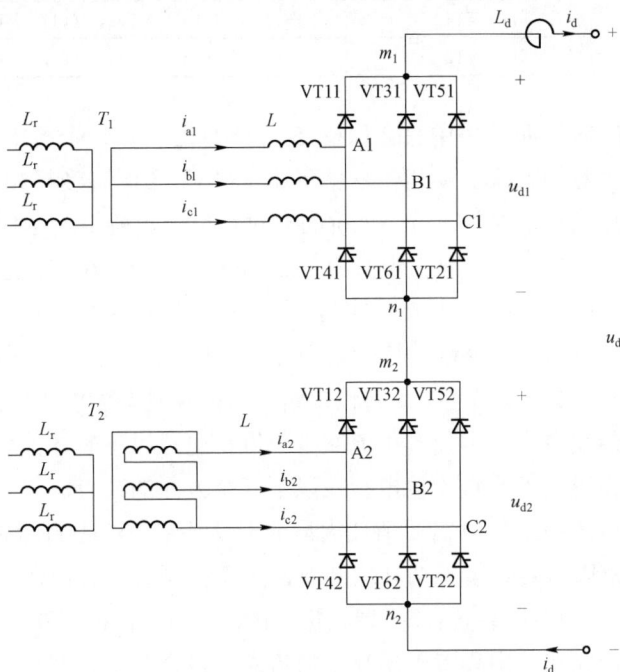

图 1-2　12 脉动换流器接线原理图

12 脉动换流器的原理与 6 脉动换流器相同，是利用交流系统本身的两相短路电流进行换相。当换相角 $\mu < 30°$ 时，在非换相期间两个桥中只有 4 个阀同时导通（每个桥各有 2 个），当一个桥进行换相时，则导通的阀数量增加到 5 个（换向桥中有 3 个，非换相桥中有 2 个）。两者循环交替，形成在正常运行下的"4-5"工况。图 1-2 中 12 个阀导通顺序为：VT11、VT12、VT21、VT22 导通→VT11、VT12、VT21、VT22、VT31 导通依次循环往复。12 脉动换流器的"4-5"工况具体的导通情况见表 1-1。

表 1-1　　　　　　　　　12 脉动换流器的"4-5"工况具体导通情况

时段	4 个阀导通	5 个阀导通
I	VT11、VT12、VT21、VT22	VT11、VT12、VT21、VT22、VT31
II	VT12、VT21、VT22、VT31	VT12、VT21、VT22、VT31、VT32
III	VT21、VT22、VT31、VT32	VT21、VT22、VT31、VT32、VT41
IV	VT22、VT31、VT32、VT41	VT22、VT31、VT32、VT41、VT42
V	VT31、VT32、VT41、VT42	VT31、VT32、VT41、VT42、VT51

续表

时段	4 个阀导通	5 个阀导通
Ⅵ	VT32、VT41、VT42、VT51	VT32、VT41、VT42、VT51、VT52
Ⅶ	VT41、VT42、VT51、VT52	VT41、VT42、VT51、VT52、VT61
Ⅷ	VT42、VT51、VT52、VT61	VT42、VT51、VT52、VT61、VT62
Ⅸ	VT51、VT52、VT61、VT62	VT51、VT52、VT61、VT62、VT11
Ⅹ	VT52、VT61、VT62、VT11	VT52、VT61、VT62、VT11、VT12
Ⅺ	VT61、VT63、VT11、VT12	VT61、VT62、VT11、VT12、VT21
Ⅻ	VT62、VT11、VT12、VT21	VT62、VT11、VT12、VT21、VT22

当换相角 $\mu=30°$ 时，两个桥中总会保持 5 个阀导通。在一个桥中的一对阀刚换相完时，另一个桥的另一对阀就跟着换相，这就形成了"5"工况。当换相角 $30°<\mu<60°$，此时在一个桥没换成换相的时候，另一个桥的一对阀也开始换相。这种情况会有 6 个阀同时导通，从而形成了"5-6"工况。当换相角 $\mu=60°$ 时，"5-6"工况就会结束。在正常运行的时候，换相角 μ 一直会处于 $\mu<30°$，也就是不会出现"5-6"工况。

尽管晶闸管具有耐压高、容量大等一系列优点；但是，通过以上对晶闸管工作特性的描述可知，晶闸管具有单向导通性，此特性决定了只能控制晶闸管的导通而不能控制阀的关断，只有在交流母线电压过零使阀电流减少至维持电流以下时才能使阀处于截止状态。因此，基于晶闸管换流技术的直流输电存在以下三个方面的缺点。

（1）晶闸管换流器在运行时需要消耗大量的无功功率，约占直流输送功率的 30%～60%；因此，换流站均需要安装无功补偿装置，主要类型有三种：① 机械投切的电容器和电抗器；② 静止无功补偿装置；③ 调相机。在设计时，根据短路比的大小，选择合适的无功补偿装置，由此在一定程度上增加了换流站的投资和运行费用。

（2）晶闸管换流器的换相要借助于其所接交流系统提供的短路电流，因此该换流器无法向不含旋转电动机的负荷供电。换句话说，直流输电只能将电能由一个交流有源系统输送至另一个交流有源系统，否则，换流器因无法换相而不能对交流系统供电。同时，如果受端系统的短路容量不足，则在不能提供足够大的换相电流时，也容易导致换相失败。

（3）晶闸管换流器产生的谐波次数低，容量大。以双极换流站为例，其产生的谐波电流次数最低为 11 次和 13 次，容量分别约占基波容量的 9%和 7.7%，由此不得不加装滤波装置，加大了换流站的投资费用。

1.2 柔性直流输电工程发展概况及技术特点

1.2.1 发展概况

20 世纪 90 年代，新型全控型半导体器件——绝缘栅双极型晶体管（insulated gate

bipolar transistor，IGBT）开始应用于直流输电。随着高压 IGBT 的出现，采用全控型器件构成电压源型换流器进行直流输配电成为可能。1997 年，基于电压源型换流器的直流输电工程——赫尔斯扬实验性工程投入运行，国际大电网会议（CIGRE）与美国电气和电子工程师协会（IEEE）将这种新型的直流输电技术称为基于电压源型换流器的高压直流输电（voltage source converter based high voltage direct current，VSC-HVDC）。为简单、形象地描述此项技术变革，国内专家建议将该技术简称为"柔性直流输电技术"，以区别于采用晶闸管的常规直流输电技术——基于电网换相换流器的高压直流输电（line commutated converter based high voltage direct current，LCC-HVDC）。由于全控型器件具有可控开通和可控关断的能力，这使得由其构成的电压源型换流器在换流原理上完全不同于晶闸管换流器，能够有效克服常规直流输电的一些固有缺陷。同时，随着可再生能源接入规模的不断扩大、城市用电负荷的快速增加、直流负荷占比的不断增大，基于全控型器件的电压源型换流器可以更好地适应电力系统的发展趋势。

基于两电平/三电平结构的电压源型换流器控制简单，但存在谐波含量高、开关损耗大等缺陷，同时 IGBT 耐压、耐流能力有限，因此很难满足电力系统高压、大容量的电能传输要求。21 世纪初，德国专家提出了模块化多电平换流器（modular multilevel converter，MMC）拓扑结构及其相关技术，显著提升了柔性直流输电工程的运行效益，促进了柔性直流输电技术的发展及其工程推广应用。2010 年，基于 MMC 的柔性直流输电工程——美国 Trans Bay Cable 工程投入运行。自此，基于 MMC 的理论研究与工程应用迅速展开。我国自 2011 年上海南汇±30kV 柔性直流工程建成投运以来，已有多个高压柔性直流输电工程成功投运。同时，模块化多电平结构在直流变压领域的发展和应用，将进一步促进柔性直流输电技术的发展。2011 年以来世界各国柔性直流输电工程概况见表 1-2。

表 1-2　　　　　2011 年以来世界各国柔性直流输电工程概况

工程名称	投运时间	直流电压（kV）	容量（MW）	换流器技术	工程建设目的
中国中海油文昌油田	2011	±10	4	多电平	海上平台供电
中国上海南汇	2011	±30	17	多电平	风电接入
英国爱尔兰联网	2012	±200	500	多电平	联网，提高可靠性
中国南澳	2013	±160	200	多电平，多端	风电接入
中国舟山	2014	±200	400	多电平，多端	风电接入
德国（Dorwin1）	2013	±320	800	多电平	海上风电接入
德国（Dorwin2）	2014	±320	900	多电平	海上风电接入
德国（Borwin2）	2013	±300	800	多电平	海上风电接入
德国（Helwin1）	2013	±259	576	多电平	海上风电接入
德国（Helwin2）	2014	±320	690	多电平	海上风电接入
德国（Sylwin2）	2014	±320	864	多电平	海上风电接入

工程名称	投运时间	直流电压（kV）	容量（MW）	换流器技术	工程建设目的
西班牙—法国联网	2014	±320	2×1000	多电平	联网，提高可靠性
瑞典—立陶宛（NordBalt）	2015	±300	700	多电平	联网，市场交易，提高可靠性
挪威海上平台	2015	±60	2×50	多电平	供电
芬兰—奥兰省直流	2015	±80	100	多电平	联网
瑞典西南部联网	2016	±160	2×1000	多电平	联网
中国鲁西背靠背	2016	±350/±160	1000/2×1000	多电平	联网
中国张北柔性直流	2019	±500	3000	多电平，多端	新能源接入
中国乌东德直流	2020	±800	8000	多电平，多端	水电送出

1.2.2　技术特点

柔性直流输电与常规直流输电的技术特点对比见表1－3。

表1－3　　　　　　　　柔性直流输电与常规直流输电的技术特点对比

技术特点	常规直流输电	柔性直流输电
基本元件	晶闸管	IGBT
谐波分量	较大的低次谐波分量	较小的高次谐波分量
无功功率/有功功率	消耗大量的无功功率	有功无功解耦分别控制
与交流电网连接	换流变压器	电抗器和换流变压器
潮流反转	电压极性反转	电压保持不变，电流反向
直流侧电感	大	小
直流侧电容	小	大
直流短路电流上升率	小	大

1. MMC 子模块拓扑结构

如今最为常见的 MMC 子模块（SM）的拓扑结构有两种，一种是半桥型 MMC（H－MMC），另一种是全桥型 MMC（F－MMC）。基于半桥型 MMC 子模块具有构造简单、易于拓展的特点，因此被广泛采用。但是半桥型子模块只能输出 0 或正电压，不具备自动清除支路故障的能力。而全桥型子模块除了输出 0 或正电压，还可以输入负电压，通过控制输出电压而具备清除支路故障的能力。

半桥型 MMC 子模块的拓扑结构如图 1－3（a）所示。其中，VT1 与 VT2 代表了结构中的 IGBT；VD1 与 VD2 表示了结构中的反并联二极管；C_0 表示的是每个子模块的直流侧电容器，此电容是每个子模块用来支撑直流母线电压的关键。

全桥型 MMC 子模块由 4 个 IGBT 和 4 个反并联二极管构成，如图 1-3（b）所示。其中，VT1～VT4 分别表示每个 IGBT；VD1～VD4 表示对应的反并联二极管。C_0 表示的是每个子模块的直流侧电容器。

通过对比研究，综合考虑技术先进性和设备经济性等因素，又提出了"全桥+半桥"的混合结构 MMC（C-MMC）。对于清除直流故障，混合拓扑通过全桥功率模块输出负电压来实现。全桥比例越高，换流阀产生负压的能力越强，直流线路故障清除的速度越快，换流阀耐受暂态能量冲击的能力越强。相比于半桥型 MMC，混合 MMC 具备自动清除故障电流的功能；相比于全桥型 MMC，混合型 MMC 具有更好的经济性。混合型 MMC 的拓扑结构如图 1-4 所示。

2. MMC 子模块的工作原理

（1）半桥型 MMC 子模块工作原理。通过对上述 MMC 子模块的拓扑结构分析可知，半桥型 MMC 子模块一般有 3 种工作状态和 6 个工作模式，见表 1-4。

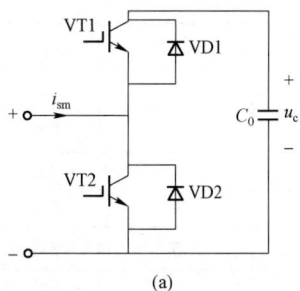

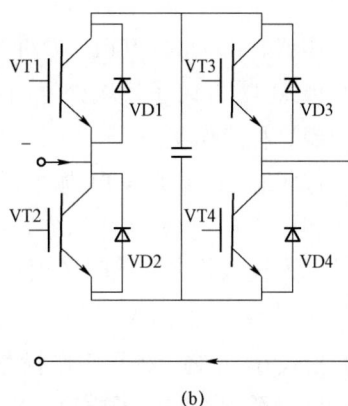

图 1-3 MMC 子模块拓扑结构示意图
（a）半桥型；（b）全桥型

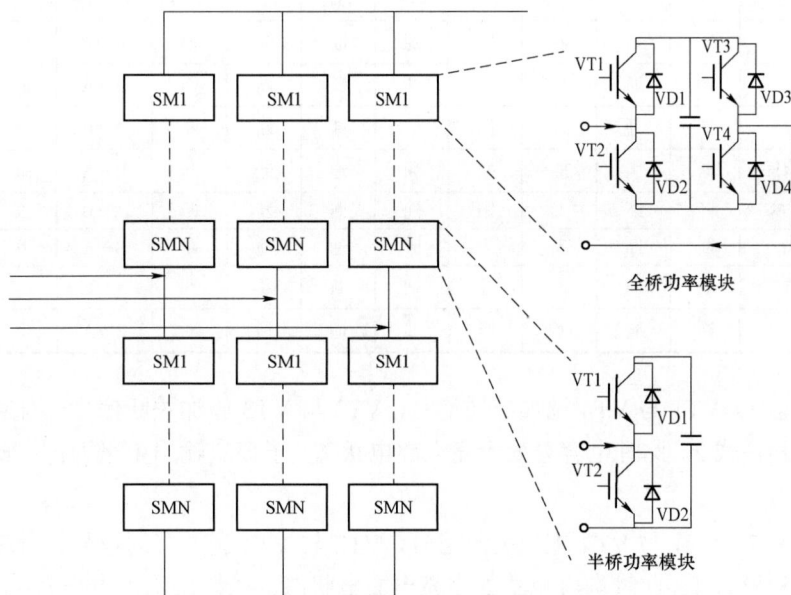

图 1-4 混合型 MMC 拓扑结构示意图

表 1-4　　　　　　　半桥型 MMC 子模块的 3 种工作状态和 6 个工作模式

工作状态	工作模式	VT1	VT2	VD1	VD2	电流方向	u_{SM}	说明
闭锁	1	关断	关断	导通	关断	A→B	u_C	电容充电
投入	2	关断	关断	导通	关断	A→B	u_C	电容充电
切除	3	关断	导通	关断	关断	A→B	0	旁路
闭锁	4	关断	关断	关断	导通	B→A	0	旁路
投入	5	导通	关断	关断	关断	B→A	u_C	电容放电
切除	6	关断	关断	关断	导通	B→A	0	旁路

工作状态 1：此时 VT1 与 VT2 都处于关断信号的作用下，分别对应了表 1-4 中的模式 1 和模式 4。此时子模块处于闭锁状态，也称为非工作状态。在正常运行时，子模块不允许出现这种工作状态。

工作状态 2：此时 VT1 加上开通信号，VT2 加上关断信号，分别对应了表 1-4 中的模式 2 和模式 5。这种工作状态，电容总是在主电路中进行充电放电操作，所以该工作状态又被称为投入状态。此时子模块的输出电压为电容器电压 u_C。

工作状态 3：此时 VT2 加上开通信号，VT1 加上关断信号，分别对应了表 1-4 中的模式 3 和模式 6。总之，处于工作状态 3 时，子模块输出的电压为 0，因为也被称为切除状态。

（2）全桥型 MMC 子模块工作原理。全桥型 MMC 子模块一般有 4 种工作状态和 8 个工作模式，见表 1-5。

表 1-5　　　　　　　全桥型 MMC 子模块的 4 个工作状态和 8 个工作模式

工作状态	工作模式	VT1	VT2	VT3	VT4	VD1	VD2	VD3	VD4	电流方向	u_{SM}	说明
正投入	1	断	断	断	断	通	断	断	通	A→B	u_C	电容充电
正投入	2	通	断	断	通	断	断	断	断	B→A	u_C	电容放电
负投入	3	断	通	通	断	断	断	断	断	A→B	$-u_C$	电容放电
负投入	4	断	断	断	断	断	通	通	断	B→A	$-u_C$	电容充电
旁路	5	断	断	通	断	通	断	断	断	A→B	0	旁路
旁路	6	断	通	断	断	断	断	通	断	B→A	0	旁路
闭锁	7	断	断	断	断	通	断	断	通	A→B	u_C	电容充电
闭锁	8	断	断	断	断	断	通	通	断	B→A	$-u_C$	电容充电

工作状态 1：VT1 与 VT4 施加导通信号，VT2 与 VT3 施加关断信号，对应了表 1-5 中的模式 1 和模式 2。此时电容总处于充电放电状态，子模块输出电平为 u_C，此状态被称为正投入状态。

工作状态 2：VT1 与 VT4 施加关断信号，VT2 与 VT3 施加导通信号，对应了表 1-5 中的模式 3 和模式 4。此时电容也总处于充电放电状态，子模块输出电平为 $-u_C$，此状态被称为负投入状态。

工作状态 3：VT1 与 VT3 或者 VT2 与 VT4 施加导通信号，对应了表 1-5 中的模式 5

和模式 6。此时电容旁路状态，子模块输出电平为 0，此状态被称为旁路状态。

工作状态 4：VT1、VT2、VT3 与 VT4 施加关断信号，对应了表 1-5 中的模式 7 和模式 8。此时电容总处于充电，此状态被称为闭锁状态。

全桥型 MMC 子模块的工作原理如图 1-5 所示。

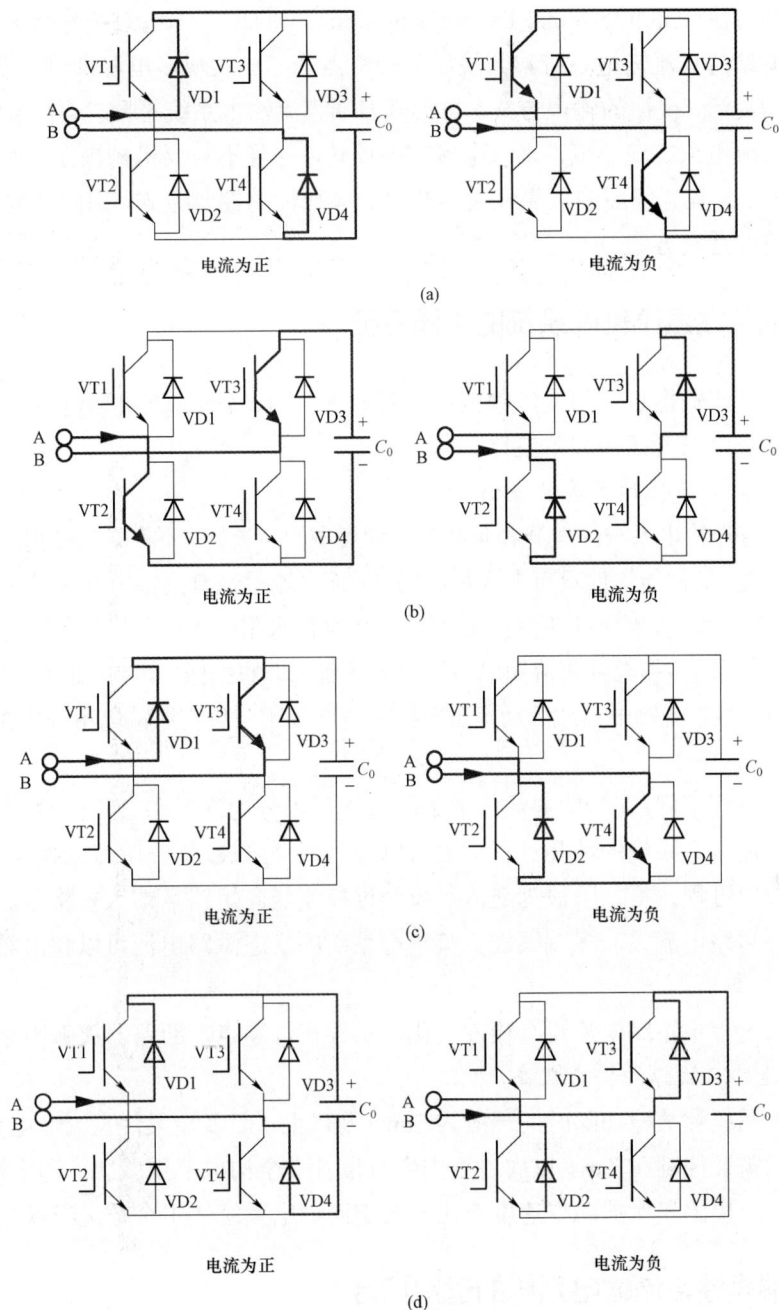

图 1-5　全桥型 MMC 子模块工作原理图
（a）正投入状态；（b）负投入状态；（c）旁路状态；（d）闭锁状态

1.3　多端柔性直流输电系统的本质特征及适用场合

多端柔性直流（multiterminal DC transmission，MTDC）输电系统是指含有多个整流站或多个逆变站的直流输电系统，其最显著的特点是能够实现多电源供电、多落点受电，提供一种更为灵活、快捷的输电方式。与常规多端直流输电系统不同，柔性直流输电系统潮流反转时直流电压方向不变，直流电流方向反转，并且不需要机械操作，速度较快，可靠性较高。它是既具有较高的可靠性又具有灵活多变性的控制方式，因此是构建并联多端直流输电系统的适宜方案。

1.3.1　多端柔性直流输电系统的本质特征

多端柔性直流输电系统与交流输电系统有本质不同，与两端直流输电系统也有巨大差别，其本质特征可以概括为如下三点。

1. 功率平衡的惯性时间常数极小

多端柔性直流输电系统的电源和负载为各种类型的换流器，不存在机械惯性；如不考虑外加的储能装置，其储能元件只有电容和电感，因而多端柔性直流输电系统对功率扰动的响应速度极快。具体来说，频率是反映交流系统功率平衡水平的指标，其响应时间常数一般为数秒；而电压是反映多端柔性直流输电系统功率平衡水平的指标，其响应时间常数一般为数毫秒。故多端柔性直流输电系统的功率平衡控制速度应比一般交流输电系统快 3 个数量级。

2. 故障形态不同

（1）故障过程不同。交流输电系统的故障过程可以分为次暂态、暂态和稳态三个阶段；而多端柔性直流输电系统的故障过程一般可以分为两个阶段，第一阶段为换流器和直流线路中的电容放电过程，第二阶段为交流系统经过换流器向短路点馈入短路电流。

（2）稳态短路电流大。多端柔性直流输电系统的稳态短路电流可以超出额定电流 10 倍以上。

（3）故障过程中短路电流没有极性变化，不存在过零点，断路器灭弧困难。

3. 对快速切除故障的要求极高

交流输电系统的故障切除时间一般为 50ms 及以上，而多端柔性直流输电系统的故障切除时间一般需要控制在 5ms 以内，否则会对设备安全构成严重威胁。即多端柔性直流输电系统的故障检测和保护动作速度应比一般交流输电系统快 1 个数量级以上。

1.3.2　多端柔性直流输电系统的适用场合

1. 孤立的多点间电能传输

海上钻井平台或者海上孤岛等无源负荷以及远离陆地的电网一般多采用本地发电，但这种方式既不经济、也不环保，并且难以保障供电稳定。此时即可利用多端柔性直流输电系统实现各点间的电能传输，实现多个孤立的系统间的电网互联。

2. 多个分散的小型发电厂与主网互联

清洁能源发电厂例如风电场、太阳能电站和一些小型水电站等，一般情况下装机容量较小、位置分散且与主网距离较远，采用传统输电技术使其与电网互联并不经济。此时采用多端柔性直流输电技术，可以将分散的各个小型发电站与主网互联，充分发挥清洁能源分布式发电的优势。

3. 为大型城市供电，构筑城市配电网

随着城市的快速发展，土地资源日渐稀缺，对城市景观的要求也越来越高，传统的架空线输电走廊已经不能满足电力增容的需求。此时采用多端柔性直流输电技术，由能源中心向城区内多个换流站供电，实现直流配电以提高输送半径和输送容量；并且因为柔性直流输电多采用地埋式电缆，对环境影响更小，也可以使市容更加美观。

随着大功率电力电子全控开关器件技术的进一步发展、对新型控制策略研究的深入、直流输电成本的逐步降低以及对电能质量要求的提高，基于常规电流源换流器的混合多端柔性直流输电技术、基于柔性交流输电系统（flexible alternative current transmission systems，FACTS）的多端柔性直流输电技术以及基于 MMC 的新型多端柔性直流输电技术将得到快速发展，必将大大提高多端柔性直流输电系统的运行可靠性和实用性，扩大多端柔性直流输电系统的应用范围，为大区电网提供更多的新型互联模式，为大城市直流供电的多落点受电提供新思路，为其他形式的新能源接入电网提供新方法，为优质电能库的建立提供新途径。

1.4　混合直流输电工程发展概况及技术特点

1.4.1　发展概况

近年来，整流站采用 LCC line commutated high voltage direct current（电网换相型换流器）、逆变站采用 VSC Voltage Sourced Converter Based HVDC（电压源型换流器）的混合型高压直流输电系统成为学术研究的热点。混合直流输电这一名词首次出现的时间是 1992 年，也即后来的混合高压直流（Hybrid‑HVDC）输电系统。该系统结合了常规直流输电和柔性直流输电的优点，使混合直流输电既有常规直流输电的开关损耗低、投资小的优点，又有柔性直流输电免疫换相失败、具备弱交流系统供电能力的优点。值得一提的是，在 VSC 概念诞生初期，柔性直流输电系统一般以两电平 VSC 作为研究对象，因此在混合直流输电系统研究的早期，VSC 侧一般选择两电平 VSC。但是随着 MMC 的出现，大部分新建的柔性直流输电工程均采用 MMC‑HVDC 系统，故当前混合直流输电系统研究对象为 LCC – MMC 的混合直流输电系统。

1.4.2 技术特点

混合直流输电系统实现了两种输电技术的综合互补,主要技术特点及优势包括以下几点:

(1)混合直流输电系统中的 VSC 换流站可灵活地实现自主关断,与提供换向电压的交流系统无关,即不需要无功功率支持,并且稳态运行时可以实现独立有功功率与无功功率控制,在一定程度上还能动态补偿交流系统无功功率缺额,稳定交流系统电压。

(2)混合直流输电系统综合了常规直流输电成本低、技术成熟和柔性直流输电优异的控制调节性能的优点,尤其适用于对于孤岛、弱电网、海上石油平台供电以及风电并网等这些容量不高且追求经济性的工程场景。

(3)VSC 换流站可以实现对交流电流的控制,因此,它并不会增加系统的短路容量,可以从现有的传输系统直接轻松构建出新的多端直流输电系统或者交直流混合输电系统。

第2章 ±800kV 多端混合直流输电技术

2.1 多端混合直流输电系统控制模式选择

以昆柳龙多端混合直流输电工程为例，其控制模式选择见表 2-1。

表 2-1　　　　　　　　　　多端混合直流输电控制模式选择

控制模式	云南侧昆北站 （常规直流输电站）	广东侧龙门站 （柔性直流输电站）	广西侧柳州站 （柔性直流输电站）
1	控直流电压	控功率/直流电流	控功率/直流电流
2	控功率/直流电流	控功率/直流电流	控直流电压
3	控功率/直流电流	控直流电压	控直流电压
4	控功率/直流电流	控直流电压	控功率/直流电流

对于控制模式 1，一方面，云南侧的常规直流输电站作为整流侧控制直流电压，需要对常规直流整流站控制保护策略进行较大的改动；另一方面，常规直流输电站的动态响应速度远小于柔性直流输电站，这会导致在故障工况下常规直流输电站难以跟随柔性直流输电站进行快速调节，直流电压会出现较大波动，同时导致送受端功率不匹配，柔性直流输电站出现子模块电容电压大幅波动。而且，常规直流输电站在启动过程中，通过直流侧给柔性直流输电站的 MMC 充电，会出现较长时间电流断续的现象，导致设备面临较大压力。

对于控制模式 2，广西侧的容量比广东侧更小，按照通常的设计原则，不推荐采用容量更小的换流站控制直流电压。因此建议该种模式仅在广东侧输电能力受限、已无法控制直流电压时推荐使用。

对于控制模式 3，广东、广西侧采用下垂控制同时控制直流电压。然而下垂特性设计复杂，安全工作区小，运行方式受限较多，且稳态工作点易受外部扰动影响，因此不推荐采用。

对于控制模式 4，广东侧可稳定地控制直流电压；在故障工况下，采用背靠背工程中的电压裕度控制，将电压控制权切换到云南侧或广西侧。

推荐采用控制模式 4 作为系统的主要控制模式，结合柔性直流输电系统和常规直流输电系统的外特性，图 2-1 给出了多端混合直流输电系统外特性曲线。

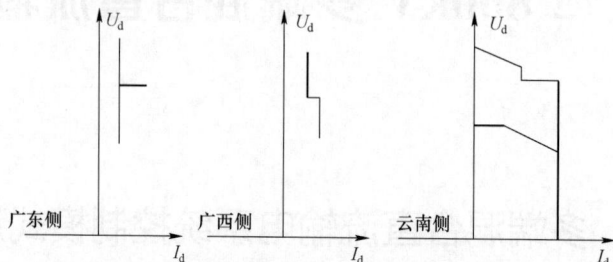

图 2-1 多端混合直流输电系统外特性曲线

2.2 多端混合直流输电系统启停控制策略

本节以昆柳龙输电工程为例，介绍多端混合直流输电系统启停（启动/停运）控制策略。

启/停过程是否平稳，对交直流系统的冲击是否在可接受的范围之内，交直流电压、电流等电气量是否会发生较大的波动，是启/停方案需要考虑的关键问题。根据该工程的建设方案，启动方案可以分为两端启动和三端启/停。而三端启动之后，又存在着第三端退出和第三端再并联等工况，下面分别进行阐述。

2.2.1 两端启动

按照两端启动方式，可以采用云南侧先启动，建立直流电压，与此同时通过直流线路给广东侧的 MMC 主动充电；主动充电完毕后解锁 MMC，待网侧电压与交流系统电压同频同相后闭合交流断路器。该种充电方式可以省略广东侧的预充电回路，但是启动过程复杂，启动完成后需要进行控制模式的切换，且在闭合交流断路器时存在一定的冲击。因此建议仅在黑启动（指大面积停电后的系统自恢复）时使用。两端直流侧启动方式如图 2-2 所示。

另外还可以采用交流侧启动的方式，即广东侧的 MMC 由交流侧完成预充电和解锁启动，建立直流电压；再启动云南侧，将直流电流提升到额定值。这种启动方式简单可靠，且与传统常规直流输电的启动方式十分相似。两端交流侧启动方式如图 2-3 所示。

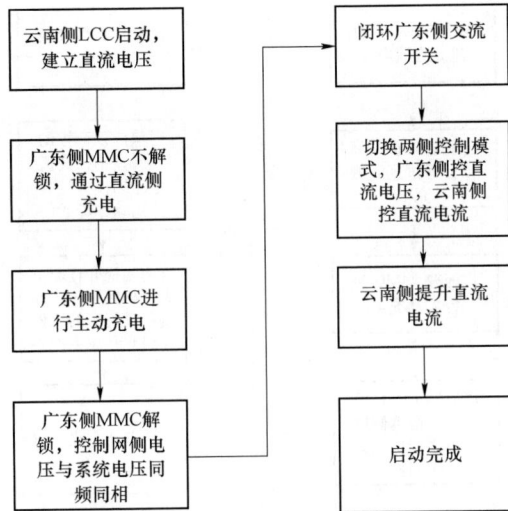

图 2-2　两端直流侧启动方式示意图

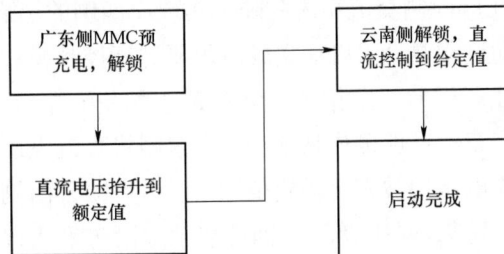

图 2-3　两端交流侧启动方式示意图

2.2.2　三端启动

对于三端混合直流输电系统，也可以采用直流侧启动和交流侧启动两种方式。当受端广东、广西侧电网全都故障时，可以采用云南侧通过直流线路进行广东、广西直流侧启动，从而实现广东、广西电网的黑启动。

在正常工况下，还可以通过广东侧实现广西的 MMC 的直流侧启动：广东侧的 MMC 首先由交流侧完成预充电和解锁启动，建立直流电压；与此同时通过直流线路给广西侧 MMC 主动充电；主动充电完毕后解锁广西侧，待网侧电压与交流系统电压同频同相后闭合广西侧交流断路器，同时将广西侧由控制交流电压模式切换为控制有功功率模式；随后再启动云南侧，将直流电流提升到额定值。注意在云南侧启动的过程中，广西侧的有功功率/直流电流上升率应当与云南侧按照功率比例保持基本一致，否则在满功率下容易引起广东侧过载跳闸。亦即在站间通信丢失的情况下，建议不进行启动操作；如确需启动，云南侧和广西侧应当通过电话保证两站功率/电流升降速率维持一定比例。三端直流侧启动方式如图2-4所示。

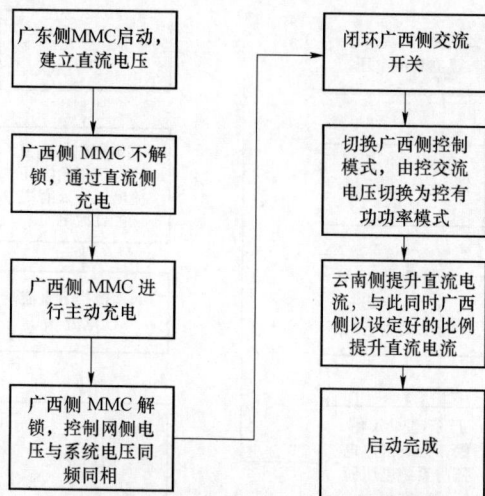

图 2-4　三端直流侧启动方式示意图

这种启动方式可以在广西侧交流系统故障下实现广西侧的黑启动，也可以省略广西侧的预充电回路；但是启动过程复杂，启动完成后需要进行控制模式的切换，且在闭合交流断路器时存在一定的冲击。因此，推荐采用交流侧启动的方式：广东侧和广西侧的MMC由交流侧完成预充电；广东和广西侧先后解锁，广东侧将直流电压抬升到额定值，在此过程中广东、广西侧子模块电压均被充至额定值附近；再启动云南侧，将直流电流提升到额定值。这种启动方式简单可靠，在广东、广西的启动阶段与鲁西背靠背工程一致；在云南侧启动阶段与传统的启动方式十分相似。三端交流侧启动方式如图2-5所示。

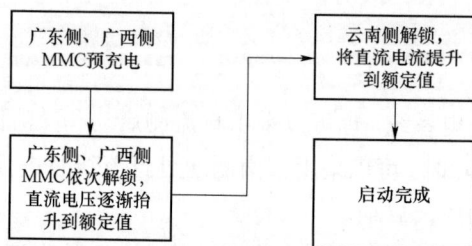

图 2-5　三端交流侧启动方式示意图

2.2.3　三端停运

三端停运可参考以往工程的停运原则：先降直流功率/电流，再降直流电压，最后闭锁换流器。三端停运逻辑如图2-6所示。

```
┌─────────────────────────┐      ┌─────────────────────────┐
│ 云南侧、广西侧以适当速率降低 │─────▶│ 广东侧、广西侧以一定速率降低 │
│      直流电流/功率        │      │        直流电压          │
└─────────────────────────┘      └─────────────────────────┘
            │                                │
            ▼                                ▼
┌─────────────────────────┐      ┌─────────────────────────┐
│ 直流电流降低到1p.u.左右，   │─────▶│ 直流电压降低到0，广东侧、广 │
│ 云南侧LCC移相闭锁          │      │ 西侧闭锁MMC              │
└─────────────────────────┘      └─────────────────────────┘
                                             │
                                             ▼
                              ┌─────────────────────────┐
                              │        停运完成          │
                              └─────────────────────────┘
```

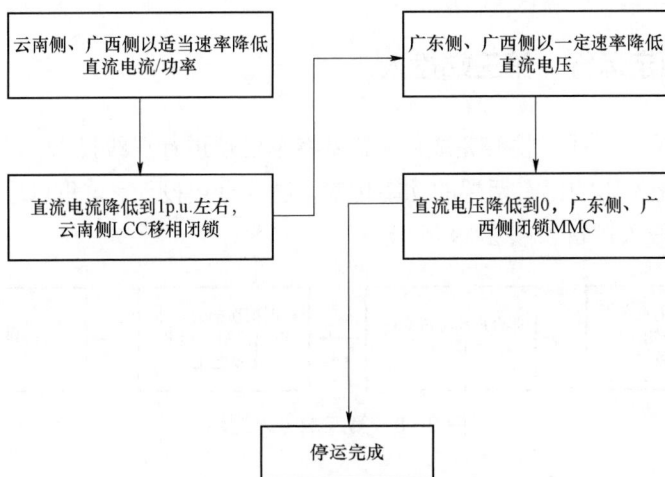

图 2-6 三端停运逻辑

注：p.u.表示标幺值。

运行人员在主控站输入升降速率，点击"停运极/双极"，直流系统功率/电流按照设置的升降速率降至最小功率后云南侧首先闭锁，之后广西侧闭锁，广东侧降压至零附近闭锁。由于广西侧有最小功率限制，在闭锁过程中会出现短暂的两端功率倒送，倒送的功率为广西侧的最小功率。广西侧闭锁后，广东侧应立即降电压闭锁。

注意：在直流电流降低的过程中，广西侧的有功功率/直流电流下降率应当与云南侧按照功率比例保持基本一致，否则容易引起广东侧过载跳闸或广东侧向广西侧输送功率。亦即在站间通信丢失的情况下，建议不进行停运操作；如确需停运，云南侧和广西侧应当通过电话保证两站功率/电流升降速率保证一定比例。

2.2.4 两端停运

由于两端停运属于三端停运的其中一段过程，此处不再赘述。

2.2.5 三端稳定运行，第三端退出

当第三端发生故障时，需要迅速将故障端切除。由于故障工况下换流器会立即闭锁，因此需要考察该工况下对高速直流开关的性能要求。另外，由于广东侧瞬时闭锁，直流功率均瞬间转移到广西侧，有可能导致广西侧桥臂过电流，启动广西侧暂时性闭锁逻辑。

以广西侧为例，紧急在线退出逻辑如图 2-7 所示。

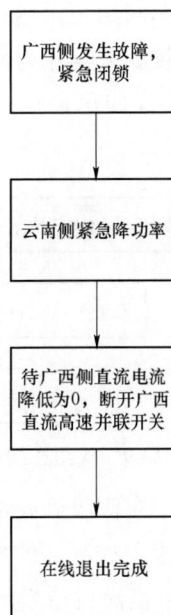

```
┌─────────────────────┐
│ 广西侧发生故障，      │
│ 紧急闭锁             │
└─────────────────────┘
           │
           ▼
┌─────────────────────┐
│ 云南侧紧急降功率      │
└─────────────────────┘
           │
           ▼
┌─────────────────────┐
│ 待广西侧直流电流      │
│ 降低为0，断开广西侧   │
│ 直流高速并联开关      │
└─────────────────────┘
           │
           ▼
┌─────────────────────┐
│ 在线退出完成          │
└─────────────────────┘
```

图 2-7 紧急在线退出逻辑

2.2.6　两端稳定运行，第三端投入

当第三端故障恢复或者检修完成后，需要将第三端进行在线投入，以减小对已运行端的影响。其要求是不影响已有两端的功率传输，进行直接投入。这里以广西侧投入为例进行说明，第三端投入逻辑如图 2-8 所示。

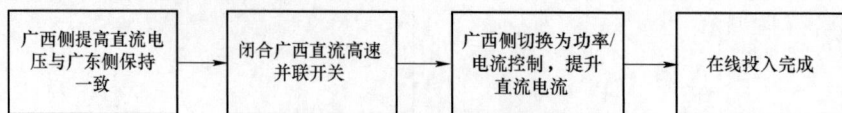

图 2-8　第三端投入逻辑

另外，如果直流侧不采用高速并联开关，而是隔离开关，由于隔离开关不能带电操作，主要会造成以下影响：

（1）第三端无法在线退出。以广西站极 1 故障为例：三端系统极 1 闭锁，断开隔离开关，退出广西侧换流站极 1，极 2 保持运行。整个过程将需要限制在分钟级。

（2）第三端无法在线投入。以广西站投入极 1 为例：系统极 1 停运，闭合隔离开关，广西换流站极 1 并入，三端系统极 1 启动恢复；极 2 保持运行。整个过程将需要限制在分钟级。

2.2.7　高/低阀组的在线投退控制策略

单阀组正常运行的情况下，在直流回路中投入另外一阀组时，必须由控制系统的相关顺序控制来操作与阀组并联的旁路开关。阀组的计划投入与退出不应中断另一阀组的正常运行，还应尽量减小投/退过程对直流输送功率造成的扰动。阀组投/退命令由主控站发出，由主控站控制系统经站间通信通道协调控制各站执行时序。

1. 在线投入阀组

阀组投入命令发出前，三站运行人员须确保本站换流器和对站相应极的可用换流器满足允许解锁（ready for operation，RFO）条件。阀组投入命令由主控站运行人员操作发出。阀组在线投入时序如图 2-9 所示。

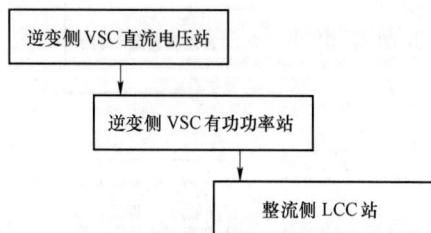

图 2-9　阀组在线投入时序示意图

广东侧收到阀组投入命令后立即以零直流电压解锁待投入阀组，并设置待投入阀组的阀组投入控制器的电流指令（I_0），在阀组投入控制器的作用下，流过换流器的电流逐渐增大；当流过待投入阀组旁路开关的电流出现稳定的正负向过零点并持续达 20ms 时拉开旁路开关。

广西侧收到阀组投入命令后，延时执行与广东侧同样的操作，解锁阀组，增大换流器

电流；当流过待投入阀组旁路开关的电流出现稳定的正负向过零点并持续达 20ms 时拉开旁路开关。

云南侧收到投入阀组命令后延时执行解锁，并设置待投入阀组的阀组投入控制器的电流指令。在电流控制器的作用下，整流侧触发角逐渐减小，流过换流器的电流逐渐增大；当流过待投入阀组旁路开关的电流出现稳定的正负向过零点并持续达 20ms 时拉开旁路开关。

广东、广西侧 MMC 在电压控制器的作用下逐步提升直流电压，云南侧 LCC 的电流控制器则使直流电流维持在指令值。直流电压和直流电流均达到目标值，阀组投入完成。

投入阀组后，该极直流电压升高 1 倍。若直流处在单极电流控制，则该极直流电流保持不变，直流功率上升 1 倍；在单极电流较大的情况下，不采用电流模式投入，以免冲击过大。若直流处在单极功率控制，则该极直流电流减小为投入前的 1/2，直流功率保持不变。

2. 在线退出阀组

当一个极的高/低阀组均处于运行中时，将某一个阀组退出运行的操作可称为阀组的带电退出。退出时，除了相关断路器、隔离开关的顺序操作外，还必须按照一定的闭锁时序执行，才能保证阀组安全退出的同时将对本极直流运行的影响控制在最小范围。

阀组退出命令由主控站运行人员在运行界面操作发出。阀组在线退出时序如图 2-10 所示。

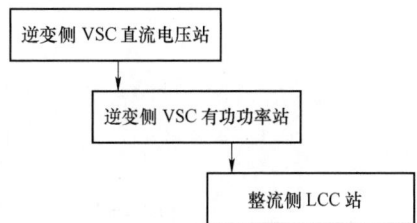

图 2-10 阀组在线退出时序示意图

广东侧收到阀组退出命令后立即执行降阀组电压操作，将待退出换流器直流电压降至 0，之后合上旁路开关并闭锁待退出阀组；广西收到阀组退出命令后，延时执行与广东侧同样的操作；云南侧收到阀组退出命令后延时执行 ALPHA_90 命令及投旁通对，合旁路开关，闭锁阀组。

此外，本极另一阀组继续运行，各站协调将电流电压维持在指令值附近，阀组退出完成。

2.2.8 混合 MMC 充电协调控制

充电过程是 MMC 换流器正常启动的前提和基础，MMC 换流器充电的实质就是子模块电容电压的建立。

1. 混合 MMC 直流侧开路充电过程分析

在交流联网方式下采用交流启动方式，全桥+半桥的 MMC 充电过程如下。

（1）首先在启动电阻投入及 IGBT 触发脉冲闭锁状态下合上换流变压器交流进线开关，对 MMC 换流器的全桥子模块（HBSM）和半桥子模块（FBSM）电容进行不控充电。

这里设全桥子模块的比率为$x \in [0,1]$，每个桥臂的子模块数为N，则全桥子模块数为xN，半桥子模块数为$(1-x)N$。

以最高相为 A 相、最低相为 B 相电压为例子，此时 MMC 回路包括 A 相上桥臂—B 相上桥臂以及 A 相下桥臂—B 相下桥臂两条并联通路，C 相没有电流流过。混合 MMC 直流侧开路不控充电等效电路如图 2-11 所示。

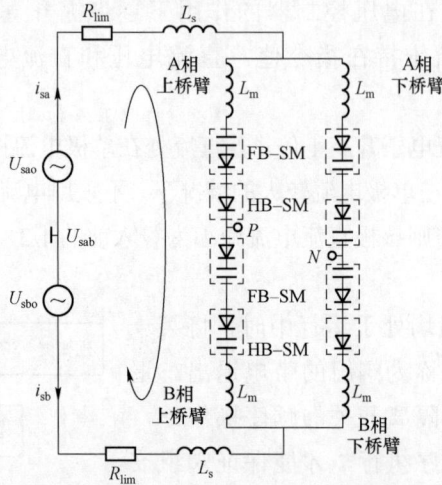

图 2-11　混合 MMC 直流侧开路不控充电等效电路图

R_{lim}—限流电阻；L_s—系统等效电抗；L_m—桥臂电抗

这个阶段全桥子模块的电容一直处于充电状态,而半桥子模块只有在电流为正向的时候，电容才会充电。因此，每个并联支路就相当于由$2xN$个全桥子模块和$(1-x)N$个半桥子模块构成。在电流相同的情况下，半桥子模块充电时间是全桥子模块时间的 1/2。所以在不控充电结束后，满足如下公式：

$$\begin{cases} 2xNU_{Cf1} + (1-x)NU_{Ch1} = \sqrt{2}U_{sl} \\ U_{Cf1} = 2U_{Ch1} \end{cases} \tag{2-1}$$

化简得：

$$\begin{cases} U_{Ch1} = \dfrac{1}{1+3x} \times \dfrac{\sqrt{2}U_{sl}}{N} \\ U_{Cf1} = \dfrac{2}{1+3x} \times \dfrac{\sqrt{2}U_{sl}}{N} \end{cases} \tag{2-2}$$

式中　U_{Cf1}——全桥子模块在不控充电后的模块电压；

　　　U_{Ch1}——半桥子模块在不控充电后的模块电压；

　　　U_{sl}——AB 线电压。

由此可以求得，在不控充电结束的时候，全桥子模块的电压为半桥子模块的 2 倍；而且半桥子模块占比越小，半桥子模块的电压越低。

（2）当全桥子模块取能成功后，将全桥子模块 VT4 管由导通转为半闭锁并继续不控充电，待全部子模块电容电压上升到稳定值且充电电流小于预定值后退出充电电阻；这样全桥子模块的充电方式和半桥子模块就完全一致。此阶段所有的电容电压增量可以表示为：

$$\Delta U = \frac{xNU_{Cf1}}{N} = xU_{Cf1} \qquad (2-3)$$

此阶段结束之后，全桥子模块电容电压 U_{Cf1} 和半桥子模块电容电压 U_{Ch2} 可以表示为：

$$\begin{cases} U_{Ch2} = U_{Ch1} + \Delta U = \frac{1+2x}{1+3x} \times \frac{\sqrt{2}U_{sl}}{N} \\ U_{Cf2} = U_{Cf1} + \Delta U = \frac{2+2x}{1+3x} \times \frac{\sqrt{2}U_{sl}}{N} \end{cases} \qquad (2-4)$$

式中　　U_{Cf2} ——全桥子模块在不控充电后的模块电压；

　　　　U_{Ch2} ——半桥子模块在不控充电后的模块电压。

实际过程中，在各个模块之间会并联几十千欧的均压电阻。两种子模块的电容电压会相差更小，甚至有可能在可控充电的第一阶段就达到电压均衡。

（3）启动主动充电控制，将全部子模块电容电压充至额定工作电压附近，充电过程完毕。

在可控充电第二阶段，需要采用旁路子模块的方式，进一步减少串联在充电回路中的直流电容数量，以提高各子模块电压，直至额定值附近。

因此，需要按照电容电压，从高到低对每个桥臂中的所有子模块进行排序，找出电压较高的前 zN 个子模块，若为全桥子模块则触发 VT2 和 VT4，若为半桥子模块则触发 VT2；对于其他子模块，若是全桥子模块则维持仅触发 VT4 状态不变，若是半桥子模块则维持闭锁状态不变。

通过这个操作，可以保证在每个时刻都只有 $(1-z)N$ 个子模块被接入充电回路；并且排序可以保证所有的子模块都能被轮换接入，实现动态均压。

2. 混合 MMC 直流侧短路充电过程分析

阀组投入前，需要对待投入阀组进行直流侧短路方式充电，具体步骤如下。

（1）将待投入阀组执行"阀组连接"顺控操作，进入"阀组连接"状态。

（2）待投入阀组在启动电阻投入及 IGBT 触发脉冲闭锁状态下执行"备用"转"闭锁"顺控操作，合上柔性直流输电变压器交流进线断路器，对柔性直流输电变压器、柔性直流输电换流阀的全桥和半桥子模块电容进行不控充电。

以下仍旧以最高相为 A 相、最低相为 B 相电压为例说明。混合 MMC 直流侧短路不控充电等效电路如图 2－12 所示，此时 A 的上下桥臂因为直流侧的短接，变成了并联关系。随着子模块的电压逐渐升高，A 相下桥臂会因为二极管承受反压而截止，起到钳位作用，使得正电流方向（A 相下桥臂和 B 相上桥臂）的半桥子模块无法正常充电。

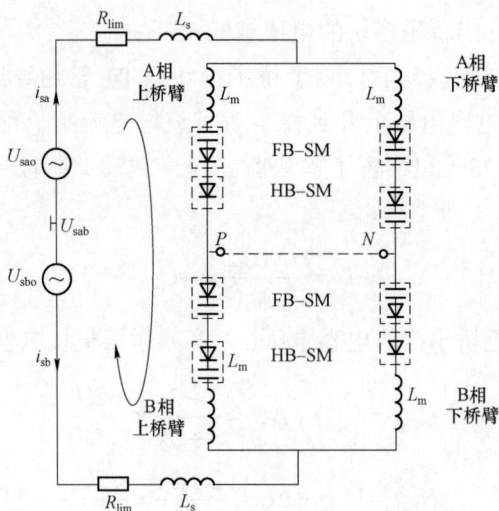

图 2－12　混合 MMC 直流侧短路不控充电等效电路图

这个阶段有 $2xN$ 个全桥子模块的电容一直处于充电状态，而所有的半桥子模块都会被旁路。所以在不可控充电达到稳定状态之后，满足如下公式：

$$\begin{cases} 2xNU_{Cf1} = \sqrt{2}U_{sl} \Rightarrow U_{Cf1} = \dfrac{\sqrt{2}U_{sl}}{2xN} \\ U_{Ch1} \approx 0 \end{cases} \tag{2-5}$$

结束不控充电之后，所有的全桥子模块都可以达到可控状态，而半桥子模块的电压接近于 0，远不能达到可控状态。

（3）待全部子模块电容电压上升到稳定值且充电电流小于预定值后，退出充电电阻。

在不控充电阶段结束后，所有全桥子模块均可启动，从而进入可控状态；而半桥子模块不能进入可控状态。为了使半桥子模块能够正常启动，必须想办法改变全桥子模块的充电方式，让半桥子模块获得能量。

混合 MMC 直流侧短路可控充电等效电路如图 2－13 所示。为降低正电流方向上的电压，可以触发所有桥臂中的电容电压较高的前 yN 个全桥子模块，此时正电流方向的电压降低至 $(x-y)NU_{Cn}$，低于负电流方向（A 相上桥臂、B 相下桥臂）的电压 xNU_{Cn}。此时，电流就可以流过正电流方向的桥臂，为半桥子模块充电。

此阶段结束之后，全桥子模块电容电压 U_{Cf2} 和半桥子模块电容电压 U_{Ch2} 可以表示为：

$$U_{Ch2} = \frac{xy}{(x-y)^2 + x(1-x)}U_{Cf1} = \frac{y}{(x-y)^2 + x(1-x)} \times \frac{\sqrt{2}U_{sl}}{2N}$$

$$U_{Cf2} = U_{Cf1} + \frac{x-y}{x}U_{Ch2} = \frac{1-y}{(x-y)^2 + x(1-x)} \times \frac{\sqrt{2}U_{sl}}{2N} \tag{2-6}$$

由此可知，在这一阶段结束的时候，切除的全桥子模块占比越大，半桥子模块达到的电压越高。

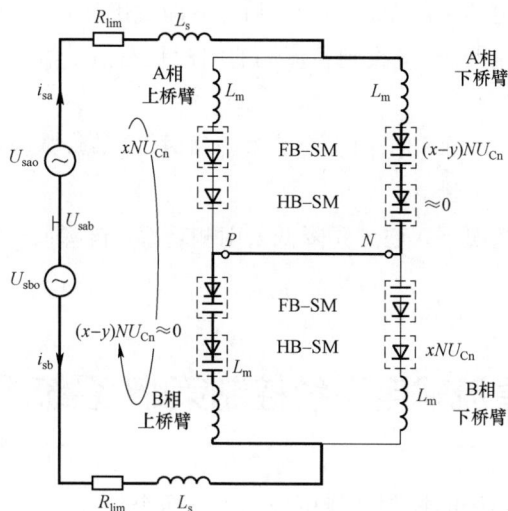

图 2-13 混合 MMC 直流侧短路可控充电等效电路图

（4）启动直流侧短路方式下的可控充电控制，将全部子模块电容电压充至额定工作电压附近，充电过程完毕。

2.2.9 三端解锁协调配合策略

解锁顺序逻辑将使得换流器自动而平滑地进入解锁状态，但在解锁之前，直流控制保护系统会自动判断当前极设备的状态是否允许解锁，以提供必要的联锁来保证设备安全稳定运行。

对于云南侧常规换流站，RFO 条件都满足后，启动命令会首先投入绝对最小滤波器（如果尚未投入）。当绝对最小滤波器连接后，再解锁 LCC。在解锁状态获得后，经一定时间延迟后撤销移相命令。通过这样一个过程，直流输电系统平滑启动，避免了解锁过程中电气量出现突变。

对于广东、广西柔性换流站，RFO 条件都满足后，启动命令会直接解锁 MMC，并将换流器控制至相应的状态。对于广东侧，会将直流电压升至控制目标值；对于广西侧，会将直流功率或直流电流升至控制目标值。

1. 正常的解锁时序

首先解锁广东侧，将直流电压升至控制目标值，接着解锁广西侧，将直流功率控制在最小功率水平。接收到逆变侧已解锁状态指示后，云南侧投入交流滤波器，解锁后解除移相命令；触发角由 164° 开始减小，直流电流开始上升。

正常解锁后，直流功率由最小功率开始上升，直到运行人员定义的功率参考值，运行人员也可以在升降过程中停止它，升降速率也由运行人员决定。一旦换流器解锁，解锁状态就确定了，直到"闭锁"和 ESOF（直流紧急停运）顺序复归解锁。

2. 正常的闭锁时序

在直流功率按照设定速率降至最小功率后,立即发出移相命令,经 60ms 延时后,不带旁通对闭锁云南侧换流器。在接收到整流侧的闭锁状态指示信号后,广东侧先进行闭锁,广西侧随后降压闭锁。

若柔性直流输电其中一个阀组由于交流故障暂时性闭锁,则应当通知同站同极的另一阀组,由其决定是否同步闭锁。

在站间通信丢失的情况下,通过先降低云南侧功率、再降低广西侧功率,系统能够平稳停运。

2.3 多端混合直流输电系统控制策略(系统级—站控—阀控)

多端混合直流输电系统的控制功能可分为以下四个部分。

1. 多端协调控制

设置冗余的多端控制器,与各站各极控制之间配置通信,实现多端直流各站之间的协调控制。正常运行时,其中一站为多端协调主站,实际负责多端协调,其他站为从站,作为备用。协调控制层不独立配置物理设备,而在极控设备中实现相关功能,其主要功能包括:

(1)协调各换流站之间的控制,平衡各换流站之间功率电流指令,功率升降指令,运行方式的切换。

(2)计算各换流站电流指令及电压控制站的电压指令,实现多端功率和电压控制。

(3)完成多端顺序控制,协调多端系统运行方式的配置与切换。

(4)实现两多端控制之间、每个多端控制与各站各极之间的通信。

2. 交、直流站控

交流站控实现对全站交流系统设备的监视与控制。直流站控负责实现顺序控制、无功功率控制、全站公用子系统的监视控制等功能。交、直流站控系统应由站级网络和分布式就地数据采集控制单元构成,主要功能配置应包括:

(1)直流站控主要负责实现常规直流无功控制、直流场断路器/隔离开关/接地开关的控制、联锁和直流场模拟量和开关量的监视,以及与直流站级/双极控制和监视有关的功能。

(2)交流站控主要负责实现交流场各间隔的断路器/隔离开关/接地开关的控制、联锁和交流场各间隔模拟量和开关量的监视等功能。

(3)直流站控或交流站控中通常负责站用电系统的控制监视功能,配置最后断路器、最后线路保护。

3. 极控制

极控制主要实现极层相关的控制功能,如极功率/电流控制、解闭锁顺序控制、过载限制、附加控制、保护性监视功能、功率外环控制、双阀组协调控制等。极控系统配置独立的控制主机和分布式 I/O 设备（输入/输出设备），以实现极控制和换流器控制层的功能。双极控制层的部分功能集成在极控系统中实现。

4. 换流器控制

换流器控制接收上层控制的有功功率类和无功功率类等指令，通过开环/闭环控制向下层控制输出触发角或调制波信号，调节控制整个直流系统运行。换流器控制主要实现阀组层的控制功能，包括换流器触发控制、分接开关控制、阀组顺序控制、锁相环、电流内环控制等。

2.3.1　交、直流站控

1. 常规直流输电无功功率控制

常规直流输电直流站控中配置了无功功率控制功能，其主要控制对象是全站的交流滤波器和电抗器，主要是根据当前直流的运行模式和工况计算全站的无功功率消耗，通过控制所有无功功率设备的投切，保证全站与交流系统的无功功率交换在允许范围之内或者交流母线电压在安全运行范围之内。交流滤波器的安全和对交流系统的谐波影响也是无功功率控制必须实现的功能。

直流站控中的无功功率控制功能搜集直流双极的运行参数，再依据两极总的输送功率以及直流双极总的无功功率消耗情况进行交流滤波器的投切。

2. 柔性直流输电无功功率控制

柔性直流输电换流站的无功功率控制模式主要包括交流电压控制和无功功率控制。为了避免无功功率的来回波动或发散，一个站的双极不能同时以交流电压为控制目标。如果双极中有一个极因检修或其他原因未运行，则另外一个极可以根据系统运行需求选择交流电压控制或无功功率控制，全站无功功率控制由运行极独自承担。双极运行方式下，为了保证双极无功功率协调优化运行，无功功率类控制均针对全站的无功功率进行控制。

两极的极间通信正常情况下，运行人员发总无功功率指令到主控极，主控极通过极间通信将总的无功功率指令传到非主控极，两极的无功功率分配模块按照各极状态进行分配，分配原则如下：

$$Q_{\text{ord}(i,j)} = Q_{\text{ordT}}/N \qquad (2-7)$$

式中　$Q_{\text{ord}(i,j)}$ ——极 i 阀组 j 的无功功率分配指令（i=1 或 2，j=1 或 2）；

　　　Q_{ordT} ——总无功功率指令；

　　　N——运行阀组的总个数。

该策略下各运行阀组分配的无功功率指令相等。在一个极有功率限制或其他原因导致双极不平衡运行时，以功率圆图为边界对无功功率进行分配，在功率圆范围内确保由另外一个极补足剩余无功功率。

同时，为了避免两极同时控制交流电压带来的电压偏差，交流电压控制模式均针对全站交流电压进行控制。交流电压控制模式下，首先由主控极接收交流电压参考值，通过极间通信传到非主控极，主控极交流电压控制外环比例积分（PI）调节器产生全站无功功率，非主控单元跟随主控极，再由各极无功功率分配指令按照无功功率分配原则进行分配。

极间通信故障情况下，运行模式切换为单极无功功率控制，各运行极保持当前无功功率指令。如需调节无功功率，运行人员直接向各极发送无功功率指令。

3. 交流过电压抑制控制策略

该工程送端云南侧存在被动进入孤岛运行方式的可能，为保证系统及设备安全，控制系统需考虑与孤岛判别装置的接口，接收孤岛运行状态信息，并根据相关系统研究结论。控制系统实现如下功能：

（1）为限制孤岛方式下的过电压水平，直流孤岛运行方式下发生双极闭锁（Block 或 ESOF）后，直流站控应在最短时间内发出快速切除所有小组滤波器/电容器命令，换流站内的小组滤波器/电容器应能在 100ms 内被切除；同时应利用换流变压器的励磁饱和特性短时限制工频暂时过电压，在所有交流滤波器/电容器切除后，延时切除所有换流变压器。全切交流滤波器采用硬接线方式实现，跳闸信号从直流站控到交流滤波器大组保护，再到小组滤波器开关保护。

（2）在直流控制系统中，还设置过电压后备保护，以便在直流控制系统中未能快速切除所有交流滤波器/电容器组时，通过过电压后备保护快速切除所有交流滤波器/电容器组。具体定值可结合实际控制保护系统情况在后续的研究中给出。

（3）由于直流闭锁过程对孤岛系统的过电压水平和避雷器吸收能量有比较大的影响，建议考虑采用如下保护闭锁时序：先按照指数函数降电流至 0.12p.u.，然后移相闭锁。

（4）实现孤岛运行方式下的特殊功能，比如自动投入或退出相关附加控制功能，孤岛运行方式下的线路故障重启功能等。

直流系统全部或部分损失功率时，换流站交流母线上会产生暂时过电压。由于交、直流系统故障的不同，上述暂时过电压的幅值和持续时间也发生变化，进而对直流控制保护系统提出了不同的要求，下面分两种情况进行说明：

（1）故障引发直流控制保护系统发 ESOF 命令或闭锁命令从而使直流系统发生单极/双极闭锁。此时，不会立刻将发生闭锁的极解锁运行；因此，无论从保持系统无功功率平衡角度还是从限制闭锁后暂时过电压水平的角度考虑，都需要切除一定数量的交流滤波器/电容器。当发生单极闭锁时，主要靠直流站控无功功率电压控制功能切除多余的交流滤波器；当发生双极闭锁时，需要靠直流站控将全部的交流滤波器/电容器快速或者是在一段时间内切除。

（2）交流系统或者直流线路发生故障将引起直流输送功率暂时下降，从而导致换流站交流母线产生比较高的过电压。交流系统的瞬时性接地故障不应该引起直流系统闭锁。在发生交流系统接地故障的过程中，直流系统进入低压限流方式运行，通过继续触发阀组维持直流电流以低压限流方式决定的某一幅值运行，从而改善高压直流系统的恢复性能。待直流电压恢复后，直流系统退出低压限流运行方式，恢复到故障前的直流功率水平下运行；当直流线路发生接地故障时，直流线路故障恢复功能启动，通过快速移相来消除故障点的故障电流,并经过一定的去游离时间后重新启动直流系统,恢复直流输送功率至故障前水平。可以看出,对于上述故障,在故障消除后直流系统能够很快恢复至故障前的功率水平下运行;为了加速故障后直流系统的恢复速度,在上述故障过程中,交流滤波器/电容器不应被切除。

2.3.2 极控制

极控制完成与极相关的控制功能,接收运行人员工作站或双极控制层的极功率电流指令,经各控制环节后产生换流器闭环控制所需要的外环控制参考值或电流参考值。极控制主要功能包括多端协调控制、双极功率控制、极电流控制、接地极电流平衡控制、直流线路故障重启控制等。

1. 多端协调控制

协调控制主要对各站的有功功率/电流进行协调。多端协调控制功能应当在三个站均配置。在任意时刻仅有一个作为主站,其余两个站作为从站。协调控制的功能包括但不限于:

(1) 当受端其中一端由于故障而退出时,调整剩余端的有功功率/电流指令,维持系统的有功功率平衡和直流电压稳定。

(2) 稳态下对各端的有功功率/电流进行分配,保证各端的功率都在设计容量之内,这又包括功率/电流指令的协调、功率/电流指令变化率协调、稳定控制协调、直流电压控制协调以及功率转移策略几个方面。

1) 功率/电流指令协调控制。一个或多个换流站直流功率发生变化时,需要重新整定各换流站的功率定值,保证系统能运行在一个稳定的功率水平。应满足如下原则:当其中一端的有功功率/电流指令导致其他端有功功率/电流超出设计范围时,或会导致广东与广西之间出现非计划内功率反向传输时,则对该指令进行限制。三端直流输电系统功率协调控制原理如图 2-14 所示。

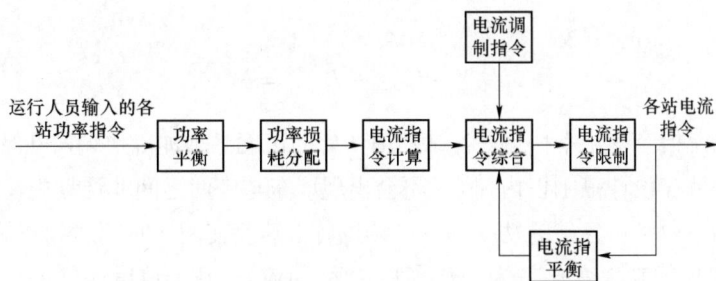

图 2-14 三端直流输电系统功率协调控制原理图

设 P_R、P_{I1}、P_{I2} 分别为云南侧、广西侧和广东侧的直流功率指令,P_{loss} 为所有直流线路上的有功功率损耗,则直流功率基本平衡关系式为:

$$P_{I1} + P_{I2} + P_{loss} = P_R \qquad (2-8)$$

式(2-8)中,P_{loss} 由各条线路实际直流电流与线路等效电阻计算得出。由式(2-8)

可知，以这 4 个变量作为功率协调控制的控制量，即能保证功率的平衡。功率平衡控制器的原理如图 2-15 所示。

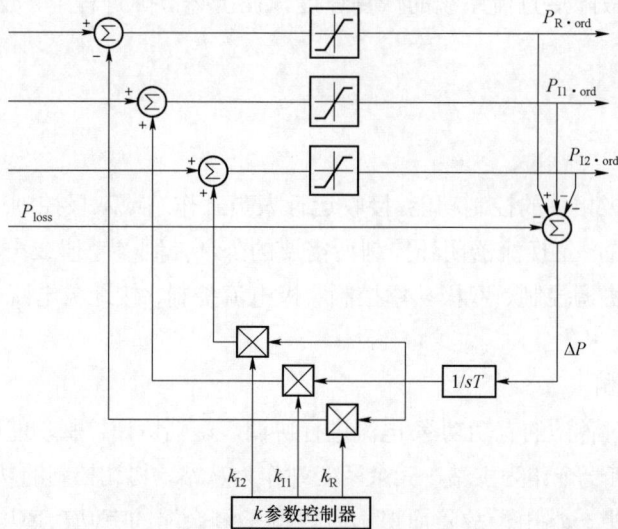

图 2-15　功率平衡控制器原理图

$P_{R \cdot ord}$、$P_{I1 \cdot ord}$、$P_{I2 \cdot ord}$—云南侧、广西侧和广东侧的最终直流功率指令；

k_R、k_{I1}、k_{I2}—三个站的功率协调控制比例参数

不平衡功率 ΔP 的表达式为：

$$P_{R \cdot ord} - P_{I1 \cdot ord} - P_{I2 \cdot ord} - P_{loss} = \Delta P \qquad (2-9)$$

当某个换流站的直流功率变化时，P_{loss} 同时变化，ΔP 不再为 0，经过一个积分环节，与 k 参数控制器计算出的每个换流站的 k 参数相乘，得出各站功率指令变化量，叠加在原功率指令上，重新整定出各换流站的功率指令值，送至相应换流站完成功率协调控制。

电流平衡控制器与功率平衡控制器原理类似，其原理如图 2-16 所示。不平衡电流 ΔI 的表达式为：

$$I_{R \cdot ord} - I_{I1 \cdot ord} - I_{I2 \cdot ord} = \Delta I \qquad (2-10)$$

2）功率/电流指令变化率协调。各站功率变化的速度必须加以协调，以保证各端功率水平时时刻刻都保持在设计范围以内，同时不会出现广东与广西之间非计划内反向传输功率的情况。应满足如下原则：各站的功率指令必须以各自速度在同一时间达到新的功率值。

设云南侧要求的功率变化量为 ΔP_1（单位为 MW），升降速度为 $(\Delta P / \Delta t)_1$（单位为 MW/min），广西侧和广东侧要求的功率变化量分别为 ΔP_2 和 ΔP_3，则广西侧和广东侧的升降速率分别为：

$$\left(\frac{\Delta P}{\Delta t} \right)_2 = \frac{\Delta P_2}{\Delta P_1} \left(\frac{\Delta P}{\Delta t} \right)_1 \qquad (2-11)$$

$$\left(\frac{\Delta P}{\Delta t}\right)_3 = \frac{\Delta P_3}{\Delta P_1}\left(\frac{\Delta P}{\Delta t}\right)_1 \qquad (2-12)$$

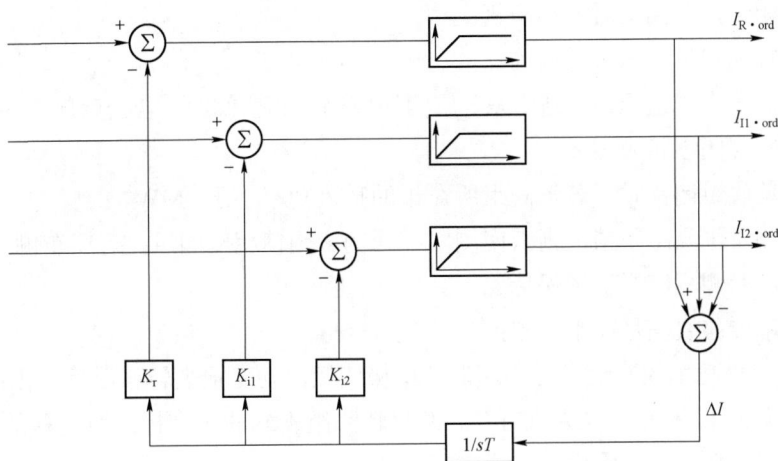

图 2-16　电流平衡控制器原理图

$I_{R \cdot ord}$、$I_{I1 \cdot ord}$、$I_{I2 \cdot ord}$—云南侧、广西侧和广东侧的最终直流电流指令；

K_r、K_{i1}、K_{i2}—三个站的电流协调控制比例参数

各换流站功率升降速率的最大限度由各换流站决定，当调整升降速率时，必须考虑其限值。因此，当（$\Delta P/\Delta t$）$_2$ 超出其限值时，将会取其最大值（$\Delta P/\Delta t$）$_{2 \cdot max}$，此时（$\Delta P/\Delta t$）$_3$ 满足：

$$\left(\frac{\Delta P}{\Delta t}\right)_3 + \left(\frac{\Delta P}{\Delta t}\right)_{2 \cdot max} = \left(\frac{\Delta P}{\Delta t}\right)_1 \qquad (2-13)$$

当 ΔP_3 满足要求后，（$\Delta P/\Delta t$）$_1$ 被限定为：

$$\left(\frac{\Delta P}{\Delta t}\right)_1 = \left(\frac{\Delta P}{\Delta t}\right)_{2 \cdot max} \qquad (2-14)$$

3）稳定控制协调。当其中一个站频率限制控制（frequency limit control，FLC）等附加控制动作时，协调控制层也应对各站之间的功率变化进行协调。为降低直流功率控制对广东、广西等断面的影响，频率限制控制输出的功率变化量由广东侧承担，当广东侧功率上调可调量小于功率裕度时，则广东、广西侧按照频率限制控制动作前可调量比例承担频率限制控制功率变化量，以充分利用送端频率限制控制调节能力。功率裕度按送端运行阀组容量的 20% 来考虑。

4）直流电压控制协调。三端直流系统的直流电压通常由功率较大的广东侧控制；如广东侧退出运行，广西侧将自动切换至定直流电压控制模式并接管直流电压控制权，承担平衡各站功率的作用。

5）功率转移策略。功率转移总体原则为：

a. 故障后，尽可能减小云南侧输送功率的损失；

b. 尽可能兼顾入地电流平衡；

c. 尽可能减小对广东、广西断面的影响。

两端运行模式下，闭锁策略与常规特高压工程相同，即单阀组闭锁，则闭锁对站相应阀组；单极闭锁，则闭锁对站相应极。

三端运行模式下，闭锁策略为：

若云南侧发生阀组闭锁，则广东、广西侧应闭锁相应阀组；若云南侧发生极闭锁，则广东、广西侧应闭锁相应极。

广西侧单阀组闭锁时，若该阀组所在极的直流功率小于0MW。

若广东侧发生阀组闭锁，则云南侧、广西侧应闭锁相应阀组；若广东侧发生极闭锁，则云南侧和广西侧相应极继续保持运行。

此时功率转移要满足如下原则：

a. 三端双极功率控制运行时，送端站单极闭锁，功率损失转移至另一极；

b. 受端站单极闭锁，本站的功率缺额将转移至本站的正常极，所转移的功率应保证正常极维持在过载能力范围内；

c. 故障极的其他两站仍维持故障前的运行状态；

d. 在必要的情况下，本站的功率缺额也可转移到另一个受端站，所转移的功率应保证另一个受端站维持在过载能力范围内；

e. 处于单极电流控制模式的运行极不具备极间和站间功率转移能力。传输能力的损失导致两极间的功率再分配仅限于双极功率控制极。如果一个极是独立运行，另一极是双极功率控制运行，则双极功率控制极应该补偿独立运行极的功率损失。独立运行极不应补偿双极功率控制极的功率损失。

2. 双极功率控制

双极功率控制是直流系统的主要控制模式。按照该控制模式，控制系统使整流端/功率控制站的直流功率等于远方调度中心调度人员或主控站运行人员的功率整定值。除线路开路试验方式外，这一控制模式对各种运行方式都适用。

双极功率控制模式可以在每个极分别实现。当一极按独立控制模式（极功率独立控制或极电流控制）运行，或按应急极电流控制模式（BSC模式）运行时，功率控制应当保证由运行人员控制设置的双极功率定值仍旧可以发送到按双极功率控制运行的另一极，并可使该极完成双极功率控制任务。

如果两个极都处于双极功率控制状态，双极功率控制功能应该为每个极分配相同的电流参考值，以使接地极的电流最小。如果两个极的运行电压相等，则每个极的传输功率是相等的。但是，如果一极处于降压运行状态而另外一极是全压运行，或者一极处于完整运行状态而另外一极是不完整运行，则两个极的传输功率比值和两个极的电压比值相一致。当三端中其中一个端的某一个极功率受限时，应该通知另外两个站，以选择是否进行入地电流控制。

如果其中一个极被选为独立控制模式（极功率独立控制或极电流独立控制），或者是处于应急电流控制模式，则该极的传输功率可以独立改变，整定的双极传输功率由处于双极功率控制状态的另外一极来维持。在这种情况下，接地电流一般是不平衡的，双极功率控制极的功率参考值等于双极功率参考值和独立运行极实际传输功率的差值。

双极功率控制原理如图 2-17 所示。

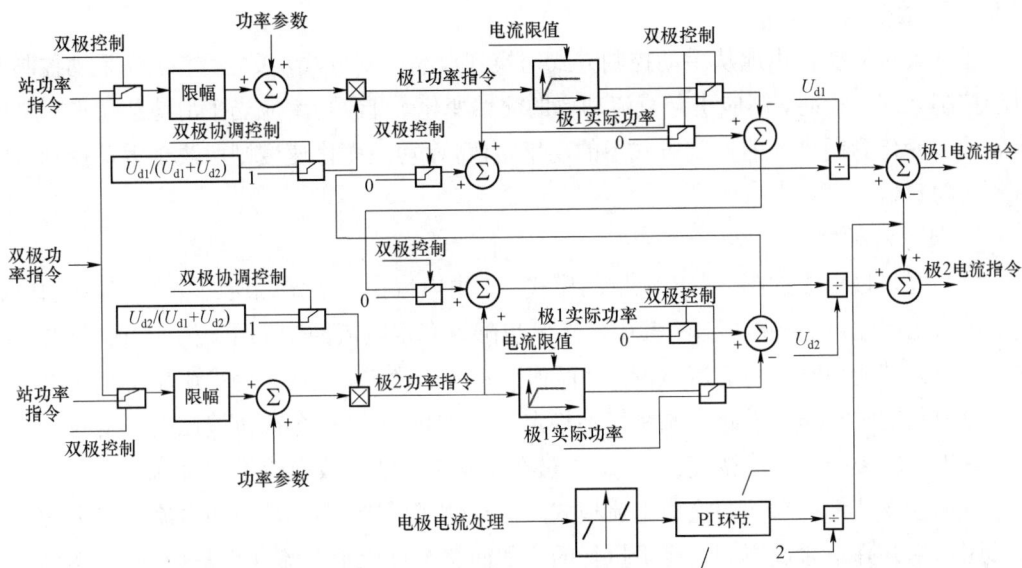

图 2-17　双极功率控制原理图

如果由于某极设备退出运行，或由于降压运行等其他原因，使得该极的功率定值超过了该极设备的连续输电能力，那么，此功率定值超过的部分将自动地加到另一极上去，至多可以达到另一极的连续过载能力。

如果直流系统的某一极的输电能力下降，导致实际的直流传输功率减少，那么，双极功率将增大另一极的电流，自动而快速地把直流传输功率恢复到尽可能接近功率定值的水平，另一极的电流至多可以增大到规定的设备过载水平。

当流过极的电流或功率超过设备的连续负载能力时，功率控制向系统运行人员发出报警信号，并在使用规定的过载能力之后，自动地把直流功率降低到安全水平。

传输能力的损失导致两极间的功率分配仅限于设定双极功率控制极。如果一个极是独立运行（单极电流），另一极是双极功率控制运行，则双极功率控制极补偿独立运行极的功率损失，独立运行极不补偿双极功率控制极的功率损失。

双极功率控制应具有手动控制和自动控制两种运行控制方式。

（1）手动控制。希望的双极功率定值及功率升降速率，可通过主控制站的键盘和鼠标输入。当执行改变功率命令时，双极输送的直流功率应当线性变化至预定的双极功率定值。直流功率的变化率应可调，功率升降速率以及升降过程均应有显示。还应设有中止双极功率升降功能，一旦执行此功能，功率的升降过程立即被中止，功率定值停留在执行此功能的时刻所达到的数值上。

当执行改变功率命令时，双极输送的直流功率也可以按阶跃的方式变化到设定值，阶跃量可以人为设置，其最大值的安全限值由系统研究决定。

（2）自动控制。当选择这种运行控制方式时，双极功率定值及功率变化率应可以按预先编好的直流传输功率日（/周/月）负荷曲线自动变化。该曲线至少应可以定义 1024 个功率/时间数值点。

运行人员应能自由地从手动控制方式切换到自动控制方式，反之亦然。在手动控制和自动控制之间切换时，不应引起直流功率的突然变化。直流功率应当平滑地从切换时刻的实际功率变化到所进入的控制方式下的功率定值，而功率变化速度则取决于手动控制方式所整定的数值。

3. 极电流控制

（1）同步极电流控制。在电流控制模式下，由电流指令决定输送的功率，各站的电流指令统一由多端协调控制发出；其中广东侧也配置有定电流控制，用于在云南侧角度受限失去电流调节能力时控制直流电流，从而保证系统的稳定。同时，为了避免所有换流站的定电流控制同时起作用引起控制系统不稳定，广东侧的电流指令在协调控制下发的电流指令的基础上减去一个电流裕度。当运行人员在主站手动切换成电流模式时，如果通信正常，整流侧和逆变站都将自动切换成电流模式（广东侧不受影响）。功率和电流模式相互切换时，因功率升降是通过同一块逻辑执行的，故而整个过程中直流功率是平滑、无阶跃的。

单极电流控制模式按每个极单独实现。在单极电流控制模式下，控制系统控制直流电流为设定的电流定值，可以实现由运行人员设定希望的电流定值以及电流升降速率。当执行电流改变指令时，直流电流线性地以运行人员设定的电流升降速率变化至预定的电流定值。

为了避免在站间通信失去时失去电流裕度 ΔI 而引起直流系统停运，在任何时候都必须保持电流裕度。控制系统同步单元通过站间通信自动协调三站之间的电流指令。

（2）应急极电流控制。在站间通信故障时，站间电流指令自动协调的同步单元功能将失效，而自动进入应急电流控制模式，广东侧采用测量到的直流电流作为电流指令。应急极电流控制方式应当由各极分别设置。

应急电流控制可用作同步控制功能的后备。无论在双极功率控制，还是同步极电流控制，在失去站间通信时都可以进入应急电流控制模式。当通信恢复时，控制模式将从应急电流控制回到通信故障前的模式，即同步极电流控制。

在应急电流控制模式下，运行人员可以在双极功率控制和电流控制模式间切换。但整流侧和逆变侧换流阀闭锁和解锁必须在站间进行手动协调。

（3）最小电流限制。云南侧控制系统需保证极解锁后控制各极阀组直流电流不低于额定电流的 10%，广西侧则需要根据设备需求决定。

（4）电流裕度补偿。电流裕度信号在阀组额定电流的 5%～50% 范围内可调，以便适应将来某些小信号调制的要求。一般直流工程电流裕度值设为阀组额定电流的 10%。

控制系统配备自动电流裕度补偿功能，以便当云南侧因交流电压降低或其他原因导致失去电流控制能力后广东侧进入电流控制时，弥补与电流裕度定值相等的电流下降。

在广东侧进入电流控制时，CMR_OUT 为积分的输出，输出的电流增量 CMR_OUT 送入同步极电流控制，即：

$$CMR\_OUT = \int \Delta I \mathrm{d}t \qquad (2-15)$$

式中　ΔI——电流指令与电流测量值的差值，积分的下限为 0；整流侧上限为阀组额定电流的 10%，逆变侧上限为 0。

4. 接地极电流平衡控制

电流平衡控制功能用来平衡双极实际的直流电流，它是一个闭环积分控制器，对每个极分配的电流参考值进行调节，可以使接地极电流最小，其最大输出为额定电流值的 2%。控制系统在双极功率控制中提供了死区范围可调的在线地电流平衡控制器（默认范围为 10A，目标值为 0A），以把不平衡电流控制到最低值。当两个极处于双极功率控制且不平衡电流超过死区范围时，该调节器进行调节。只有在两极都运行于双极功率控制模式、双极均解锁且没有空载升压的情况下，此功能才在定功率站有效。当极间功率转移激活时，电流平衡控制功能自动禁止。接地极电流平衡控制采用电磁式电流互感器，当电磁式电流互感器故障时，使用接地极 I_{dEE1} 和 I_{dEE2} 控制。

电流平衡控制的输出乘上不同的符号位后分别与两极极控系统中的电流参考值 I_{ref} 相加，从而使得两极的电流尽可能相等，使接地极电流趋近于零。此外，一些接地极保护功能会请求双极电流平衡；这时控制系统会启动另一个平衡控制器快速调节两极的电流参考值，直至达到允许电流的上下限，而并不管当前的运行方式如何。接地极电流平衡控制原理如图 2-18 所示。

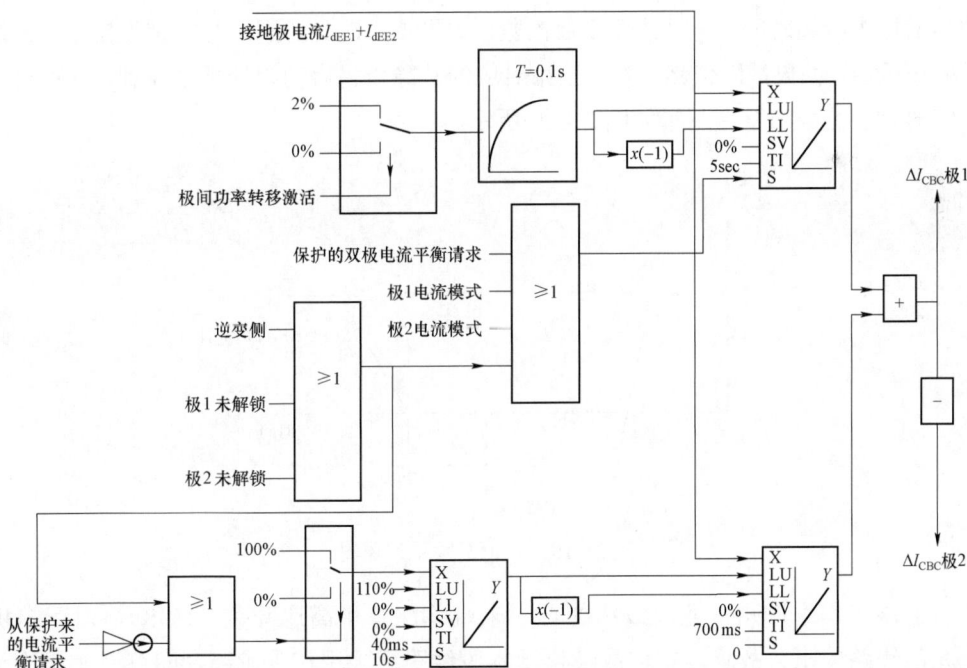

图 2-18　接地极电流平衡控制原理图

5. 直流线路故障重启控制

由于直流架空线路的短路故障大多数是瞬时性的，所以设置了直流线路故障重启功能。当直流保护检测到线路故障以后，将信号传到极控，极控系统立即强制移相，并且经过一定的放电时间后直流系统试图重启，以尽快恢复直流系统的运行。

每一极的重启次数以及放电时间可以由运行人员设定。正常情况下，如果本站的直流保护已经检测到直流线路故障，则本站的极控系统不使用对站送过来的直流线路故障信号；只有本站没有检测到故障时，才会使用对站的直流线路故障信号启动本站的直流线路故障恢复逻辑。这可以防止两站重启次数计数器的计数值不一致。

（1）灭弧和去游离。当系统检测到直流故障后，云南侧将触发角移相到 90°，使 LCC 进入逆变状态。与此同时，两个逆变站利用全半桥混合 MMC 可以输出低电压甚至负电压的特点将直流电流控制为零。当直流电流降低到零时，云南侧将角度设定到限制值 164°。

在灭弧过程中会出现短期的负压，能量会通过换流器迅速释放到交流系统，故障电流会迅速下降，达到灭弧目的。在整个灭弧和去游离过程中，逆变站始终处于解锁可控状态，因此全桥子模块电容不会出现一直充电导致电容电压发散的现象；同时逆变站也能输出无功功率，为与之相连的交流系统提供必要支撑。

（2）重启逻辑。在去游离完成且直流设备的绝缘性能恢复到正常水平后，广东侧将恢复到正常的控制策略，尝试建立直流电压；云南侧解除移相配合建立直流电压，待触发角降到一定值后，直流电流开始恢复。当直流电压、电流都恢复到故障前的值后，直流线路故障重启完成。

如果直流电压建立失败，说明直流故障仍然存在；重复灭弧去游离，然后再全压重启，并适当增加去游离时间，同时计算重启次数。如果重启次数达到运行人员设定值，系统将尝试降压重启。如果故障依然存在，三站对应的故障极将启动闭锁顺序控制，并跳交流进线断路器。直流故障重启逻辑如图 2-19 所示。

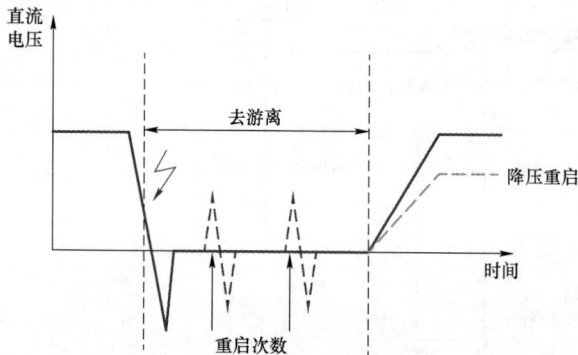

图 2-19　直流故障重启逻辑

由于该工程中柳州—龙门线路的首、末端均配置了高速开关（HSS），对于本极柳州—龙门线路的永久故障，定位故障位于本段线路后采用在去游离期间跳开本极柳州—龙门线路柳州侧 HSS 的方式切除本极故障支线路，本极剩余两端系统重启后继续运行。

如本极昆北—柳州线路发生永久故障，则本极各站在重启次数达到定值后全停。

2.3.3 常规/柔性直流输电阀组控制

1. LCC 站阀组控制策略

多端直流输电系统中，云南侧 LCC 站阀组基本控制策略与两端常规直流一脉相承，阀级的控制完全相同，配置独立的 12 脉动阀组控制。

阀组控制应包括以下三个基本控制器：

（1）闭环电流控制器；

（2）电压控制器；

（3）过电压限制控制器。

LCC 阀组控制器配置如图 2－20 所示。阀组控制器在接收到来自极控的电流指令（经低电压限流单元限幅后）后，经过各闭环控制器的调节作用，计算出合理的触发角 α 的指令值 α_{ord}。

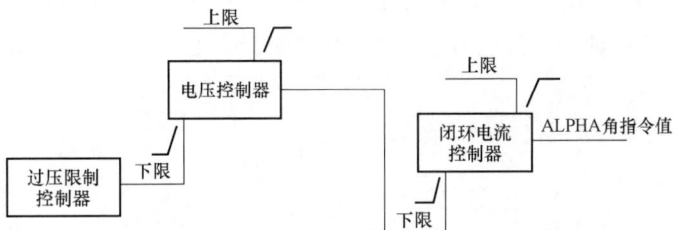

图 2－20 LCC 阀组控制器配置示意图

此外，为确保特高压直流系统的安全稳定运行，针对各种不同工况，在换流器控制系统中对触发角还进行了多重限幅处理。

这种方式下，三个控制器有自己的独立的比例积分调节器。过电压限制控制器的输出作为电压调节器的最小值限幅，电压调节器的输出在整流运行时作为电流调节器的最小值限幅。随着运行状态（启动/停运/正常）以及外部交流系统条件的变化，三个控制器之间依次限幅的配合方式使得在有效控制器的转换过程中输出值 α_{ord} 的变化是平滑的。即当有效控制器在电流/电压/过压电压控制器之间发生变化时，这种变化过程是平稳的，不会引起 α_{ord} 的突变，也不会对输送的功率产生任何不希望的波动。

（1）闭环电流控制器。闭环电流控制器的主要目标包括快速阶跃响应、稳态时零电流误差、平稳电流控制、快速抑制故障时的过电流。

闭环电流控制测量实际直流电流值，与经低压限流限幅后的电流指令相比较后，得到的电流差值经过一个比例积分环节，输出为 α_{ord} 到点火控制。

闭环电流控制器的输入是直流电流测量值与电流参考值的偏差。当测量电流小于参考电流时，α_{ord} 将下降；当测量电流大于参考电流时，α_{ord} 将上升。

闭环电流控制器的原理如图 2－21 所示。

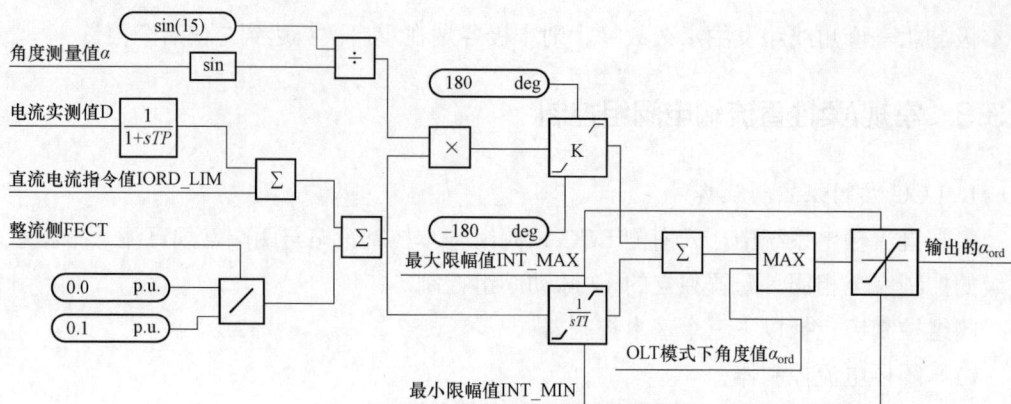

图 2-21　闭环电流控制器原理图

（2）闭环电压控制器。电压控制器是一个比例积分调节器，实际直流电压值与电压参考值之间的差值作为控制器的输入，其输出将作为电流控制器的上限值或下限值。当处于整流运行时，电压控制器的输出将作为电流控制器输出的下限值，以限制最小触发角输出。

在正常情况下，为保持逆变侧柔性直流输电站控制直流电压，云南侧电压控制器采用电压裕度方式，其参考值为逆变侧电压参考值叠加一个电压裕度，电压裕度可取为 $0.03\sim$ 0.1p.u.。

电压控制器的原理如图 2-22 所示。

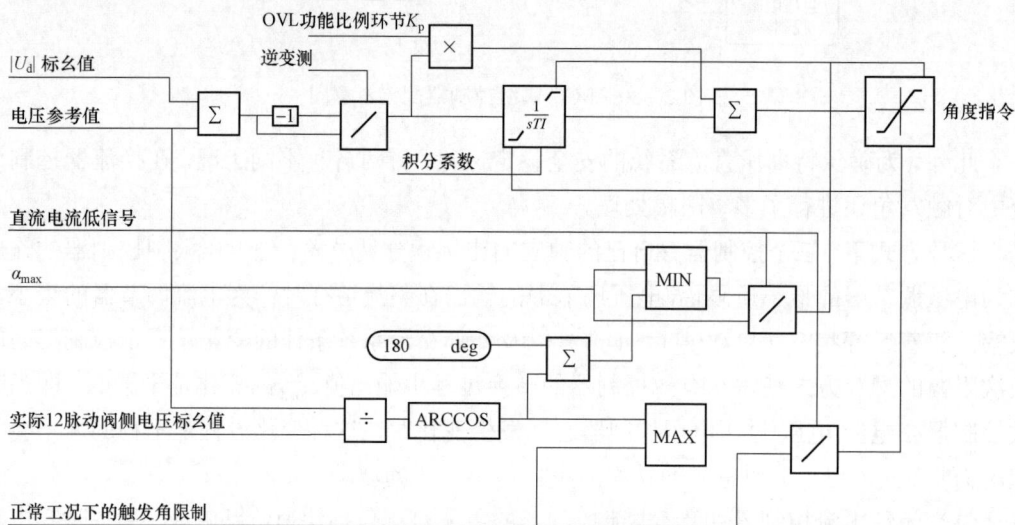

图 2-22　电压控制器原理图

（3）低压限流环节。通过对换流器直流运行电压水平的判断，极控低压限流环节能够在必要时对直流电流指令进行限制，以期在交/直流系统暂态扰动期间，当直流电压发生跌落时，通过暂时降低直流运行电流水平来改善交/直流系统性能和防止换流站主设备的损坏。

低压限流环节的主要作用：交流网扰动后，提高交流系统电压稳定性；在交流、直流故障后，提高直流系统的恢复性能。

在直流故障期间，在保护检测到直流故障之前减小直流电流参考值低压限流环节的静态特性如图 2－23 所示。

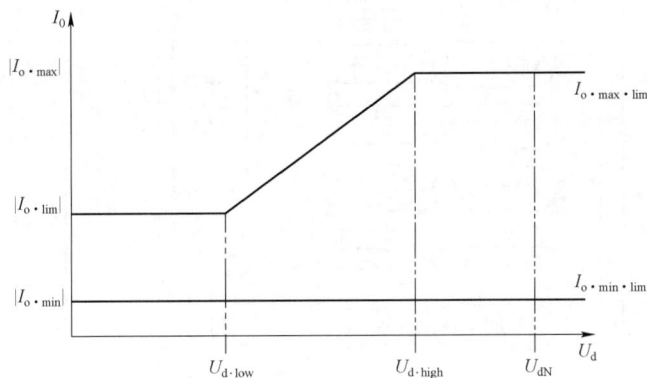

图 2－23　低压限流环节静态特性示意图

当某种原因导致直流电压低于 $U_{d \cdot high}$ 水平，则控制系统将对电流指令进行最大值限幅且限幅水平随直流电压下降而下降。若直流电压持续下降至低于最小定值 $U_{d \cdot low}$，则电流指令限幅水平保持在 $I_{o \cdot lim}$ 而不再下降。

低压限流是作用于电流指令的最后一个运算功能，其输出信号将由极控系统送至阀控系统，作为电流控制器的电流指令输入信号。

在低压限流功能中，设置有电流指令的最低值限幅 $|I_{o \cdot min}|$ 和最高值限幅 $|I_{o \cdot max}|$。设置最低值限幅的目的在于防止换流站运行于过低的电流水平，避免换流器运行期间电流发生断续。最高值限幅水平取决于直流系统的最大过载能力。

2. MMC 站阀组控制策略

广东、广西侧 MMC 站阀组控制策略采用基于直接电流控制的矢量控制方法，具有快速的电流响应特性和良好的内在限流能力。

MMC 控制由外环控制策略和内环控制策略组成。外环产生参考电流指令；内环电流控制根据矢量控制原理，通过一系列的处理产生换流器的三相参考电压，调制为 6 个桥臂电压参考值，发送至阀控单元。

（1）外环控制策略。外环控制器根据直流系统不同的控制目标来设计，生成内环电流参考值。外环控制策略如图 2－24 所示。

外环控制又分为有功功率类控制（定直流电压控制、定有功功率控制和频率控制）和无功功率类控制（定交流电压控制和无功功率控制）。有功功率类控制和无功功率类控制相互独立，各种控制方式可以根据实际交流系统进行选择切换得到最优的控制方式。

1）有功功率控制。有功功率控制是直流系统的主要控制模式，控制系统根据有功功率参考值控制换流器与交流系统交换的有功功率。在有功功率控制下，为了保持直流输送功率恒定,控制系统通过对交流电流的调整来补偿电压的波动。有功功率控制器至少包括三个环节,分别是比较环节、比例积分环节和电流限幅环节,外环定有功功率控制器的结构如图 2－25 所示。具体参数的整定还要参照响应时间,暂态稳定性等要求。

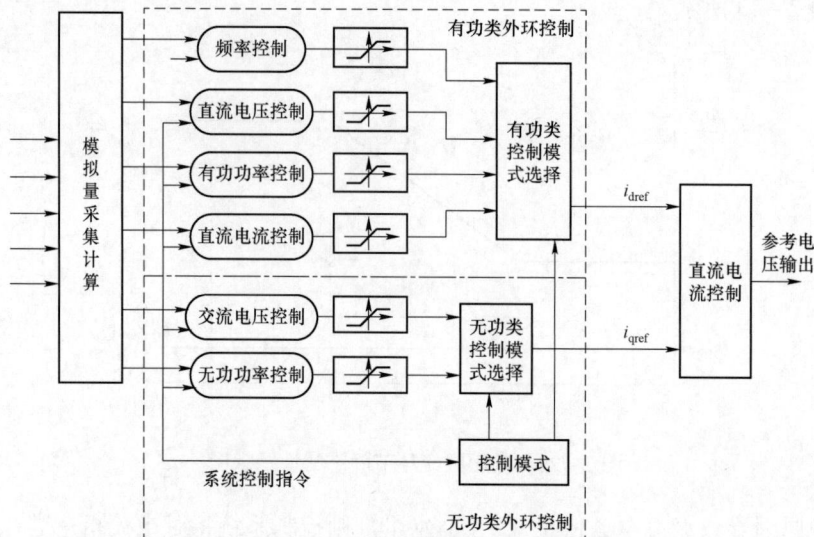

图 2－24　外环控制策略示意图

2）直流电流控制。为适应多端混合直流输电系统的运行方式需要,VSC 换流站配置直流电流控制以实现按照直流电流指令进行控制的要求。直流电流控制器根据直流电流指令值计算产生有功功率指令后,采用有功功率控制的方式对换流器进行控制。直流电流控制器中同时配置了电流裕度环节,以保证正常运行情况下广东侧处于直流电压控制,电流裕度值可取为 0.05～0.2p.u.。

当云南侧由于交流系统电压下降进入最小触发角状态时,多端混合直流输电系统的直流电压将由整流站决定,直流电流控制需由两个柔性站接管以保证直流系统的持续运行。

3）直流电压控制。当 MMC 交、直流两侧的有功功率不平衡时,将引起直流电压的波动,此时有功功率电流将使直流电容充电（或放电）,直至直流、电压稳定在设定值。因此对于定直流电压控制的换流器而言,相当于一个有功功率平衡节点。直流电压控制产生的电流指令控制流过换流器的有功功率的大小,保持直流侧的电压为设定值。因此,采用定直流电压控制的换流器可以用于平衡直流系统有功功率和保持直流侧电压稳定。外环定直流电压控制器的结构如图 2－26 所示,直流电压和直流电压指令的偏差经比例积分环节调节后得到有功电流的参考值。

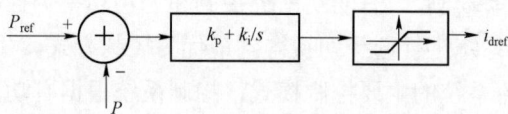

图 2－25　外环定有功功率控制器结构示意图　　图 2－26　外环定直流电压控制器结构示意图

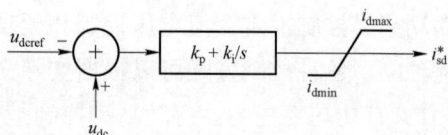

对于多端混合直流输电系统中的柔性站,配置直流电压控制器的同时还配置了电压裕度环节。对于广东侧,电压裕度值取为 0;对于广西侧,电压裕度值可取为 0.03~0.2p.u.。当广东侧退出或失去对直流电压的控制时,广西侧可以通过电压裕度控制接管直流电压控制或配合进行直流电压控制。

4)无功功率控制。无功功率控制可以使直流系统产生的无功功率维持在期望的参考值。作为稳态运行调节功能,无功功率控制设计应比交流电压控制速度要慢。无功功率控制可改变换流站基波输出电压的幅值,保证交流电压在正常范围内运行。外环定无功功率控制器的结构如图 2-27 所示。

5)交流电压控制。交流电压控制产生换流器的无功功率指令,并且可各站独立进行控制,该参考值可以由运行人员输入。利用交流电压控制功能可以实现控制换流变压器网侧的交流电压恒定交流电压控制,可以有效抑制网侧交流电压的波动。

母线处的交流电压波动主要取决于系统潮流中的无功功率分量。所以,要维持母线交流电压的恒定,必须采用定交流电压控制,但其本质上是通过改变无功功率来实现的。定交流电压控制器的结构如图 2-28 所示。

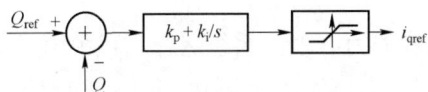

图 2-27　外环定无功功率控制器结构示意图　　图 2-28　外环定交流电压控制器结构示意图

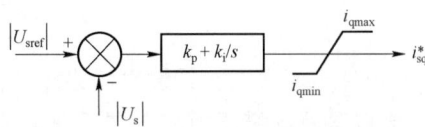

交流电压控制产生的无功功率指令由控制极在两极之间进行分配,各阀组按照分配的无功功率指令值进行无功功率输出。

(2)内环控制策略。内环控制环节接受来自外环控制的有功功率电流、无功功率电流的参考值 i_{dref} 和 i_{qref}。并快速跟踪参考电流,实现换流器交流侧电流波形和相位的直接控制。内环控制主要包括内环电流控制、锁相环(phase locked loop,PLL)控制、负序电压控制。内环控制的主要功能如图 2-29 所示。

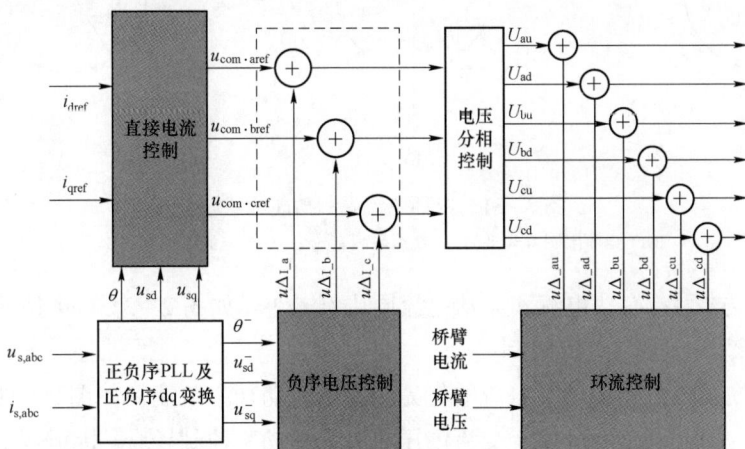

图 2-29　内环控制主要功能示意图

1）内环电流控制。基于前馈控制的算法使电压源换流器的数学模型中电流内环实现了解耦控制，i_d 和 i_q 的控制互不影响；而且通过比例积分调节器提高了系统的动态性能，可以方便地设计相关的电流控制器参数以满足对系统动态响应速度的要求。解耦的电流控制结构如图 2－30 所示。

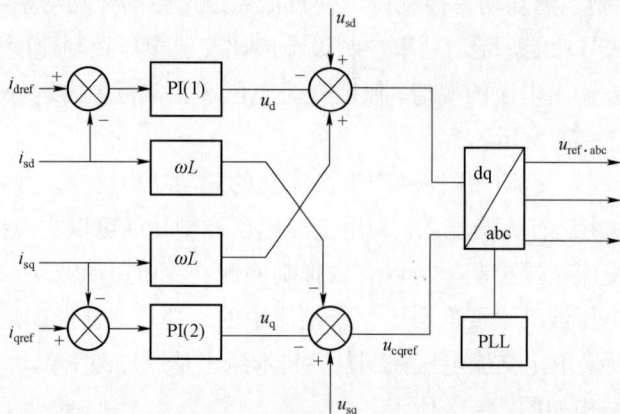

图 2－30　解耦的电流控制器结构示意图

2）内环电流限制。柔性直流系统换流阀的过载能力有限，系统运行过程中由于发生故障或者受到扰动等原因，会产生很大的过电流，从而可能损坏 IGBT 元件和其他设备。在设计内环和外环控制器的时候应该考虑到这些因素，其输出应该考虑到系统允许的过载能力，可以在控制器中设置限流环节（current limiter）来控制流过 IGBT 的电流大小，提高系统抵抗扰动的能力。内环电流限制功能可分为图 2－31 中所示的三种方式。

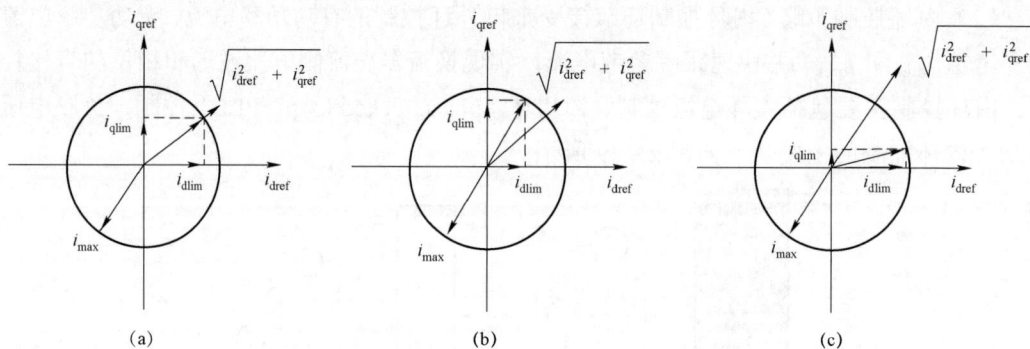

图 2－31　内环电流限制功能示意图
（a）电流限制方式 1；（b）电流限制方式 2；（c）电流限制方式 3

电流限制方式 1：有功电流和无功电流同比例减小，如图 2－31（a）所示，有利于限制桥臂电流，适用于暂态过流限制；

电流限制方式 2：无功功率电流的优先级高于有功功率电流，如图 2－31（b）所示，有利于保持无功功率电流，适用于交流电压或者无功功率控制场合，特别是交流故障穿越期间；

电流限制方式 3：有功功率电流的优先级高于无功功率电流，如图 2－31（c）所示，有利于保持有功功率电流，适用于电压控制站扰动期间限制限流，同时能够尽量维持直流电压稳定。

以上三种限流方式适用于不同控制策略场合下，根据情况选择。具体的限幅值大小由柔性直流输电换流阀决定。

3）锁相环控制策略。锁相环控制功能如图 2－32 所示。控制器将采集到的三相交流同步电压实时值经 Clark 变换为 u_α 和 u_β，通过计算得到 u_q。u_q 经比例积分调节环节得到角频率误差 $\Delta\omega$，$\Delta\omega$ 与中心角频率 ω_0 相加后得到角频率 $\hat{\omega}$，最后再经过积分环节得到相位值 $\hat{\theta}$。此相位值 $\hat{\theta}$ 即锁相环节输出结果。

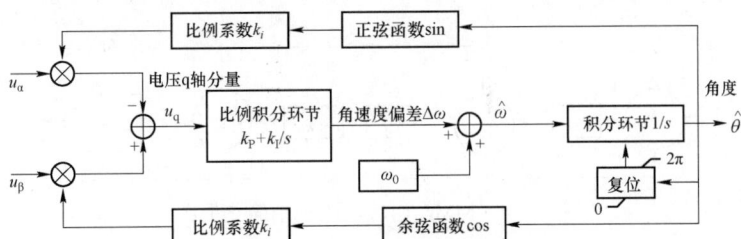

图 2－32　锁相环控制功能示意图

k_i—反馈比例系数；k_P—比例系数；k_I—积分系数

锁相环控制功能对于柔性直流输电控制系统的动态响应及稳定可靠运行意义重大。

4）负序电压控制策略。当故障发生在公共连接点（point of common coupling，PCC）或之前线路上时，柔性直流系统应当具备故障穿越能力，通过控制算法耐受住暂态冲击，保持正常运行。因此，为了防止换流器过电流和功率模块电容过电压，需要加入不对称故障控制。

负序电压控制如图 2－33 所示，其中负序电流分量的给定值为零。当网侧交流电压正常时，负序控制系统的补偿电压分量是零，当有不对称故障发生（一般是单相接地或者相间短路），不平衡度超过一定的范围时，负序补偿控制启动，将过电流控制在允许的范围内。

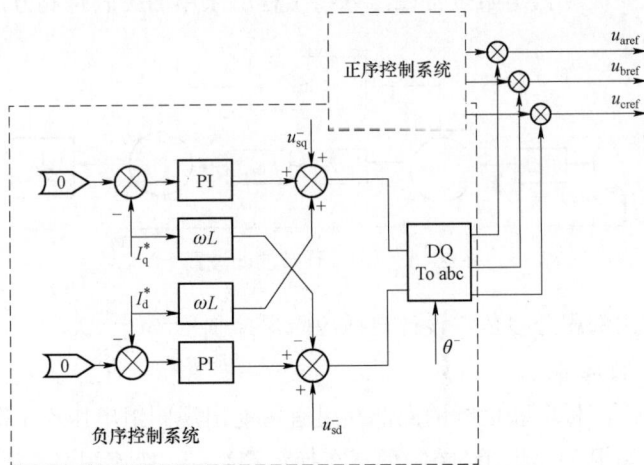

图 2－33　负序电压控制示意图

3. 低压限流策略

对于混合直流输电系统，为了配合直流系统的故障穿越及恢复，柔性直流输电换流站也需要配置类似常规直流输电换流站的低压限流环节。通过对直流运行电压水平的判断，极控低压限流环节能够在必要时对直流电流指令进行限制。低压限流环节的电流指令限制特性需与其他站相互配合设置，以保证各站电流控制器电流裕度的存在且稳定。

4. 谐振控制策略

本节所分析的高频谐振频率在 1kHz 以上，因此慢速的功率/电压外环控制可以忽略。同时，由于环流抑制附加控制的控制目标是消除 MMC 的内部环流，其对 MMC 对外输出阻抗影响较小，因此只考虑 MMC 的内环电流控制，简化框图如图 2-34 所示。

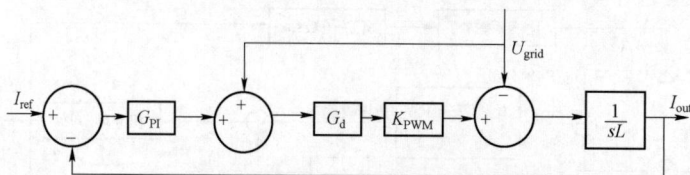

图 2-34 MMC 内环电流控制简化框图

只考虑高频谐波分量时 I_{ref} 为 0，则 MMC 谐波输出阻抗为：

$$Z_{inv} = \frac{sL + G_{PI}e^{-sT_d}}{1 - e^{-sT_d}} \qquad (2-16)$$

由式（2-16）可知，MMC 的谐波阻抗与其桥臂电抗、联接变压器电抗、电流环比例积分控制参数、运算延时和通信延时等因素有关。

综上所述，为破坏 MMC 与交流系统的谐振条件，可以从以下几个方面来改变 MMC 的谐波输出阻抗：

（1）减少整个链路的延时环节。

（2）前馈环节设计合理滤波器。通过在前馈环节合理配置滤波器，如图 2-35 所示，改变柔性直流输电换流器输出阻抗特性，为该工程所采用的控制抑制方法。

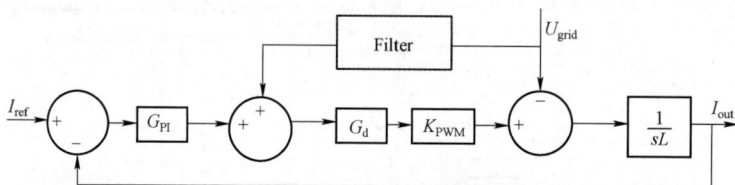

图 2-35 前馈环节的滤波器

（3）动态调节比例积分参数，设计自适应阻尼控制器。

5. 阀组平衡控制策略

在实际运行中，同极串联运行的高低阀组有可能出现阀组电压不平衡的问题。

对于常规直流阀组，电流闭环控制配置在换流阀组层，换流阀组主机接收统一的稳态运行电流指令,稳态运行的点火角闭环控制为各换流阀组主机独立配置。由于测量误差或程序指令周期的误差,各换流阀组主机可能会产生不一致的点火角并造成串联阀组的电压不平衡。

因此,为进一步提高同极两换流器运行的平衡度,CCP1 和 CCP2 主机间通过冗余的直联光纤通道进行实时通信,以实现触发角的协调控制,使得两换流器的运行状态更加趋于平衡。除直联光纤通信外,CCP1 和 CCP2 间还通过本极 PCP 主机中转协调控制所需的重要信号,作为直联光纤通信发生故障时的后备选择。

当极处于双换流器运行方式时,采用设定控制阀(CTRL_VG)的方法实现换流器间协调,非控制阀的触发角由来自控制阀的触发角指令所同步。

控制阀选择的原则:当极处于双换流器运行方式时,默认 CCP1 为控制阀;当 CCP1 退出运行或 CCP1 与 PCP 通信故障时,将 CCP2 设为控制阀。

对于柔性直流输电阀组,其能量不平衡产生原理与常规直流输电阀组相同。因此,为了实现逆变侧高、低压 MMC 的平衡运行,需要采取相应的平衡控制策略。

对于广东侧,采用将本极直流电压参考值均分后作为 MMC 直流电压参考值的策略;对于广西侧,采用本极有功功率参考值均分后叠加一个直流电压均压补偿量作为 MMC 有功功率参考值的策略,直流电压均压补偿量根据 MMC 的直流电压偏差量实时计算得到。采用上述策略,可以有效保证广东、广西侧高、低端 MMC 的平衡运行。

通过上述平衡策略,在稳态工况下可以保证高低阀组的电压偏差不超过 2%;在交流系统故障和直流线路故障等暂态工况下,可以保证高低阀组的电压偏差不超过 5%。

2.4　故障穿越控制策略

2.4.1　LCC 站交流故障

在云南侧交流系统发生交流故障,可能造成直流电压下降和直流功率下降两个问题。当整流侧交流电压大幅度跌落时,逆变侧直流电压可能会高于整流侧直流电压,一方面会导致云南侧功率传输的中断;另一方面可能会导致广东侧的功率反转,对交流系统的冲击较大。

云南侧发生交流故障时的具体穿越控制策略如下:在整流侧发生交流故障的初始阶段,整流侧仍处于定电流控制,系统通过电流控制器不断减小触发角来补偿直流功率的下降。当直流电流严重下降时,逆变站基于直流电流裕度的逆变侧直流电流控制将会启动,广东侧根据整流侧直流电压计算值降低其直流电压参考值,广西侧降功率参考值,以维持直流功率的传输。故障清除后,为防止整流站交流故障恢复瞬间直流过电压,为整流站 LCC 配置整流侧最小触发角限制器(RAML),在整流站发生交流故障期间限制触发角的最小值。

为实现良好的故障特性及恢复特性，各站在故障期间采取低压限流环节限制直流电流。低压限流环节的电流指令限制特性各站需相互配合设置，以保证各站电流控制器电流裕度的存在且稳定。

2.4.2 MMC 站交流故障

1. 交流故障穿越原理

当柔性直流输电 VSC 换流站交流系统发生故障，应当具备故障穿越能力，通过控制算法耐受住暂态冲击，保持正常运行。因此，为了防止换流器过电流和功率模块电容过电压，需要加入不对称故障控制。

不对称故障对换流器的影响主要是负序电压的影响，影响负序补偿控制有效性的最重要因素是能否快速、准确地检测到公共连接点处的负序电压分量及负序相角。具体内容在前文的内环控制策略中已做介绍。

在交流系统发生故障时，通过采用正负序独立控制，换流阀可实现故障穿越，在换流阀电流应力范围内输出三相对称电流。

在交流电压跌落较大时，为了在 VSC 站发生交流故障时减少故障电流及故障恢复时的扰动，还设计了交流低压限流策略，根据交流电压的幅值限制换流器交流电压的大小，如图 2-36 所示。交流低压限流环节的电压和电流定值可以根据系统情况进行调整。

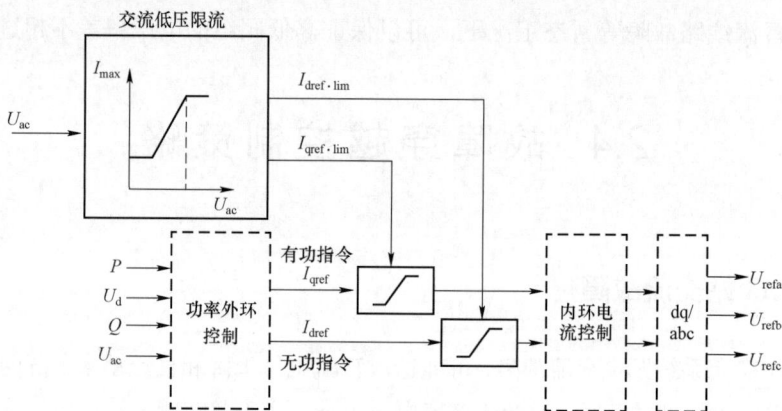

图 2-36 交流低压限流策略示意图

受端 VSC 站发生交流故障将引起交直流功率不平衡并导致直流电压升高，当直流电压升高至一定程度时，整流侧 LCC 站将通过直流电压控制器中的电压裕度环节接管直流电压控制以限制整流侧直流功率的注入；同时，整流侧 LCC 站还配置了过压限制环节防止直流电压的进一步升高。另一受端 VSC 换流站可根据需要维持原直流功率输送或配合增加直流功率输出量。

2. 直流故障穿越原理

传统半桥型 MMC 中，当换流器闭锁后，交流系统电流会通过半桥 VD2 继续注入直流系统，不能抑制故障电流。

而全桥型 MMC 子模块的电流方向是由子模块的状态决定的，全桥型 MMC 子模块故障电流路径如图 2-37 所示。此时直流短路电流必须通过 VD3—C_0—VD2 流通，电容的电压与故障电流流通的方向刚好相反，这表明电容的放电电流就可能和故障电流相抵消。这就表示混合型 MMC 可以在换流器闭锁之前，利用其可以工作在低电压甚至负电压的情况，把故障电流

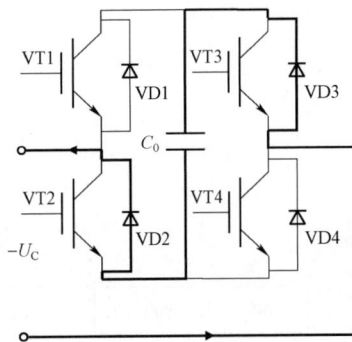

图 2-37　全桥型 MMC 子模块故障电流路径示意图

控制到 0；这样就不会使子模块被故障电流一直充电，无功补偿也不会被切断，完成故障穿越。

2.5　大地/金属回线在线转换

为了避免大地中持续流过大电流，当双极运行中的某一极退出运行后，剩下的极可以利用未充电的另外一极的线路作为电流回流的路径，称为金属回线。大地回线和金属回线的转换可在闭锁与解锁两种状态下进行。

转换到金属回线或大地回线分为两步：

（1）中性线区域建立并联路径。顺序控制程序通过检测两个路径中是否都有电流来判断新的路径是否建立完毕。

（2）分开逆变站的金属回线转换开关（MRTB）或者大地回线转换开关（GRTS），断开原来路径的电流。

大地回线/金属回线转换时，需要考虑以下条件：

（1）为了使得 MRTB 承受的应力最小，金属回线建立后，金属回线电流达到稳定值后再打开。

（2）如果 MRTB 没有能够断开大地回线电流，它会被重新合上。该重合由金属回线转换开关保护（82-MRTB）启动。

当金属回线和大地回线之间的转换是在正常运行中进行的，还应考虑以下条件：

（1）极直流电流不能大于 GRTS 的最大开断电流和低环境温度下的最大持续电流。

（2）大地回线必须在断开金属回线前建立，因此，如果大地回线中测量到的直流电流小于预定值时要闭锁 GRTS 的操作。

（3）为了使得 GRTS 承受的应力最小，应该在大地回线建立后，大地回线中的电流达到稳定时才允许断开 GRTS。极 1 进入大地回线/金属回线的顺序操作过程分别如图 2-38 和图 2-39 所示。各站的极 2 均认为处于极隔离状态。

云南侧　　　　　　　　广西侧　　　　　　　　广东侧

```
                        ┌─────────────┐
                        │  极1大地回线  │
                        └─────────────┘
        ┌──────────────────┬──────────────────┐
        ▼                  ▼                  ▼
┌─────────────────┐ ┌─────────────────┐ ┌─────────────────┐
│ 合上极1中性线隔离开关 │ │ 合上极1中性线隔离开关 │ │ 合1极1中性线隔离开关 │
└─────────────────┘ └─────────────────┘ └─────────────────┘
        ▼                  ▼                  ▼
┌─────────────────┐ ┌─────────────────┐ ┌─────────────────┐
│ 合上极2转换母线     │ │ 合上金属回线转换开关  │ │ 合上金属回线转换开关  │
│ 隔离开关           │ └─────────────────┘ └─────────────────┘
└─────────────────┘          ▼                  ▼
                    ┌─────────────────┐ ┌─────────────────┐
                    │ 合上极2转换母线     │ │ 合上极2转换母线     │
                    │ 隔离开关           │ │ 隔离开关           │
                    └─────────────────┘ └─────────────────┘
                             ▼                  ▼
                    ┌─────────────┐    ┌─────────────┐
                    │   合上 GRTS  │    │   合上 GRTS  │
                    └─────────────┘    └─────────────┘
                             ▼                  ▼
                    ┌─────────────┐    ┌─────────────┐
                    │   断开 MRTB  │    │   断开 MRTB  │
                    └─────────────┘    └─────────────┘
        ┌──────────────┬──────────────┐         ▼
        ▼              ▼                ┌─────────────────┐
┌─────────────┐ ┌─────────────────┐   │  拉开接地极隔离开关  │
│  合上 HSGS   │ │  拉开接地极隔离开关  │   └─────────────────┘
└─────────────┘ └─────────────────┘
        ▼
┌─────────────────┐
│  拉开接地极隔离开关  │
└─────────────────┘
                    ┌─────────────┐
                    │  极1金属回线  │
                    └─────────────┘
```

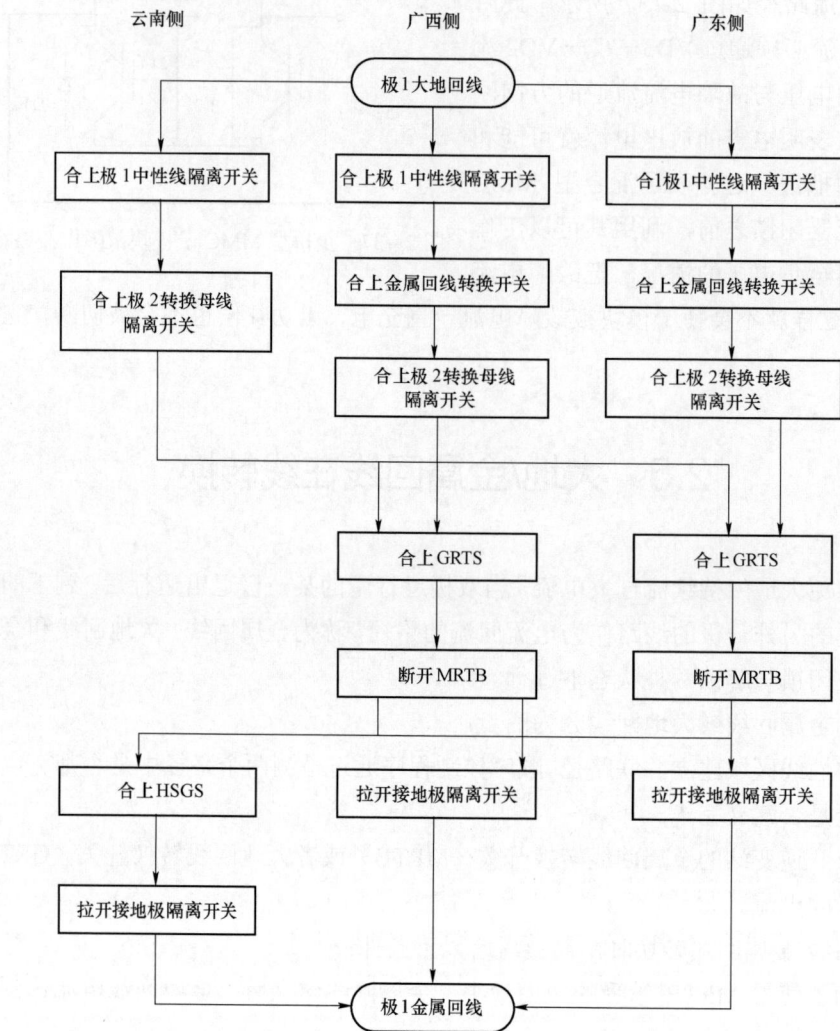

图2-38　大地回线切换到金属回线顺序操作过程示意图

　　金属回线运行方式下，涉及金属回线接地保护、金属回线横差保护、金属回线纵差保护三个保护。通过判别三站的断路器、隔离开关位置产生金属回线方式下保护的使能信号和闭锁信号，这些信号能避免顺序控制失败时保护误动。

云南侧 广西侧 广东侧

```
          ┌──────────────────────┐
          │      极1金属回线       │
          │     （站外接地）       │
          └──────────────────────┘

  ┌──────────────────┐      ┌──────────────────┐
  │ 合上极1接地极母线  │      │ 合上极1接地极母线  │
  │     隔离开关       │      │     隔离开关       │
  └──────────────────┘      └──────────────────┘

  ┌──────────────────┐      ┌──────────────────┐
  │  合上接地极转换开关 │      │  合上接地极转换开关 │
  └──────────────────┘      └──────────────────┘

    ┌──────────────┐          ┌──────────────┐
    │   合上MRTB    │          │   合上MRTB    │
    └──────────────┘          └──────────────┘

    ┌──────────────┐          ┌──────────────┐
    │   断开GRTS    │          │   断开GRTS    │
    └──────────────┘          └──────────────┘
```

拉开极2转换母线隔离开关 拉开极2转换母线隔离开关 拉开极2转换母线隔离开关

拉开极1中性线隔离开关 拉开金属回线转换开关 拉开金属回线转换开关

拉开极1中性线隔离开关 拉开极1中性线隔离开关

```
          ┌──────────────────────┐
          │      极1大地回线       │
          └──────────────────────┘
```

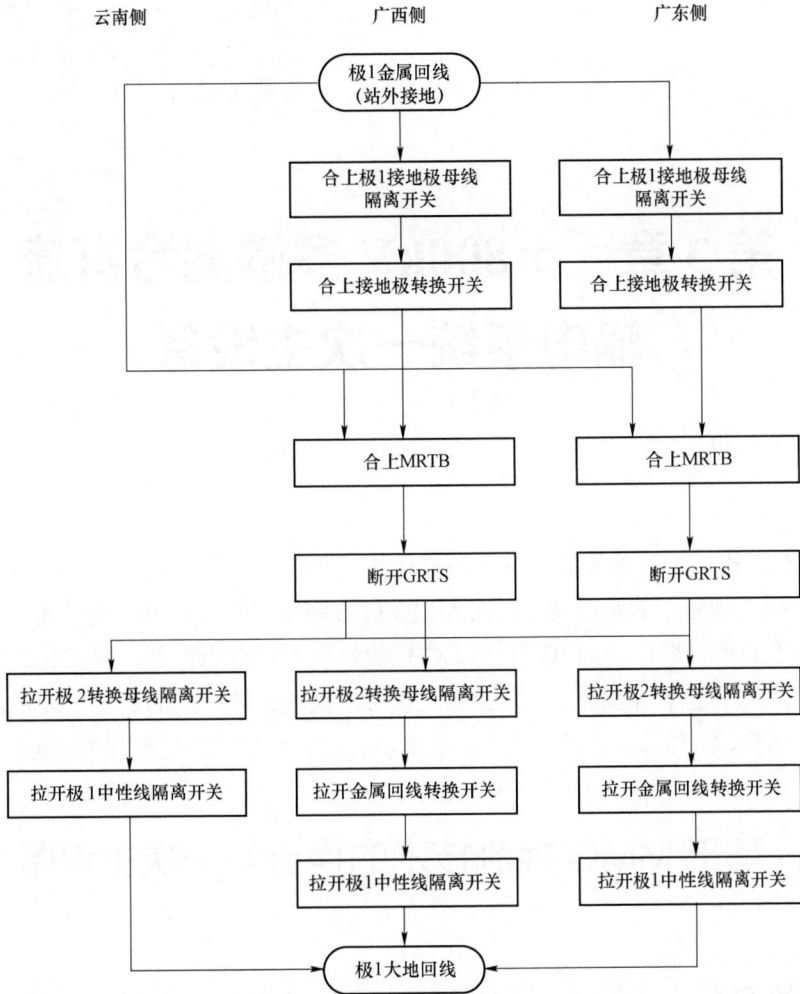

图 2-39 金属回线切换到大地回线顺序操作过程示意图

第3章 ±800kV 多端混合直流输电系统一次主设备

基于 LCC 和 MMC 换流技术的换流站所用到的一次主设备有所不同，最大的不同点则是，LCC 换流阀采用的是晶闸管，而 MMC 换流阀采用的是既可控制导通、又可控制关断的全控型电力电子器件，如 IGBT。LCC 换流站没有桥臂电抗器，取而代之的是直流与交流滤波器。对于基于 MMC 和 LCC 换流技术的换流站所用到的一次主设备，接下来本章会从设备结构、工作原理、设备监造、运维项目、常见故障及处理几方面分别进行介绍。

3.1 基于 MMC 换流技术的换流站一次主设备介绍

3.1.1 换流阀

1. 设备结构

基于 MMC 拓扑结构换流阀配置灵活、结构合理。针对不同的应用领域，直流换流阀可以由数量不同的换流阀组件构成，以满足不同电压等级和输电容量的需求。其通过模块化设计以及多电平技术，具有较低的谐波畸变，且采用较低的开关频率，可降低损耗、提高效率。

换流阀主要实现的功能如下：

（1）根据阀控装置下发的触发及控制命令，触发导通子模块相应的 IGBT 元件实现功率变换。

（2）监视子模块的实时状态，通过光纤与阀控装置进行通信。

（3）功率模块具备多重保护，有效地保证器件和内部元件的安全。

以广西侧的柳州站为例，柳州站每个阀组包含 6 个桥臂，每个桥臂由 2 个阀塔串联而成。高阀及低阀阀塔的三维图如图 3−1 所示。每个阀塔采用 3 层 2 列的结构，每层 6 个阀段，一个阀塔共 108 个功率模块。柳州站高、低端阀均包含 6 个桥臂，每个桥臂含 2 个阀塔、216 个功率模块。

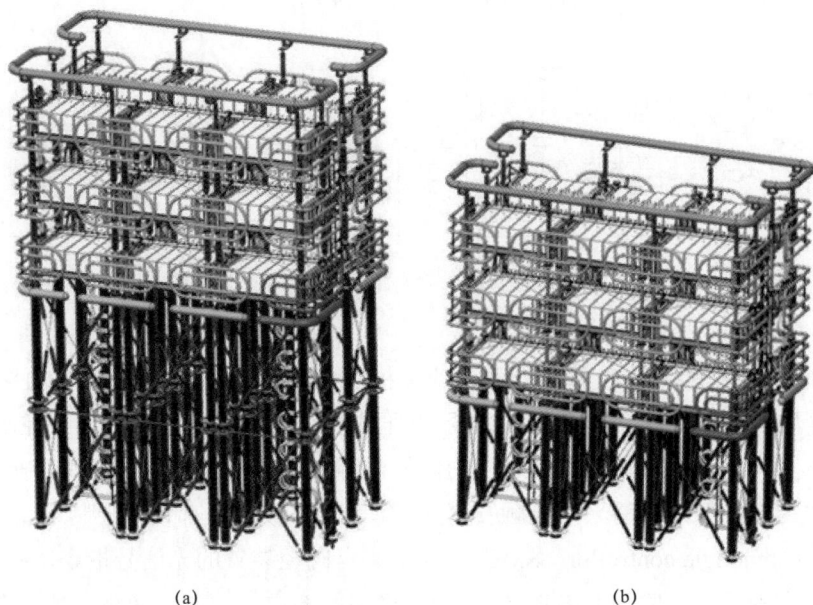

(a)   (b)

图 3-1　阀塔三维图

（a）高阀阀塔；（b）低阀阀塔

2. 工作原理

昆柳龙工程使用的换流阀基于 MMC 拓扑结构，如图 3-2 所示，换流器包含 6 个桥臂，每个桥臂由多个功率模块（子模块）串联而成。

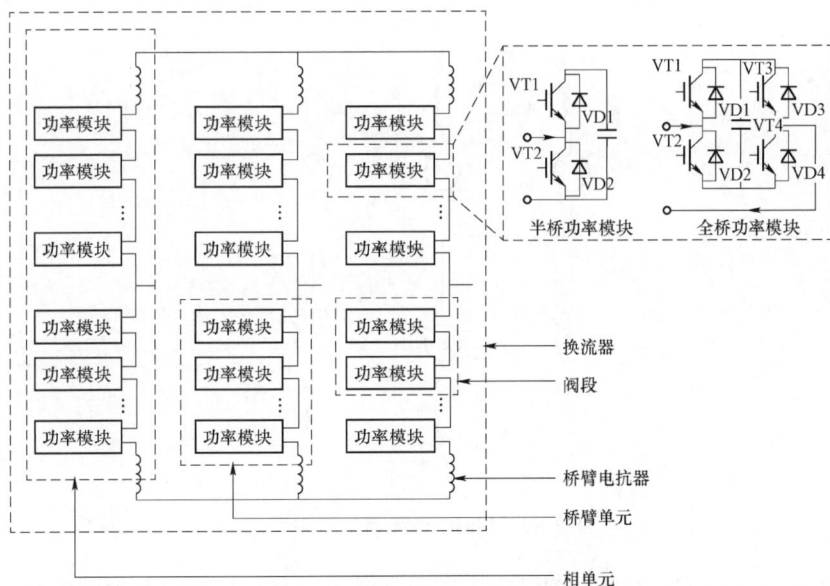

图 3-2　MMC 拓扑结构示意图

换流阀全桥功率模块由 4 个 IGBT、2 个直流储能电容、晶闸管、旁路开关和控制板卡等组成，其电路如图 3-3 所示；半桥功率模块由 2 个 IGBT、2 个直流储能电容、晶闸管、旁路开关和控制板卡等组成，其电路如图 3-4 所示。

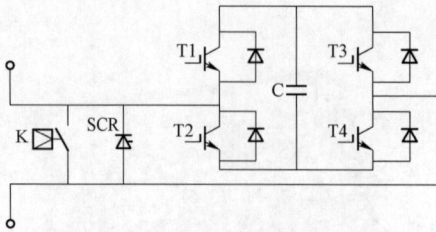

图 3-3　全桥功率模块电路图　　　　图 3-4　半桥功率模块电路图

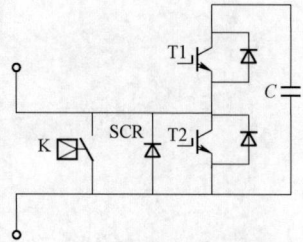

每个功率模块具有两个主端子用于功率模块的串联。通过适当控制功率模块中的 IGBT，使得功率模块主端子电压为电容器电压或零。这些功率模块是独立控制的，两个电流方向下都可以在全模块电压（对应的储能电容器电压）和零电压之间切换。

功率模块内的触发电路采用光触发模式，每个功率模块内部设置控制电路板，即子模块控制器（submodule controllor，SMC），接受来自阀控装置的光信号指令，并进行解码，转换为脉宽调制信号，驱动 IGBT，实现功率模块的充电、放电、旁路三种状态；同时，功率模块控制系统子模块控制器采样功率模块的模拟量和数字量信号，并进行调制后采用光信号回馈给阀控装置。

假设每个功率模块中电容器的电压相等，则包含 n 个功率模块的阀端子上可输出 $n+1$ 个不同的电平。假设每个阀拓扑结构中大量的功率模块可通过等效电路来近似，每个换流阀可视为一个可控的电压源，MMC 等效电路如图 3-5 所示。

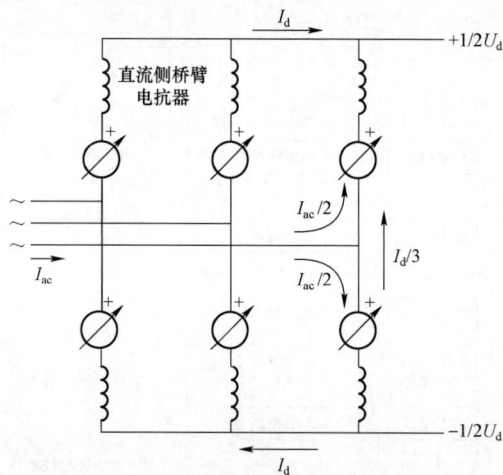

图 3-5　MMC 换流器等效电路图

桥臂中的每个功率模块可以独立控制，通过对每个功率模块进行独立控制，在换流阀两端可以产生所需的电压。每个功率模块电压是功率模块主端子两端电压，阀电压是这些功率模块电压之和。每相上、下两个桥臂的电压和等于直流母线电压。交流电压由每相中两个桥臂的功率模块旁路比例来控制，桥臂中的功率模块越多，交流电压的谐波越小。每个桥臂装设桥臂电抗器，直流侧发生双极短路故障时，桥臂故障电流最大，桥臂电抗抑制这一电流上升速度。

IGBT 换流阀的阀控装置与功率模块之间需要信息传输通道，阀基控制系统（VBC）在地电位，功率模块处于换流阀的不同位置，相对地电位而言都是处于高电位的，采用光纤完成阀基控制系统与子模块单元之间的信号传输。阀控装置与功率模块控制工作原理如图 3-6 所示。

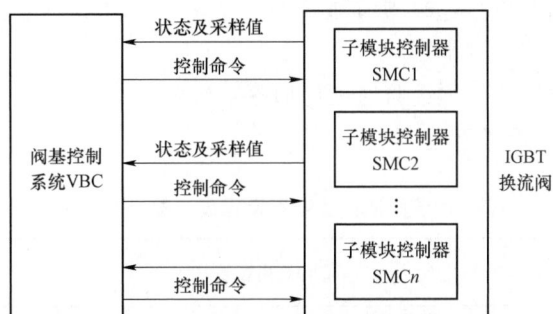

图 3-6 阀控装置与功率模块控制工作原理图

阀基控制系统和功率模块通过 2 根光纤相连，1 根用于发送，1 根用于接收。阀基控制系统的所有的控制信号通过编码之后传送到功率模块控制系统子模块控制器，子模块控制器解码收到的控制信号，控制 IGBT 和旁路开关。

子模块控制器采集电容电压及其他状态信号，编码上送至阀基控制系统。阀基控制系统通过解码，监视功率模块的运行状态。

3. 设备监造

设备监造需要按照设计好的关键点来对不同设备进行检查。对于换流阀，设备监造可以分为以下几点。

（1）设计检查。监造单位可根据业主或项目单位、监造委托人的要求，对供应商的产品设计进行检查，内容包括 IGBT 器件的选择、冗余度的选择、电压耐受能力、电流耐受能力、交流系统故障下的运行能力、机械性能等。

（2）制造阶段。重点检查 IGBT 器件、直流电容、绝缘结构件、绝缘紧固件、铝合金屏蔽罩、金属结构件和金属连接件、载流导体、主水管、均压电阻、IGBT 电子板、光纤、水管、散热槽等的出厂检验单和制造厂的验收报告，必要时可到配套件厂现场见证。

（3）组装。主要检查 IGBT 电子板、IGBT 与散热器的位置等；单阀的组装应检查组件、电极、阀避雷器、光纤等的安装位置；多重阀应检查悬垂绝缘子、电晕屏蔽件等的固定。

（4）试验。主要对换流阀进行如下试验：例行试验（外观检查、阻抗测试、水压测试等）、型式试验（交流/直流耐压试验、操作冲击波耐压试验等）、运行试验（最大持续运行负载试验等）。

查看所有试验项目的试验结果是否满足产品的技术要求，并密切注意试验过程中的异常现象（如放电声，可闻、可见、电晕，电压、电流的波形变化，渗漏水）等。

（5）包装发运：

1）在换流阀包装发运前，监造人员应检查产品外观、核对铭牌，检查附带的文件资料、合格证等数量是否准确。

2）检查所有预装配过的附件是否已做明显配装标记。

3）检查装箱运输的防水、防潮措施。

4）了解押运及有关交接事宜。

5）换流阀包装发运前，须经监造工程师签字认可。

换流阀监造关键点设置见表3-1。

表 3-1 换流阀监造关键点设置表（部分）

序号	项目	监造内容	见证方式	备注
1	IGBT	器件的型号、规格、数量与发货单一致	W	
		外观检查，IGBT外观包装应完好、标识清晰	W	
		型式试验报告中试验项目符合技术协议要求，项目齐全、结论明确且在有效期内	R	
		同一批次IGBT的出厂合格证、检验报告完备	R	
		进厂检验记录完整，签字齐全，批次、数量、规格、型号、存放位置满足要求	R	
2	散热器	器件的型号、规格、数量与发货单一致	W	
		外观检查，散热器的外观、尺寸以及散热器水口尺寸（外/内径、水口净深度）符合相关技术要求	W	
		型式试验报告中试验项目符合技术协议要求，项目齐全、结论明确且在有效期内	R	
		同一批次器件的出厂合格证、检验报告完备	R	
		进厂检验记录完整，签字齐全，批次、数量、规格、型号、存放位置满足要求	R	
3	直流电容器	器件的型号、规格、数量与发货单一致，电容器的电容偏差值满足技术规范书的要求	W	
		外观检查，器件的外观、尺寸、表面处理情况良好，表面没有划痕和凸起，极桩处螺纹完好，无磕碰伤	W	
		同一批次器件的出厂合格证、检验报告完备、技术参数（电容的介质损耗等）齐全	R	
		进厂检验记录完整，签字齐全，批次、数量、规格、型号、存放位置满足要求	R	

注 见证方式R：查阅制造单位提供的有关合同、设备原材料、元器件、外购外协件及制造过程中的检验、试验记录等资料。

见证方式W：在现场对产品制造过程中的某些过程进行监督检查。

见证方式H：检查重要工序节点及隐蔽工程、关键的试验验收点或不可重复试验验收点。

4. 运维项目

换流阀及阀厅的主要运维项目见表 3-2。

表 3-2 换流阀及阀厅主要运维项目

序号	项目	要求	周期
日常巡视要求			
1	阀厅内设备检查	(1) 阀厅内无异味。 (2) 光纤连接正常，触发光纤、回检光纤无脱落、断裂。 (3) 阀厅内一次设备构架接地良好、紧固，无松动、锈蚀。基础无裂纹、沉降或移位。接线板无裂纹、断裂现象。引线连接可靠，自然下垂，三相（正负极）松弛度一致，无断股、散股现象。金具无松动，附件齐全。 (4) 各 IGBT 阀及触发监视单元位置正常，无倾斜、脱落、偏歪情况；接线无明显的断开和脱落点。 (5) 直流分压器 SF_6 气体压力值在正常范围内，额定压力 0.4MPa，告警压力 0.35MPa；SF_6 气压指示清晰可见，SF_6 密度继电器外观无污物、损伤痕迹。 (6) 避雷器与计数器连接的导线及接地引下线无烧伤痕迹或断股现象；避雷器放电计数器或在线监测仪计数器外观完好，无积水；泄漏电流指示无异常。 (7) 换流阀冷却回路连接正常，无渗漏水	1 次/月
2	结合视频监控系统、红外在线监测系统进行检查	(1) 阀塔构件连接正常，无倾斜、脱落。 (2) 阀塔水管连接正常，无脱落、漏水。 (3) 阀塔组件无放电，无明显摆动现象。 (4) 阀塔支柱绝缘子及斜拉绝缘子伞群无破损。 (5) 阀塔的温度、湿度正常。 (6) 阀厅地面无水渍。 (7) 阀厅大门关闭良好	1 次/4d
		利用红外在线监测系统开展设备红外巡视，并对异常发热点拍摄图片留存比对	1 次/周
		开展阀厅进出水压力抄录	1 次/周
		开展阀厅温湿度抄录	1 次/4d
		利用红外在线监测系统对阀厅开展红外测温，对膨胀罐水位等巡维数据开展多维度分析，及时发现阀厅设备过热、渗漏水缺陷	1 次/月
专业巡维要求			
1	结合视频监控系统、红外在线监测系统进行检查	(1) 阀塔构件连接正常，无倾斜、脱落，设备无放电。 (2) 阀塔水管连接正常，无脱落、漏水。 (3) 阀塔组件无放电，无异常声音，无焦煳味，无明显摆动现象。 (4) 对日常巡维发现的异常及缺陷进行核实、确认，分析产生原因，提出管控措施和处理意见。 (5) 开展设备红外巡视，并对异常发热点拍摄图片留存，注意关注电容器温升情况。 (6) 对巡维数据进行横向、纵向趋势分析	1 次/2 月
2	换流阀检查	检查确认光纤导槽形态清洁、完好，无破损、积污、水痕，封堵严密、可靠，扎带完整，光纤无松脱和明显弯折	1 次/年

5. 常见故障及处理

换流阀异常及故障处理按照以下规定执行：

（1）当单个桥臂故障子模块个数不超过冗余值（换流阀仍运行）时，记录故障模块的位置。

（2）当单个桥臂故障子模块个数达到设计冗余值的80%时，应及时汇报并加强监视；当子模块故障个数达到设计冗余值的90%时，应汇报相关调度，并采取措施进行处理。

（3）当单个桥臂故障子模块个数超过冗余值时，控制保护设备会动作，系统自动停运，应汇报相关调度以及管理部门，通知检修人员到场。

（4）换流阀漏水时，记录漏水位置信息，并汇报相关调度及管理部门，准备停电处理。

（5）换流阀结构件松动或跌落时，记录故障位置等信息，并汇报相关调度及管理部门。

（6）换流阀本体出现内部放电现象时，记录放电点位置等信息，并汇报相关调度及管理部门，准备停电处理。

（7）换流阀本体出现温升异常升高（包括着火）时，记录温升异常升高位置等信息，并汇报相关调度及管理部门，危及人身及设备安全时紧急停电处理。

（8）当阀厅发生火灾时，阀厅内极早期烟雾、火焰探测器将信号送至消防控制中心发出报警，自动关闭防火阀、组合式空调机组送回风机，确认阀厅照明电源已被切除。确认火熄灭后，手动打开进风百叶窗及排烟阀进行通风。

3.1.2 换流阀冷却系统

1. 设备结构

换流阀冷却系统（简称阀冷却系统）是换流站最重要的辅助设备，其可靠性决定了整个换流站能否稳定可靠地运行。柳州换流站极1设有2个阀厅，每个阀厅设置一套独立的闭式循环水冷系统。

（1）阀内冷却回路设备。阀内冷却回路的主要组成部分包括主循环泵、主过滤器、电加热器、脱气罐、去离子回路、膨胀罐及补给水回路，另外还有主管道、氮气稳压装置及连接件等设备。

1）主循环泵。主循环泵为离心泵，采用机械密封，一用一备，每台为100%容量。主循环泵进出口与管道连接部分采用软连接。主循环泵设计有检漏罐，罐内装液位开关，及时检测轻微漏水。主循环泵前后设置有阀门，以便在不停运阀内冷系统时进行主循环泵故障检修。主循环泵管路高点设置有排气阀，以便在不停运阀冷却系统时进行主循环泵故障检修。土建提资中在阀冷室应设有单轨吊或其他装置，方便更换、检修主循环泵。主循环泵如图3-7所示。

图3-7 主循环泵

2）主过滤器：防止循环冷却水在快速流动中可能冲刷脱落的刚性颗粒进入阀体。

3）电加热器：布置于阀内冷主回路脱气罐中，用于冬天温度极低或阀体停运时的冷却水温度调节，避免冷却水温度过低。电加热器运行时，阀冷却系统不能停运，必须保持管路内冷却水的流动，即使此时换流阀已经退出运行。电加热器如图 3-8 所示。

4）脱气罐：置于内冷却回路泵的入口处，罐顶设自动排气阀，完成冷却水的排气功能。脱气罐如图 3-9 所示。

图 3-8 电加热器

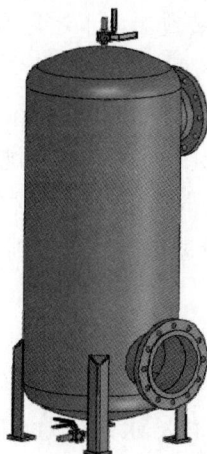

图 3-9 脱气罐

5）去离子回路：并联于内冷却主回路的支路，主要由混床离子交换器、精密过滤器以及相关附件组成。去离子回路主要是吸附内冷却回路中部分冷却液的阴阳离子，通过对冷却水中离子的不断脱除，降低内冷水的电导率，从而抑制长期运行条件下金属接液材料的电解腐蚀或其他电气击穿等不良后果。

6）膨胀罐置于阀冷却系统水处理回路，与氮气稳压装置联动以保持管路的压力恒定，并与补充水回路和去离子回路共同完成介质的补给。膨胀罐底部设置曝气装置，增加氮气溶解度，脱气时更有效地带走介质内氧气。膨胀罐可缓冲阀冷却系统因温度变化而产生的体积变化。

7）补水装置。根据功能不同，补水装置中的泵分为原水泵和补水泵。原水泵出水设置 Y 型过滤器，并设置进出口压力表。原水罐采用密封式，以保持补充水水质的稳定。原水罐设磁翻板液位计。当原水罐液位低于设定值时，提示操作人员启动原水泵补水，保持原水罐中补充水的充满。

（2）阀外冷却回路设备。阀外冷却回路的主要组成部分包括闭式冷却塔、喷淋水处理系统、加药装置、喷淋水自循环装置、排水系统等。

1）闭式冷却塔。闭式冷却塔作为阀冷却系统的室外换热设备，将换流阀的热损耗传递给喷淋水以及大气。

每套设备含 3 组闭式冷却塔。每极阀厅室外设一个喷淋水池，冷却塔外形及组合布置空间不超过水池边界。控制屏柜、喷淋水反渗透装置、喷淋水泵等布置在阀冷设备间和阀冷控制室。

2）喷淋水处理系统。喷淋水处理系统充采用反渗透处理工艺，由石英砂过滤器、活性炭过滤器、保安过滤器、高压水泵、反渗透装置等组成。

3）加药装置。喷淋水中要求投加杀菌灭藻剂，杀菌灭藻剂要求交替使用氧化性杀生剂与非氧化性杀生剂。杀菌灭藻剂应为环保产品，以保证喷淋水的排放符合国家相关排放标准。

4）喷淋水自循环装置。为了过滤水池杂质防止水质变差，喷淋水系统设有自循环处理装置。喷淋水自循环处理装置布置在阀冷设备间内。

自循环处理装置包括过滤器、循环水泵、不锈钢管道及阀门等组成。

5）排水系统（集水坑）。喷淋泵坑设有集水坑，坑内安装排污泵和液位传感器，当泵坑有积水时，排污泵自动启动将水排出，避免水淹泵坑。排污泵需定期测试启动，启动时需保证泵坑内积水没过排污泵，否则会烧坏水泵。

2. 工作原理

阀冷却系统是柳州换流站的一个重要组成部分，它将阀体上各元件的功耗发热量通过内冷水排放到阀厅外，保证子模块运行结温在正常范围内。阀冷却系统分为内冷水系统和外冷水系统两个部分：内冷水系统为密闭式循环，担负着阀元件散热的功能。外冷水系统为开放式循环，在冷却塔处对内冷水管道进行喷淋散热，同时通过风扇将外、内冷水交换的热量散出。内冷水在换流阀内加热升温后，经过主循环泵的提升，源源不断地进入室外换热设备，与被冷却器件发出的热量在室外与外冷设备进行热交换，冷却后的内冷水再进入换流阀模块水冷板，形成密闭式循环冷却系统。阀冷却系统内冷和外冷部分的工作原理分别如图 3-10 和图 3-11 所示。

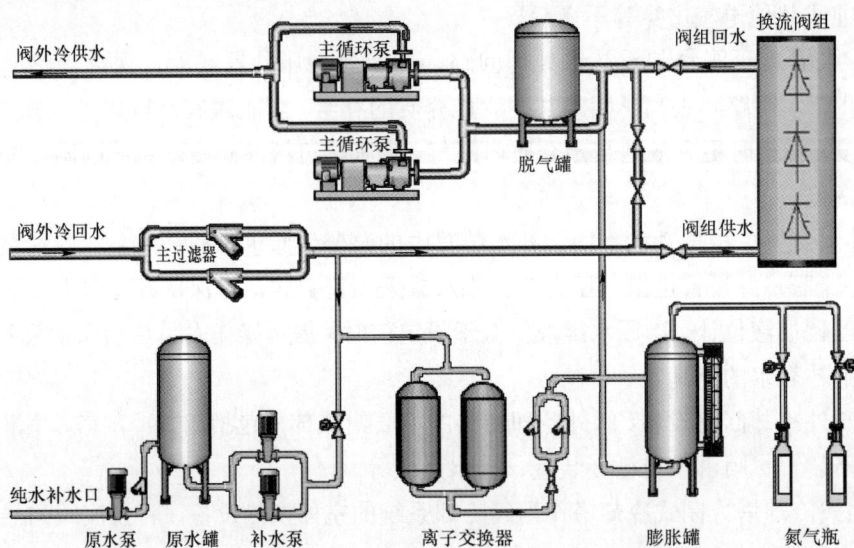

图 3-10 阀冷却系统内冷部分工作原理图

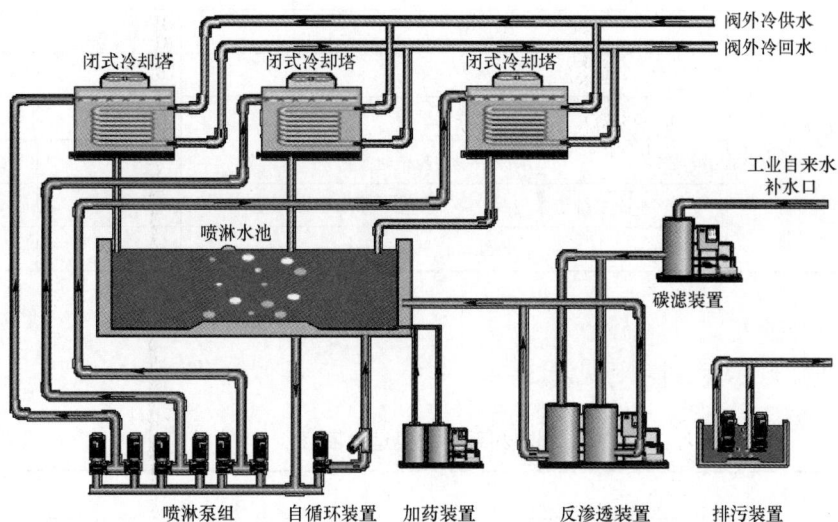

图 3-11　阀冷却系统外冷部分工作原理图

3. 设备监造

设备监造需要按照设计好的关键点来对不同设备进行检查。对于阀冷却系统，设备监造可以分为以下几点。

（1）设计检查。监造单位可根据业主或项目单位、监造委托人的要求，对供应商的产品设计进行检查，内容包括检查主循环泵、阀门选型、各种压力、流量、温度变送器的性能参数等。

（2）制造阶段。重点检查主循环泵、阀门、温度变送器、不锈钢容器、管路、电气板卡等原产地证书、质量证明文件，必要时可到配套件厂现场见证。

（3）试验。重点检查水冷系统出厂试验：绝缘强度测试、压力试验、水力功能试验、连续运行试验、控制柜功能试验等。

查看所有试验项目的试验结果是否满足产品的技术要求，并密切注意试验过程中的异常现象。

（4）包装发运。

1）在阀冷设备包装发运前，监造人员应检查产品外观、核对铭牌，检查附带的文件资料、合格证等数量是否准确。

2）检查所有预装配过的附件是否已做明显配装标记。

3）检查装箱运输的防水、防潮措施。

4）了解押运及有关交接事宜。

5）阀冷设备包装发运前，须经监造工程师签字认可。

阀冷却系统的监造关键点设置见表 3-3。

表 3-3 阀冷却系统监造关键点设置表（部分）

序号	项目	监造内容	见证方式	备注
1	阀冷却系统出厂试验	绝缘强度测试	W	
		压力试验	W	
		水力性能试验	W	
		水冷系统功能试验	W	
		水冷系统与控制保护（上位机）系统通信试验	W	
		连续运行试验	W	

4. 运维项目

阀冷却系统主要运维项目见表 3-4。

表 3-4 阀冷却系统主要运维项目

序号	项目	要求	周期
日常巡视要求			
1	阀冷控制系统检查	（1）控制柜面板上的信号灯指示正确。 （2）各空气开关、继电器在正确位置，跳闸回路继电器状态正确。 （3）主循环泵及电动机振动、声音正常，无漏水、漏油，温度正常。 （4）动力柜散热风扇、过滤器、双电源切换装置正常。 （5）柜内设备状态指示正确，与设备实际状态一致；元器件及电缆无老化现象，无烧焦痕迹。 （6）主循环泵采用软启动，应检查以下项目： 1）软启动器面板显示无黑屏、坏屏现象，信号指示灯正常，控制方式在正常位置。 2）软启动器无异常声响	1 次/4d
2	内冷水系统检查	（1）去离子水流量正常。 （2）阀内冷水系统运行参数正常（流量、压力、液位、电导率等）。 （3）自动排气阀排气正常。 （4）巡视阀冷内冷水回路，确认主循环泵、管道法兰等无渗漏水。 （5）补水箱水位正常，补水系统无异常。 （6）离子交换支路电导率传感器、流量计、内冷水进出阀温度传感器等表计数据无异常。 （7）检查主过滤器，确认主过滤器压差正常。 （8）膨胀罐液位正常。 （9）氮气稳压装置：膨胀罐、氮气瓶压力在正常范围内，膨胀罐液位就地显示应与监控监测液位一致。 （10）加热器电源回路正常、法兰连接处无渗漏、溢水现象，加热器投运前应确认主循环泵在运行状态	1 次/4d
3	外冷水系统检查	（1）巡视外冷水回路，确认喷淋泵、管道法兰等无渗漏水。 （2）盐箱盐量、加药箱药剂余量检查，必要时添加。 （3）外冷风机运行正常，无异常噪声。 （4）外冷风机变频器运行正常，无异常噪声、发热。 （5）喷淋水池水位正常。 （6）冷却塔风扇支架焊缝无开裂。 （7）喷淋泵及电动机振动、声音正常，无漏水，温度正常。 （8）炭滤罐、砂滤罐无漏水。 （9）集水坑液位正常	1 次/4d
4	红外测温检查	开展阀冷却系统载流元件与回路、主循环泵、喷淋泵、风机红外测温，重点检测大电流接线端子、交流接触器、电源开关、继电器发热情况，发现异常时记录温度，并保留红外测温图片	1 次/周

续表

序号	项目	要求	周期
5	其他	（1）监盘并抄录数据，判断阀冷却系统运行状态是否正常，发现异常及时处理。 （2）结合每日膨胀罐水位监测、对比分析，及时发现渗漏。 （3）结合每日阀塔进出水压力监测、对比分析，及时发现管路堵塞	1 次/4h

专业巡维要求

序号	项目	要求	周期
1	主循环泵及电动机检查	（1）对主循环泵进行振动监测。 （2）主循环泵及电动机密封面密封状态检查，确认无渗漏水、渗漏油现象。 （3）水泵、电动机固定牢固，无异常振动和声响，监听运行主循环泵，无异常声音，无异常气味。 （4）打开电动机接线盒，检查确认盒内接线无烧黑、变色、放电等现象。 （5）逆止阀内无异常声响，功能正常。 （6）添加润滑脂或润滑油。 （7）泵体清洁检查。 （8）水泵和电动机温度持续稳定，运行温度低于 95℃ 的告警温度。 （9）检查主循环泵及电动机底座地脚螺栓力矩线，确认无松动	1 次/2 月
2	补水泵及电动机检查	（1）补水泵管路阀门无异常关闭。 （2）对补水泵的运行次数进行记录，以便了解阀冷却系统的综合运行情况。 （3）在首次运行或水泵维护后投入使用时，必须松开泵体上部的排气阀对泵体内进行排气，直到有水溢出为止	1 次/2 月
3	补水箱检查	（1）水位在正常范围内，水质无明显浑浊，相关回路无渗漏水。 （2）补水箱内新补充水电导率正常，否则应更换补充水。新补充水应纯净无杂质，pH 值介于 6.5～8.5，电导率小于 5μS/cm，并做好记录。更换陈水时严禁异物进入补水箱内	1 次/2 月
4	冷却塔及风机检查	（1）风机运行平稳，无异响、明显振动。 （2）冷却塔外壳、管道无漏水；喷淋水流正常，无堵塞现象	1 次/2 月
5	喷淋泵及电动机检查	（1）喷淋泵及电动机无渗漏水、渗漏油现象。 （2）水泵、电动机固定牢固，无异常振动和声响，监听运行喷淋泵，无异常声音，无异常气味。 （3）打开电动机接线盒，检查确认盒内接线无烧黑、变色等现象。 （4）逆止阀内无异常声响，功能正常。 （5）对水泵和电动机进行温度监测，无异常情况	1 次/2 月
6	泵坑排污功能检查	（1）泵坑地面无积水，排污竖井管路及泵功能正常。 （2）排污泵泵体外表清洁，无油渍及杂物。 （3）水泵和电动机声音无明显异常。 （4）排污泵自动启停功能正常	1 次/2 月
7	阀冷控制系统屏检查	（1）各指示灯指示正常，无异常告警指示灯，表计读数正常。 （2）屏柜面板显示正常，各旋钮在正确位置。 （3）屏柜冷却风扇正常运行，无异常声响。 （4）阀冷控制器各指示灯指示正常，无异常告警信号，主备用系统完好。 （5）阀冷控制器连接电缆、光纤外观正常、连接可靠	1 次/2 月
8	外冷水砂滤、碳滤检查	（1）砂滤、碳滤罐无渗漏水，罐体表面清洁、无积污。 （2）自动、手动反冲洗功能正常	1 次/2 月
9	仪器仪表检查	（1）表计指示正常，冗余配置的表计显示无明显差异。 （2）外冷水池水位显示值与实际水位一致。 （3）内冷水进水温度在额定值附近；主循环泵切换前后各表计显示值无明显变化（重点检查主水压力、主水流量数值变化）。 （4）在工作站上对传感器历史数据变化趋势进行专业分析，确认历史数据变化趋势符合定值及实际情况	1 次/2 月
10	屏内其他元器件（空气开关、继电器、交流接触器、电源转换模块、通信模块等）检查	（1）元件指示灯指示正常，外观正常，无灼烧、变形现象，无异味。 （2）各空气开关、继电器在正确位置，跳闸回路继电器状态正确。 （3）装置无异常声响、发热冒烟现象，无烧焦等异常气味	1 次/2 月

续表

序号	项目	要求	周期
11	其他	（1）主水管道无变形、裂缝，无明显振动，无渗漏水；膨胀罐无明显晃动，无渗漏水。 （2）主过滤器内部无异常声响，过滤器前后压力正常，无明显渗漏水。 （3）离子交换器及管道阀门开度、回路水流量、出水电导率在正常范围内；回路管道无明显渗漏水。 （4）外冷水水质检查：对外冷水进行取样检查，确认外冷水水质满足要求。 （5）阀门检查：各阀门位置在正常状态，无明显渗漏水。 （6）喷淋水池水位正常，池内无杂质、异物，外冷水电导率小于 0.3μS/cm。 （7）过滤泵及电动机无异常声响及振动，无渗漏水；过滤器及管道无渗漏水。外冷过滤器压差正常、无堵塞现象，管道无渗漏水。 （8）排水阀开度在正常范围内，无渗漏水。 （9）软化水装置、杀菌装置桶内药剂量正常；装置外部无破损；桶内无明显受污情况。 （10）原水泵及电动机检查：电动机无异响及异味；电动机基座固定牢固，振动在正常范围内，无渗漏水。进水管外观无锈蚀，无渗漏水。 （11）变频器指示灯指示正常，连接电缆外观正常、连接可靠；变频器无异常声响。 （12）动力电源回路各元件及导线连接处温度正常，无氧化及过热变色等现象	1 次/2 月

5. 常见故障及处理

阀冷却系统异常及故障处理按照以下规定执行。

（1）阀冷却系统漏水事故处理。

1）现象：冷却水缓慢渗漏时会出现"渗漏报警"，快速泄漏时会出现"泄漏报警"。如果冷却水泄漏量过大，导致膨胀罐液位下降至 300mm，阀冷却系统将会出现"膨胀罐液位低值报警"；当膨胀罐液位下降至 100mm 时，阀冷却系统将延时 10s 发出跳闸信号，整个柔性直流输电系统跳闸停运。

2）分析：出现该故障说明阀冷却系统出现了漏水现象或者其控制系统出现故障，应立即对整个阀冷却系统进行仔细的排查，并以最快速断解决故障，以免因漏水损伤运行设备甚至导致系统跳闸。

3）处理：

a. 对阀冷设备间进行检查，检查膨胀罐液位、补水泵等，确认膨胀罐液位下降后检查阀冷设备间的冷却水管道是否破裂；同时要不间断监视原水罐的液位，及时补水，保证补水泵正常补水。

b. 确认阀冷却系统漏水后，迅速对阀厅进行远程巡视，查找漏水点。

c. 若已经找到漏水点且漏水点不影响极正常运行，则在保证补水正常的情况下可以维持运行，待低负荷时向调度申请停运处理；若无法查找明显漏水地点、漏水速度过快或阀塔漏水可能造成相关设备损毁，则应迅速向调度申请停运（期间均须密切监视膨胀罐液位和冷却水进出水温度，不间断进行补水）。

（2）冷却水电导率超差报警事故处理。

1）现象：冷却水总共有三个电导率变送器，这三个变送器采用的是"三取二"的冗余设置，以确保测量数据准确无误。当这三个电导率变送器测得的数据差距较大时会出现超差报警。由于有冗余的电导率变送器，阀冷却系统仍能正常运行，但须及时对故障进行处理。

2）分析：出现该故障说明某个电导率变送器测量不准或传输故障。对比电导率变送器本身显示数据和阀冷却系统控制面板显示数据，如果超差发生在变送器本身，则说明变送器本身故障引起超差；如果变送器显示数据正常，而 MP 控制面板显示数据异常，则可能是传送器远传部分受影响导致的传输数据不一致。

3）处理：

a. 电导率变送器本身发生故障，应联系厂家，对相应的变送器进行检修或更换处理。

b. 传送器远传部分故障，应联系厂家到现场进行参数调节，并对远传回路进行全面检查。

3.1.3　柔性直流输电变压器

1. 设备结构

换流器所用的电力变压器简称为柔直变压器，它和普通的电力变压器的结构基本相同。在柔性高压直流输电系统中，柔直变压器是最重要的设备之一，它处于交流电与直流电互相变换的核心位置。柔直变压器与换流阀一起组成换流器，实现交流电与直流电之间的相互转换，阻断电流在交流系统与换流器之间的连通。柔直变压器的阻抗限制了阀臂短路和直流母线上短路的故障电流，使换流阀免遭损坏。在实际的应用中，采用何种结构型式的换流变压器，应根据柔直变压器交流侧及直流侧的系统电压的要求、变压器的容量、运输条件以及换流站布置要求等因素来确定。

柳州换流站共有 14 台单相双绕组柔直变压器，其中每极 6 台，高低端各备用 1 台。柳州站 LY 型柔直变压器采用双绕组变压器设计，型号：ZZDFPZ－290000kVA/525kV，容量：290/290MVA，电压比：（$525/\sqrt{3}$）/（$220/\sqrt{3}$），频率：50Hz，相数：单相。

柔直变压器的核心组部件包括有载调压分接开关、套管等，其他组部件包括冷却器、油位计、电流互感器、气体继电器、油流继电器、压力释放阀、阀门、油温度计、绕组温度计、密封垫、操作控制柜、监测装置、储油柜胶囊、吸湿器等。

2. 工作原理

柔性直流输电变压器与普通变压器的原理相似，都是利用电磁感应原理来进行电能的传输。双绕组变压器的工作原理如图 3－12 所示。

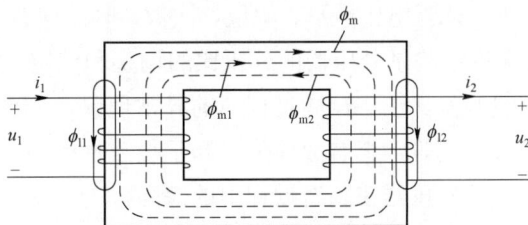

图 3－12　双绕组变压器工作原理图

则互感磁通为：

$$\phi_{\mathrm{m}} = \phi_{\mathrm{m1}} - \phi_{\mathrm{m2}} \qquad (3-1)$$

在一、二次绕组上产生电压的磁通分别为：

$$\phi_1 = \phi_{\mathrm{m}} + \phi_{\mathrm{l1}} \qquad (3-2)$$

$$\phi_2 = \phi_{\mathrm{m}} + \phi_{\mathrm{l2}} \qquad (3-3)$$

一、二次侧产生的磁动势为：

$$\phi_{\mathrm{m1}} R = N_1 i_1 \qquad (3-4)$$

$$\phi_{\mathrm{m2}} R = N_2 i_2 \qquad (3-5)$$

式中　R——变压器的磁阻；

N_1——一次绕组的匝数；

N_2——二次绕组的匝数。

一、二次侧的电压分别为：

$$u_1 = N_1 \frac{\mathrm{d}\phi_1}{\mathrm{d}t} \qquad (3-6)$$

$$u_2 = N_2 \frac{\mathrm{d}\phi_2}{\mathrm{d}t} \qquad (3-7)$$

一般的变压器都可以认为是理想的变压器，即忽略变压器两绕组之间的漏感。在理想的情况下，变压器一、二次侧电压的比值（变比）即为变压器绕组线圈的匝数比。

3. 设备监造

设备监造需要按照设计好的关键点来对不同设备进行检查。对于柔性直流输电变压器，设备监造可以分为以下几点。

（1）设计检查。监造单位可根据业主或项目单位、监造委托人的要求，对供应商的产品设计进行检查，内容包括额定值、总体结构及尺寸、质量、基本特性的设计计算、绝缘设计等。

（2）制造阶段。重点检查原材料、组部件的供应商、产品合格证、外购件（批次）等的验收报告等与合同要求的一致性。其中，原材料包括铜导线（包括自黏性换位导线）、绝缘纸板、绝缘零部件和绝缘成型件、高强度钢板、硅钢片、变压器油。

（3）试验。重点对柔性直流输电变压器进行空载试验、负载损耗及短路阻抗测量、温升试验、绝缘强度试验等。试验电压波形、幅值、次数、时间应符合要求；试验电压测量准确度应符合要求，特别注意测量分压器的分压比的调整和锁定。每次试验时，应检查试验电压显示值与要求值的偏差。注意试验过程中的异常现象，如放电声、可闻可见电晕、电压电流的波形变化、渗漏油等，查看故障信号和示伤波形的变化。必须消除所有疑问，排除干扰，及时发现、消除变压器在制造过程中的缺陷。

（4）包装发运。

1）在设备包装发运前，应检查产品外观、核对铭牌，检查附带的文件资料、合格证等数量是否准确。

2）检查所有预装配过的附件是否已做明显配装标记。

3）检查或通过书面见证运输时是否安装三维冲击记录仪，并记录三维冲击记录仪的初始状态。

4）检查是否安装压力表，并记录压力表读数。

5）了解押运及有关交接事宜。

6）变压器包装发运前，须经监造工程师签字认可。

柔性直流输电变压器的监造关键点设置见表3-5。

表 3-5 柔性直流输电变压器监造关键点设置表（部分）

序号	项目	监造内容	见证方式	备注
1	原材料和主要部件检验	查验原材料质量证明书、进厂验收报告、型号和规格、外形尺寸、存放环境，部分重要原材料和组部件可根据进厂情况做针对性的抽取试验，包括电磁线、硅钢片、绝缘油、绝缘件、低磁钢板、密封件、分接开关、储油系统、套管式电流互感器、套管、散热器、气体继电器、端子箱、控制柜和在线监测仪等	R/W	必要时可对电磁线和绝缘材料进行抽检
2	制造过程质量监督	油箱加工检查，包括焊缝质量、密封面光洁度、内外表面涂漆质量、内外部尺寸及公差、箱沿平直度、油箱及管路内部清洁度、油箱装配、磁屏蔽、机械强度试验、真空泄漏率测量	W	
		外观检查，确认散热器的外观、尺寸以及散热器水口尺寸（外/内径、水口净深度）符合相关技术要求	W	
		铁心叠装过程，包括硅钢片剪切切刀毛刺、铁心片的剪切尺寸、铁心片平整度、叠装过程中硅钢片表面绝缘膜检查、叠装过程中拉板和拉带的检查、油道检查、铁心叠件的尺寸和公差检查、铁心夹件的安装检查	W	
		绝缘件检查，包括加工现场的环境、绝缘件平整度和毛刺、绝缘件尺寸、绝缘件清洁度检查	W	
		线圈绕制过程，包括S弯处绝缘处理、线圈绕制过程中轴向和幅向尺寸及公差检查、绕制过程中线圈股间绝缘的检查、出头的焊接和包装检查、线圈干燥压制后尺寸检查、绝缘件的安装检查、线圈套装过程检查	W	

4. 运维项目

柔性直流输电变压器的主要运维项目见表3-6。

表 3-6 柔性直流输电变压器主要运维项目

序号	项目	要求	周期
日常巡视要求			
1	套管检查	（1）套管油位正常；发现异常时，应通过望远镜、红外热成像仪等综合判断。 （2）高、低压引线及线夹正常，无散股、断股、过热，应通过望远镜、红外热成像仪等综合判断。 （3）套管绝缘子无污秽、破损、裂纹和放电痕迹；橡胶伞裙形状能够与瓷伞裙表面吻合良好，表面洁净、光滑；硅胶伞裙无开裂、搭接口无开胶、伞裙无脱落、黏结位置无爬电等现象。 （4）复合绝缘套管伞裙无龟裂老化、破损脏污和放电爬电现象。 （5）油纸绝缘套管本体及连接法兰无渗漏油；SF₆气体套管气体压力正常，SF₆表计盒无凝露受潮迹象	1次/4d

序号	项目	要求	周期
2	本体检查	（1）检查油温、绕组温度、本体储油柜油位、有载调压开关（OLTC）储油柜油位并与油温—油位曲线对比；温度指示器外观完好，表盘密封良好无凝露，温度显示值不高于最高温度；怀疑油位异常时，应采用红外热成像仪等手段检查储油柜实际油位［换流变压器油温高报警值：75℃，油温跳闸值（投信号）：85℃，绕温高报警值100℃，绕温跳闸值（投信号）110℃］。 （2）检查渗漏油情况及判断严重程度，特别检查以下部位的渗漏油情况（必要时采用视频监控等手段）：本体所有阀门、表计、分接开关，法兰连接处及焊缝处。压力释放装置密封良好，无渗油。冷却器阀门、散热管、油泵、气体继电器、压力释放等处连接良好。油位计外观完整、指示正常、密封良好。油箱、升高座等焊接部位质量良好，无渗漏油迹象。 （3）集气装置未集有气体。 （4）在线滤油装置运行正常，电动机无异响，压力正常。 （5）吸湿器中油杯随油温变化有气泡进出，油色未变黑，硅胶变色不超过2/3，呼气气筒无裂痕，油杯的油位在油位线范围内，且杯底无积水。各硅胶杯之间密封完好，硅胶从下至上均匀变色；硅胶杯顶部及中间连接处不存在硅胶变色情况，否则在更换变色硅胶的同时还应开展原因分析。 （6）运行中振动和噪声无明显变化，整体声音均匀，无螺钉松动颤动声；无闪络、跳火和放电声响。 （7）本体基础无明显下沉。 （8）后台油位信号与油位计指针指示油位一致。 （9）铁心、夹件外引接地良好	1次/4d
3	有载调压开关检查	（1）检查分接开关动作次数，指示应正确，同组各相挡位现场与远方保持一致。 （2）分接开关油室周边无渗漏油痕迹，挡位指示正确，操动机构无锈蚀，齿轮机构及传动轴无变形和渗漏油等异常。 （3）检查油位，吸湿器油色正常。 （4）调压机构箱密封良好，无雨水进入，无潮气、凝露。 （5）控制元件及端子无烧蚀发热现象，指示灯显示正常。 （6）操作齿轮机构无渗漏油现象。 （7）加热器运行正常。 （8）开关密封部分、管道及其法兰无渗漏油现象。 （9）滤油装置运转正常，无卡阻现象	1次/4d
4	在线监测装置检查	（1）油色谱在线监测装置运行正常，数据显示正常，载气压力正常，装置油回路及机箱无渗漏油情况。 （2）SF_6气体在线检测装置运行正常，接口部分无漏气。结合套管压力情况判断SF_6压力变化趋势	1次/4d
5	非电量保护装置检查	（1）气体继电器密封良好、无渗漏，防雨罩无脱落、偏斜。 （2）压力释放阀无喷油及渗漏现象。 （3）油流保护继电器无渗漏油	1次/4d
6	控制箱、机构箱防潮密封及二次元件检查	（1）箱门密封良好、无变形情况，达到防潮、防尘要求。箱内清洁，无杂物、污垢。密封胶条无脱落、破损、变形、失去弹性等异常。箱内照明完好，门灯功能正常。 （2）电缆进线完好，标识清晰、完好，接线无松动、脱落。电缆封堵措施完好，箱内无受潮和积水，控制箱通风孔吸湿器清洁、畅通，箱内壁无凝露。 （3）箱内电器元件及二次线无锈蚀、破损、松脱，箱内无烧焦的烟味或其他异味，无放电痕迹，端子排、电源开关无打火。 （4）各选择/控制开关的位置正常，各电源指示、继电器通电指示等指示灯指示正常。箱内空气开关位置正确，冷却器电源空气开关和加热器空气开关均处于合闸位置。加热器、温度控制器能正常工作，在日常巡视时利用红外或其他手段检测其是否在工作状态；对于由环境控制的加热器，温度控制器动作值不应低于10℃，湿度控制器动作值不应大于80%	1次/8d

序号	项目	要求	周期
专业巡维要求			
1	冷却效率检查	（1）冷却器散热管束无明显脏污、堵塞。 （2）用手触摸运行的冷却器散热管束，应明显感觉有风，并与其他冷却器对比无明显异常。可综合温升对比检查和红外测温项目判断冷却器脏污情况。 （3）必要时在确保安全距离的前提下进行带电水冲洗。 （4）根据负载电流、环境温度、上层油温、绕组温度、油位指示，对比以前类似运行条件下的温升无明显异常	1 次/年
2	冷却器检查	（1）根据冷却器脏污情况确定清洗的时机，换流变压器按 1 年 1 次进行。需注意清洗过程中的安全控制。 （2）检查外观及转动情况。风扇外罩无异常振动、断裂情况，风扇转速正常。 （3）油泵无异响，油流继电器指示正常、指针无摆动。 （4）开展冷却器组的工作轮换。风机启停正常，无异响，不存在风机启动时空气开关跳闸、熔断器熔断等情况。当出现异常时，检修人员应当进行检查分析	1 次/年
3	真空有载调压开关检查	定期开展真空有载调压开关切换开关油室油色谱测试，结合开关切换次数进行分析，评估有载调压开关状态	1 次/年
4	红外测温	（1）检查引线接头、等电位连接片等导电部位。 （2）采用红外热成像仪检查储油柜油位和套管油位是否正常。 （3）对冷却器上部进油管与下部回油管开展红外测温。 （4）检查油箱外壳、套管升高座及箱沿螺栓等，套管本体温度分布无异常。相间温差不大于 2K，记录温度及负载电流，并保存红外测温图片	1 次/年
5	油色谱在线监测装置检查	（1）对油色谱在线监测装置的功能进行检查。后台出峰顺序、出峰时间正常，峰值与检测结果对应。 （2）检查载气压力，及时更换压力不足的载气。 （3）检查装置渗漏情况，对渗漏油的部位进行处理；渗漏无法处理时，应关闭进出油阀门，并及时对装置进行修复	1 次/6 月
6	数据分析	（1）变压器油温异常时应与红外测温比较；一般绕组温度应高于油温；油温、绕组温度就地与远方数据差异应不明显（小于 5℃），差异明显时应对导线接头、温度变送器进行检查。 （2）依据变压器厂家提供的油温—油位曲线，核对油温、油位数据是否在正常范围内；若存在偏差，使用红外热成像方法检测储油柜油位并观察吸湿器呼吸情况，判断是否为假油位，若无法排除假油位，应考虑采取措施处理。 （3）冷却器散热效率分析。对冷却器上下油管进行红外测温，其温差一般应不小于 5K。应对同型设备进行横向温度对比分析，有异常时应怀疑冷却器效率降低，同时结合冷却器脏污检查情况进行分析	1 次/年

5. 常见故障及处理

按故障发生部位不同，变压器故障通常可分为绕组、铁心、分接开关、引线、套管、绝缘、密封等七类故障。

（1）绕组故障分析。变压器绕组是变压器的心脏，构成变压器输入/输出电能的电气回路。

1）现象：绕组的故障模式可分为绕组短路、断路、松动、变形、位移、烧损；其中，绕组短路又可分为层间短路、匝间短路、股间短路等。

2）分析：除外在因素外，变压器绕组故障大部分是由于绕组本身结构及绝缘不合理所引起，以绕组短路出现率最高，它不仅影响到绕组本身，而且对铁心、引线、绝缘层等都有极大的影响。这种故障属致命性的，此时变压器内部可能出现局部高温或局部高能量放电现象，如不及时处理会导致变压器绕组完全损坏，严重时其油温迅速升高，由体积膨胀，甚至导致变压器爆炸，升级为灾害性故障。

对于变压器绕组松动、变形、失稳、绝缘损伤现象，变压器在这种情况下虽能运行，但实质上内部已受损，抗短路能力差；若外部短路或受到雷击的影响进一步使绕组松散、内部场强分布不均，极易导致局部放电进而损伤导线。另外，松散导线也易在电磁力作用下产生振动，互相摩擦而划破绝缘。绕组烧损是指绕组绝缘部分碳化，最终形成绕组短路，发展为致命性故障，因而这类故障属于临界性故障。

3）处理：

a. 修理变形部位，必要时应更换绕组。

b. 拧紧压圈螺钉，紧固松脱的衬垫、撑条。

c. 修复改善结构，提高机械强度，修补绝缘。当高压侧有一相断路时，变压器将在非全相状态下运行，变压器低压侧三相电压、电流呈现不平衡，三相直流电阻也不平衡；若出现两相断路，则变压器不能运行；当低压侧两相断路时，变压器为单相负载运行，断路的两相无电压输出，因而变压器断路属于致命性故障，为此须更换或修复绕组。

（2）铁心故障分析。铁心和绕组都是传递、交换电磁能量的主要部件，除绕组外，铁心质量的好坏也是决定变压器能否正常运行的关键。

1）现象：铁心的故障模式可分为铁心多点接地、铁心接地不良和铁心片间短路；其中，铁心多点接地可分为铁心动态性多点接地和牢靠性多点接地。

2）分析：变压器铁心故障以铁心多点接地出现较多，伴随有铁心局部过热，运行时间过长将会使油纸绝缘老化、绝缘垫块碳化、铁心片绝缘层老化，甚至使铁心接地引线绕断，这类故障属临界性故障。铁心片间短路将会在强磁场中形成涡流使铁心局部过热，铁心接地不良也会使铁心局部过热，同时出现介质损耗超标现象；局部过热易烧坏铁心片间绝缘，扩大铁心故障，因而也属临界性故障。而铁心动态性接地情况有所不同，它主要是由杂质在电场力作用下形成导电小桥（由一些杂质纤维与金属粉末组成），有时在大电流的冲击下而摧毁，出现情况不稳定，一般不影响变压器运行；但不定期的局部过热会使内部绝缘受伤，属轻度性故障。

3）处理：变压器铁心应定期测试其绝缘强度，用 1000V 绝缘电阻表测得绝缘值不应低于 2MΩ；发现绝缘强度低于标准时，要及时更换螺栓套管和绝缘垫，或对绝缘损坏的硅钢片进行重刷绝缘处理。

（3）分接开关故障分析。有载调压分接开关内部传动结构较为复杂，而且经常操作切换，其故障直接影响到变压器的正常运行。

1）现象：分接开关由于受高温和绝缘油影响，触头表面极易氧化产生氧化膜，使触头间接触电阻增大，由于接触不良引起局部高温，破坏接触表面。其故障模式主要有筒体爆炸、触头烧损、挡序错乱和齿轮损坏。

2）分析：筒体爆炸甚至会导致变压器着火，属致命性故障。在开关挡序错乱、齿轮损坏、触头烧损故障状态下运行将会扩大故障，属临界性故障。

3）处理：

a. 更换或修整触头弹簧。

b. 拧紧松动的螺栓。

c. 对分接开关位置错位要进行纠正。

d. 若属于有载调压装置安装或调整不当，则要对调压装置按要求进行调整。

（4）引线故障分析。引线是变压器内部绕组出线与外部接线的中间环节，其接头通过焊接而成，因而其焊接质量的好坏直接影响到引线故障的发生。

1）现象：引线的故障模式主要有引线短路、引线断路和引线接触不良。

2）分析：引线相间短路若不及时处理会导致绕组相间短路，属致命性故障，事故扩大会发展成为灾难性故障。引线接触不良会产生局部高温烧断引线而使变压器停止运行，属于临界性故障。引线接触不良有以下原因：① 螺栓松动；② 焊接不牢；③ 分接开关触点损坏。

3）处理：

a. 在变压器停运检修时，应对接触不良的螺栓都重新紧固。

b. 检修时，在焊接引线前必须将焊接面清洗干净；焊接完成后应认真检查焊点质量，以防运行时焊点脱落引起事故。

c. 应将分接开关转换到位，逐个紧固螺栓，确信一切正确无误后，才允许投入运行。

（5）套管故障分析。套管是变压器内绕组与油箱外连接引线的重要保护装置，它长期遭受电场、风雨、污染等影响，易使瓷釉龟裂、绝缘老化，是变压器故障多发部位。

1）现象：套管的故障模式主要有套管爆炸、位移、开焊、局部放电。

2）分析：套管爆炸将致使变压器停运甚至烧毁，故属于致命性故障；套管位移、开焊将会有水顺着套管进入变压器本体内，极易导致变压器绕组短路或相间短路、局部放电或局部过热，易使套管内部绝缘击穿，属临界性故障。

3）处理：

a. 清除瓷套管外表面的积灰和脏污。

b. 若套管密封不严或绝缘受潮劣化则应更换套管。

（6）绝缘故障分析。变压器内部绝缘是决定变压器质量优劣的关键，大部分故障都是因绝缘性能不佳引起，因而绝缘的好坏是变压器能否长期、安全可靠运行的基本保证。

1）现象：绝缘的故障模式主要有绝缘损伤和介质损耗超标。

2）分析：发生绝缘损伤与介质损耗超标，短期内变压器仍能正常运行，但这些故障会使变压器内部产生局部放电或局部轻度过热现象，进一步损伤绝缘，导致变压器内绕组局部短路、绝缘件碳化等故障，属轻度性故障。

3）处理：

a. 若绝缘受潮，则要进行干燥处理。

b. 若变压器油劣化，则要更换或处理变压器油。

c. 检查油道是否堵塞，并清除油道中的杂物。

d. 若油面过低，则应检查有无渗漏及增加油量至油面线。

（7）密封不良。

1）现象：变压器密封不良主要是接头处处理不好，如焊接质量不良、螺栓乱扣以及法兰不平整等原因造成。密封不良的故障模式有密封圈老化、瓷套脱落或破裂、箱体焊点裂纹、潜油泵处漏气等。

2）分析：密封不良的后果是漏油、漏气，影响范围大。这类故障通常不易被发现，检查中要特别注意。

3）处理：

a. 若密封圈老化，则要更换密封圈。

b. 若瓷套破裂，则要更换瓷套。

c. 箱体焊点有裂纹时须补焊。

d. 所有紧固螺栓必须拧紧。

3.1.4 桥臂电抗器

1. 设备结构

以三相六桥臂结构的换流器为例，需要 6 个桥臂电抗器，分别作为上桥臂电抗器和下桥臂电抗器并以串联的方式接入系统。桥臂电抗器的主要部件有铝绞线、支柱绝缘子、屏蔽环、撑条等。桥臂电抗器如图 3-13 所示。

图 3-13 桥臂电抗器

2. 工作原理

桥臂电抗器是 VSC 换流站的一个重要部分，是主要的换相电抗设备，换流器也是通过桥臂电抗器实现有功和无功的控制。桥臂电抗器的参数选取对换流器工作区间有着重要影响，是 VSC 与交流系统之间传输功率的纽带。同时，桥臂电抗器能抑制换流器输出的电流和电压中的开关频率谐波量。

桥臂电抗器的主要作用：

（1）对注入交流系统的电流有平滑作用，能抑制由电网电压不平衡引起的负序电流，同时对换流器快速跟踪交流系统电流指令值有影响。

（2）抑制二倍频环流谐振。

（3）抑制直流侧故障电流上升率。

（4）限制交流母线短路故障时的桥臂电流上升率。

3. 设备监造

设备监造需要按照设计好的关键点来对不同设备进行检查。对于桥臂电抗器，设备监造可以分为以下几点。

（1）设计检查。监造单位可根据业主或项目单位、监造委托人的要求，对供应商的产品设计进行检查，内容包括额定值、总体结构及尺寸、质量、线圈特性、抗振、电场强度计算、冲击场强计算等。

（2）制造阶段。对导线、环氧树脂、玻璃纤维、外绝缘涂料、绝缘撑条、均压环、绝缘子、汇流排、避雷器等原材料和外购零部件的生产厂业绩、产品合格证及该购件（批次）的验收报告等进行检查。必要时，监造人员可以到原材料和零部件制造单位进行实地考察。

（3）试验。重点对桥臂电抗器进行直流电阻测量试验、交流电阻与谐波损耗测量试验、额定电感值（50～2500Hz）测量实验、温升试验、负载试验、绝缘强度试验等。试验前后应对干式平波电抗器的外表进行检查，不允许出现变形和裂缝，也不允许材料劣化或变色。试验完成后，对产品表面进行检查，确保无击穿和闪络发生。

（4）包装发运。

1）在桥臂电抗器包装发运前，监造人员应检查产品外观、核对铭牌，检查附带的文件资料、合格证等数量是否准确。

2）检查所有预装配过的附件是否已做明显配装标记。

3）桥臂电抗器包装发运前，须经监造工程师签字认可。

桥臂电抗器的监造关键点设置见表3-7。

表 3-7 桥臂电抗器监造关键点设置表（部分）

序号	项目	监造内容	见证方式	备注
1	原材料和组部件检验	检查原材料（包括导线、环氧树脂、玻璃纤维、外绝缘层涂料等）的质量保证书和入厂检验报告	R	
		组部件[包括支撑绝缘子、避雷器（如有）等]的质量保证书和入厂检验报告	R	
2	制造过程质量监督	吊架用料、焊接所用焊条及焊丝材料	R	
		焊接方法及焊接质量，承重部位的焊缝高度吊架尺寸及质量特征	W	
		线圈绕制：检查线圈匝数及形式、线圈各包封尺寸控制、线圈工艺	W	
		线圈固化：升温时间曲线、保温时间曲线、最高温度、出炉温度	W	
		导线焊接：导线头整理、导线焊接线圈整理，线圈表面处理、喷砂、喷漆	W	
		零部件装配：均压环、内部降噪装置（如有）、外部降噪装置（如有）、避雷器（如有）、支撑绝缘子、防鸟格栅、其他装配附件	W	
3	型式试验	雷电冲击截波试验	H	
		温升试验	W	
		声级测量	W	
		操作冲击试验	H	

4. 运维项目

桥臂电抗器的主要运维项目见表3-8。

表 3-8 桥臂电抗器主要运维项目

序号	项目	要求	周期
日常巡视要求			
1	主体检查	（1）外观完整无损、防雨罩及降噪装置完好，接头无变色现象。 （2）支柱绝缘无破损、裂纹、爬电现象，RTV涂层无脱落迹象。 （3）外包封表面清洁，无裂纹，无爬电痕迹，无涂层脱落现象，无发热变色现象。 （4）撑条无掉落。 （5）无异常振动和声响。 （6）本体下方无异物或本体附件掉落。 （7）支架无裂纹，线圈无松散变形，电抗器无倾斜	1 次/4d
2	红外、紫外检查	红外测温并记录数据，记录本体、支柱绝缘子、接头红外测温异常发热变色情况，对运行中记录的红外测温数据进行分析	1 次/月
		紫外巡视本体及各导线连接处有无放电点	1 次/年
专业巡维要求			
1	紫外巡视	紫外巡视本体及各导线连接处有无放电点	
2	红外巡视	开展设备红外巡视并对异常发热点拍摄图片留存比对。 （1）检查引线接头、等电位连接片等导电部位。 （2）检测电抗器整体温度分布，重点关注包封、调匝环、接头的发热情况。 （3）检查引拔棒有无移位，地面有无熔铝、过热绝缘材料等异物	1 次/年
3	数据分析	对巡维数据进行横向、纵向趋势分析，明确是否存在进一步恶化趋势。 （1）对近 3 月的巡维数据进行趋势分析，有增长趋势的应具体说明情况，并明确后续措施建议。 （2）对存在的缺陷情况进行分析，根据缺陷跟踪情况制订消缺计划或方案（包含备品备件筹备等）。 （3）分析结果形成书面记录并存档	

5. 常见故障及处理

桥臂电抗器异常及故障处理按照以下规定执行。

（1）干式空心电抗器温升的影响及处理措施。

1）现象：随着运行时间的增长，桥臂电抗器的温升慢慢变高，而温升增高会加速绝缘材料的老化，使其逐渐失去绝缘性能。干式空心电抗器长期处于运行状态，温升不均衡会引起绝缘层老化加剧，缩短设备使用寿命，严重时会造成烧毁事故。

2）分析：造成电抗器温升过高的原因有以下几种。

a. 生产工艺水平限制，焊接质量不良。接线处的焊接电阻不符合设计规定。由于生产工艺水平限制，焊缝深宽比太大，焊道太小，热脆性等原因产生的焊缝金属裂纹都将降低焊接质量，增大焊接电阻。当线圈中通过大电流时，电阻会持续发热，导致电抗器温升过高。

b. 经济成本限制及不良竞争导致。生产厂家在设计阶段，为了降低成本，有意使温升的设计裕度变小，设计值与国家规定的温升限值接近。

c. 外部运行环境原因。干式空心电抗器在运行时，由于表面污秽、异物堵塞等，导致电抗器的气道不畅、散热困难，内部温度过高。

3）处理：

a. 提高焊接质量。改善工艺条件，提高生产工艺水平，减少人为因素的影响。在焊接时，控制焊缝深宽比和焊道，热塑性等降低焊接电。

　　b. 提高产品性价比。选择合理的耐热等级绝缘材料、设计运行温度更合理的干式电抗器。采购质量好的产品，淘汰劣质产品。

　　c. 定期停运维护。结合停电进行清洗除垢工作，清除电抗器表面积聚的污垢，并对产热情况记录跟踪，及时发现问题并及时处理。

　　（2）沿面放电的影响及处理措施。

　　1）现象及分析：干式空心电抗器户外运行，表面易积污，即使表面喷涂绝缘涂料，但长时间风吹日晒，也会出现绝缘材料老化。表面大量积污导致表面泄漏电流变大，产生热量。由于水分蒸发速度快慢不一，表面局部出现干湿分离区，电流在该中断处形成很小的同步电弧；泄漏电流在下端星状板附近更为集中所以下端更易于发生沿面树枝状放电，树枝状放电的进一步发展，严重情况下，形成短路，短路线匝中电流剧增，温度升高损坏绝缘，严重时还会造成烧毁事故。

　　2）处理：

　　a. 加装防雨帽、外加防雨层。

　　b. 涂刷憎水性涂料，抑制表面放电。

　　c. 合理设计，增大表面包封的温升，快速蒸发干式空心电抗器表面潮气。

　　d. 端部预埋环形均流电极，克服下端表面泄漏电流集中现象。

3.1.5 启动电阻

　　1. 设备结构

　　为了保证换流阀及其他一次设备的安全，柔性直流输电系统启动时需限制启动电流，同时应对充电时间进行限制。各站启动电阻器为采用大功率及高压电阻的电阻器。启动电阻的外形如图 3－14 所示。

　　启动电阻的结构如图 3－15 所示，其由多个电阻单元串联，各单元由支柱绝缘子支撑且对地绝缘。柳州站高、低端阀组每相都配有两台启动电阻，其作用在于限制启动时电网对于功率模块直流储能电容的充电电流，使换流阀和充电回路上的其他设备免受电流冲击，保证设备的安全稳定运行。

　　2. 工作原理

　　启动电阻采用 MMC 结构的换流阀，在系统启动之前，各子模块电压为零，换流阀中IGBT 处于关断状态，并且 IGBT 缺少触发所需能量不能开通。在 MMC 启动之初，只能通过各子模块 IGBT 上的反并联二极管对电容充电。在 MMC 启动时，合闸瞬间会产生较大的电流冲击。当电容电压为零时，初始的合闸冲击电流最大。同时，当 AB 线电压达到峰值时合闸，冲击电流是最大的，可以认为接近于换流阀出口三相短路电流；因此，在柔性直流输电系统的启动过程中，需要加装一个缓冲电路。通常考虑在主回路上并联一个启动电阻，这个电阻可以降低电容的充电电流，减小柔性直流系统上电时对交流系统造成的扰动和对换流阀上二极管的应力。启动电阻的电路如图 3－16 所示。

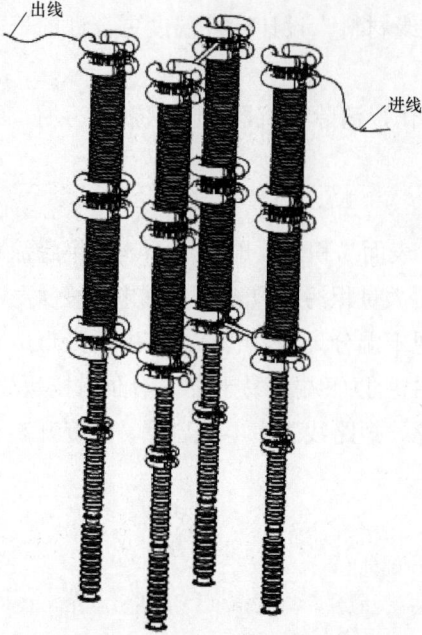

图 3-14 启动电阻外形示意图

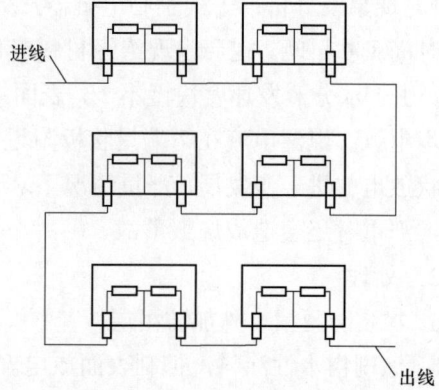

图 3-15 启动电阻结构示意图

当系统进行启动时，换流阀进入不控充电阶段，此时隔离开关 K2 分开、K1 合上，启动电阻串入充电回路，经过一段时间后，不控充电接近稳态，换流阀电压达到一定值且充电回路电流小于设定值，此时隔离开关 K1 分开、K2 合上，启动电阻被旁路，换流阀充电进入下一阶段。

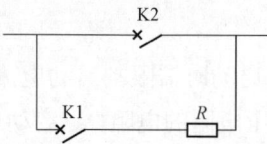

图 3-16 启动电阻电路示意图

3. 设备监造

设备监造需要按照设计好的关键点来对不同设备进行检查。对于启动电阻，设备监造可以分为以下几点。

（1）设计检查。监造单位可根据业主或项目单位、监造委托人的要求，对供应商的产品设计进行检查，内容包括额定值、总体结构及尺寸、质量、阻值、抗振等。

（2）制造阶段。重点监督制造单位对电阻片、支柱绝缘子、进出线套管等原材料进行的有关试验验收工作，并查看其出厂检验报告（合格证）和制造单位的验收报告，确认其满足合同和设计任务书的要求，保证主材与合同要求的一致性。

（3）试验。重点对启动电阻进行冲击能量试验、冲击电流试验、温升试验、绝缘电阻测试、冲击耐压试验。检查所有的试验项目及试验顺序是否符合相应试验标准和合同要求。查看所有试验项目的试验结果是否满足产品的技术要求，并密切注意试验过程中的异常现象等。

（4）包装发运。

1）在启动电阻包装发运前，监造人员应检查产品外观、核对铭牌，检查附带的文件资料、合格证等数量是否准确。

2）检查所有预装配过的附件是否已做明显配装标记。

3）检查装箱运输的防水、防潮措施。

4）了解押运及有关交接事宜。

5）启动电阻包装发运前，须经监造工程师签字认可。

启动电阻的监造关键点设置见表 3－9。

表 3－9　　　　　　　　　　启动电阻监造关键点设置表（部分）

序号	项目	监造内容	见证方式	备注
1	原材料和组部件检验	查验电阻片、绝缘件的质量保证书和出厂试验报告	R	
		电阻片和绝缘件的外观检验，电阻片阻值测量	W	
		查验主要组部件的质量保证书和出厂试验报告,包括支柱绝缘子、进出线套管、电流互感器（如有）、箱体	R	
		检验主要组部件的外观及尺寸，包括支柱绝缘子、进出线套管、电流互感器（如有）、箱体	W	
		组部件工频耐压检验，包括支柱绝缘子、进出线套管、电流互感器（如有）	W	
2	制造过程质量监督	电阻单元组装：电阻单元外观及尺寸检查，组装牢固性检查	W	
		电阻单元焊接：焊接焊缝表面干净、平滑，无裂纹、密集气孔、大弧坑、焊丝头、焊穿、深咬边、未熔合、未焊透等缺陷。电阻值测量	W	
		电阻器组装：内部连接、安装位置正确；绝缘子安装尺寸及位置符合产品图样要求，绝缘子表面无磕碰、裂纹、磨损等现象	W	
		进出线套管的安装：安装尺寸及位置符合产品图样要求	W	
		电阻器的二次配线（如有）：二次电缆规格正确，二次接线正确（无错接、漏接）、规范（无松动、无脱落）	W	
		铭牌组装：铭牌信息正确、安装位置正确	W	
3	型式试验	冲击能量试验	H	
		冲击电流试验	W	
		温升试验	W	
		绝缘电阻测试	H	

4. 运维项目

启动电阻的主要运维项目见表 3－10。

表 3－10　　　　　　　　　　启动电阻主要运维项目

序号	项目	要求	周期
日常巡视要求			
1	陶瓷电阻器（瓷柱式）检查	（1）瓷支柱绝缘子表面无损伤、裂纹、放电闪络或严重污垢。 （2）基础无裂纹、沉降或移位。 （3）支架所有螺栓无松动、锈蚀。 （4）均压环无明显变形。 （5）检查引线无松动、断线或断股等现象	1 次/8d
2	金属片电阻器（箱体式）检查	（1）电阻器外观无明显变形。 （2）绝缘子表面无损伤、裂纹、放电闪络或严重污垢。 （3）基础无裂纹、沉降或移位。 （4）支架所有螺栓无松动、锈蚀。 （5）本体无明显发热变色。 （6）检查电阻器箱体完整及进/出网格无异物堵塞	1 次/8d

续表

序号	项目	要求	周期
专业巡维要求			
1	完整性检查	极1陶瓷电阻器（瓷柱式）：检查电阻器外瓷套绝缘子完整性。 极2金属片电阻器（箱体式）：检查电阻器箱体完整性及网格是否被异物堵塞。目测检查绝缘子完整性	1次/6月
2	红外检查及数据分析	（1）红外测温数据分析。通过运行记录对电阻器红外测温数据进行横向、纵向比较，判断启动电阻是否存在向发热发展的趋势。 （2）根据专业巡维前设备缺陷及数据分析情况，跟踪设备缺陷发展状况，是否存在进一步恶化的趋势。根据专业巡视结果跟踪缺陷情况，制订消缺计划或方案（包含备品备件筹备等）	1次/年

5. 常见故障及处理

启动电阻的异常及故障处理按照以下规定执行：

（1）加强对启动电阻的红外测温，视情况严重程度提高测温频率，并及时汇报相关调度。

（2）汇报相关调度，经综合判断，隔离故障设备，进行检修。

3.1.6 直流电抗器

1. 设备结构

直流电抗器的设备结构与桥臂电抗器相似，此处不再赘述。

柳州站采用的直流电抗器有两种，型号分别为 PKDGKL-800-1875-100mH 和 PKDGKL-120-1875-100mH，共6台空心干式平波电抗器，其中极1极母线、极2极母线分别装设一组 PKDGKL-800-1875-100mH 空心干式平波电抗器，极1中性母线、极2中性母线上分别装设两组 PKDGKL-120-1875-100mH 串联形式的干式平波电抗器，另有一台 100mH 空心干式平波电抗器备用。两种电抗器的主要差异在绝缘支撑结构不同，线圈端间与端对地雷电全波冲击水平不同，均压环直径大小不同，避雷器安装不同（高压侧有避雷器保护、低压侧不需要），其他基本相同。

2. 工作原理

直流电抗器主要起到如下作用：

（1）与高压直流换流站或传输线串联连接，用以减少直流线路的谐波电流。

（2）限制发生故障时的涌流，防止由直流线路或换流站所发生的陡坡冲击波进入阀厅，从而使换流阀免于过电压的破坏。

（3）限制直流倒相电流的上升速率，提高输电系统的动稳定性。

（4）能平滑直流电流中的纹波，能避免在低直流功率传输时的电流的断续。

3. 设备监造

设备监造需要按照设计好的关键点来对不同设备进行检查。对于直流电抗器，设备监造可以分为以下几点。

（1）设计检查。监造单位可根据业主或项目单位、监造委托人的要求，对供应商的产品设计进行检查，内容包括额定值、总体结构及尺寸、质量、线圈特性、抗振、电场强度计算、冲击场强计算等。

（2）制造阶段。对导线、环氧树脂、玻璃纤维、外绝缘涂料、绝缘撑条、均压环、绝缘子、汇流排、避雷器等原材料和外购零部件的生产厂业绩、产品合格证及该购件（批次）的验收报告等进行检查。必要时，监造人员可以到原材料和零部件制造单位进行实地考察。

（3）试验。重点对直流电抗器进行直流电阻测量试验、交流电阻与谐波损耗测量试验、额定电感值（50～2500Hz）测量实验、温升试验、负载试验、绝缘强度试验等。试验前后应对干式平波电抗器的外表进行检查，不允许出现变形和裂缝，也不允许材料劣化或变色。试验完成后，对产品表面进行检查，确保无击穿和闪络发生。

（4）包装发运。

1）在直流电抗器包装发运前，监造人员应检查产品外观、核对铭牌，检查附带的文件资料、合格证等数量是否准确。

2）检查所有预装配过的附件是否已做明显配装标记。

3）直流电抗器包装发运前，须经监造工程师签字认可。

直流电抗器的监造关键点设置见表3–11。

表3–11 直流电抗器监造关键点设置表（部分）

序号	项目	监造内容	见证方式	备注
1	原材料和组部件检验	检查原材料（包括导线、环氧树脂、玻璃纤维、外绝缘层涂料等）的质量保证书和入厂检验报告	R	
		组部件［包括支撑绝缘子、避雷器（如有）等］的质量保证书和入厂检验报告	R	
2	制造过程质量监督	吊架用料、焊接所用焊条及焊丝材料	R	
		焊接方法及焊接质量，承重部位的焊缝高度、吊架尺寸及质量特征	W	
		线圈绕制：检查线圈匝数及形式、线圈各包封尺寸控制、线圈工艺	W	
		线圈固化：升温时间曲线、保温时间曲线、最高温度、出炉温度	W	
		导线焊接：导线头整理、导线焊接线圈整理、线圈表面处理、喷砂、喷漆	W	
		零部件装配：均压环、内部降噪装置（如有）、外部降噪装置（如有）、避雷器（如有）、支撑绝缘子、防鸟格栅、其他装配附件	W	
3	型式试验	雷电冲击截波试验	H	
		温升试验	W	
		声级测量	W	
		操作冲击试验	H	

4. 运维项目

直流电抗器的主要运维项目见表3–12。

表 3–12 　　　　　　　　　　　　　　直流电抗器主要运维项目

序号	项目	要求	周期
日常巡视要求			
1	主体检查	（1）外观完整无损，防雨罩及降噪装置完好，接头无变色现象。 （2）支柱绝缘无破损、裂纹、爬电现象，RTV涂层无脱落迹象。 （3）外包封表面清洁，无裂纹，无爬电痕迹，无涂层脱落现象，无发热变色现象。 （4）撑条无掉落。 （5）无异常振动和声响。 （6）本体下方无异物或本体附件掉落。 （7）支架无裂纹，线圈无松散变形，电抗器无倾斜	1次/4d
2	红外、紫外检查	红外测温并记录数据，记录本体、支柱绝缘子、接头红外测温异常发热变色情况，对运行中记录的红外测温数据进行分析	1次/月
		紫外巡视本体及各导线连接处有无放电点	1次/年
专业巡维要求			
1	紫外巡视	紫外巡视本体及各导线连接处有无放电点	1次/年
2	红外巡视	开展设备红外巡视并对异常发热点拍摄图片留存比对。 （1）检查引线接头、等电位连接片等导电部位。 （2）检测电抗器整体温度分布，重点关注包封、调匝环、接头的发热情况。 （3）检查引拔棒有无移位，地面有无熔铝、过热绝缘材料等异物	
3	数据分析	对巡维数据进行横向、纵向趋势分析，明确是否存在进一步恶化的趋势。 （1）对近3月的巡维数据进行趋势分析，有增长趋势的应具体说明情况，并明确后续措施建议。 （2）对存在的缺陷情况进行分析，根据缺陷跟踪情况，制订消缺计划或方案（包含备品备件筹备等）。 （3）分析结果形成书面记录并存档	

5. 常见故障及处理

直流电抗器的异常及故障处理与桥臂电抗器类似，此处不再赘述。

3.1.7　直流穿墙套管

1. 设备结构

直流穿墙套管由环氧树脂浸纸电容芯子、户内外硅橡胶复合外套、中间连接法兰、载流导电管及均压罩组成。套管与阀厅墙的连接通过中间连接法兰完成。套管的主绝缘电容芯子为一体式设计，相比较以前的分段式结构而言，具有整体结构简单、紧凑及质量轻等特点；同时，不存在以前分段式结构中位于两节电容芯子中间连接部位的表带对接式结构、汇流对接结构，而是采用整体式载流导电管，载流更加可靠。该种穿墙套管结构目前已经广泛应用于国内大量8GW及10GW直流输电工程中。柳州站所用的直流穿墙套管的结构如图3–17所示。

2. 设备监造

设备监造需要按照设计好的关键点来对不同设备进行检查。对于直流穿墙套管，设备监造可以分为以下几点。

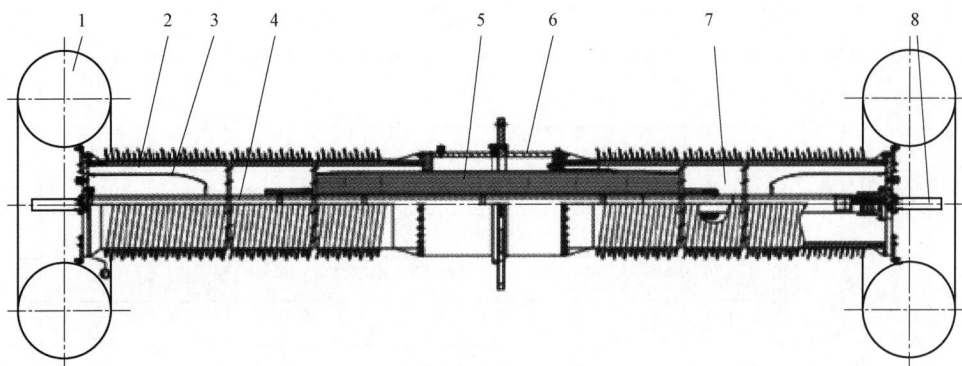

图 3-17 直流穿墙套管结构示意图

1—均压环；2—硅橡胶复合外套；3—均压罩；4—导电管；
5—电容芯子；6—法兰；7—SF$_6$ 气体；8—接线端子

（1）设计检查。监造单位可根据业主或项目单位、监造委托人的要求，对供应商的产品设计进行检查，内容包括总体结构及尺寸、使用条件、电场分布、雨闪问题等。

（2）制造阶段。重点检查复合薄膜（电容式套管）等原材料；复合绝缘外套、铜导杆、端子板、铝合金压接式线夹、法兰、密封圈以及气体压力监视装置等的出厂检验单和制造单位的验收报告，必要时可到配套件厂现场见证。

（3）试验。重点对穿墙套管进行工频干耐受电压试验、雷电冲击干耐受试验、操作冲击干或湿耐受电压试验、直流湿耐受电压试验、温升试验等。查看所有试验项目的试验结果是否满足产品的技术要求，并密切注意试验过程中的异常现象（如放电声，可闻、可见、电晕，电压、电流的波形变化，渗漏水）等。

（4）包装发运。

1）在穿墙套管包装发运前，监造人员应检查产品外观、核对铭牌，检查附带的文件资料、合格证等数量是否准确。

2）检查所有预装配过的附件是否已做明显配装标记。

3）检查或书面见证运输是否安装三维冲击记录仪，并记录三维冲击记录仪的初始状态。

4）检查是否安装压力表，并记录压力表读数。

5）检查装箱运输的防水、防潮措施。

6）直流穿墙套管包装发运前，须经监造工程师签字认可。

直流穿墙套管的监造关键点设置见表 3-13。

表 3-13 穿墙套管监造关键点设置表（部分）

序号	项目	监造内容	见证方式	备注
1	原材料和组部件检验	检查原材料（包括皱纹纸、环氧树脂、空心复合绝缘子等）的质量保证书和入厂检验报告	R	
		检查原材料是否符合技术条件要求	R	

续表

序号	项目	监造内容	见证方式	备注
2	制造过程质量监督	环境温、湿度控制	R	
		电极板尺寸及芯子直接尺寸检测	W	
3	型式试验	介质损耗及电容量测量	W	
		温升试验	W	
		雷电冲击试验	W	
		操作冲击试验	W	

3. 运维项目

直流穿墙套管的主要运维项目见表 3-14。

表 3-14 直流穿墙套管主要运维项目

序号	项目	要求	周期
日常巡视要求			
1	主体及其配件检查	（1）复合绝缘子： 1）伞裙无破裂、烧伤，伞裙和绝缘支柱无蚀损，无龟裂老化现象，金属附件和均压环无变形、扭曲、脱落、倾斜等异常情况。 2）套管上无异物搭接。 （2）SF_6 压力表观察窗面清洁，气压指示清晰可见，外观无污物，无损伤痕迹；SF_6 压力表保护箱密封良好；压力值在额定值范围内（800kV 直流穿墙套管：额定压力 0.37MPa，告警压力 0.3MPa，跳闸压力 0.25MPa；400kV 直流穿墙套管：额定压力 0.32MPa，告警压力 0.29MPa，跳闸压力 0.26MPa），并与上次记录的压力值进行比对，压力无明显降低趋势。SF_6 表计盒无凝露受潮迹象。 （3）套管本体及两端连接处无放电点。 （4）各部密封处无渗漏	1 次/4d
2	红外、紫外检查	（1）开展设备红外巡视并对异常发热点拍摄图片留存比对。 （2）记录接线头红外测温异常发热的情况，重点区分连接线与穿墙套管内部过热，必要时拍摄图片留存比对。 （3）记录套管 SF_6 压力（800kV 直流穿墙套管：额定压力 0.37MPa，告警压力 0.29MPa，跳闸压力 0.26MPa；400kV 直流穿墙套管：额定压力 0.32MPa，告警压力 0.24MPa，跳闸压力 0.1MPa）	1 次/月
		紫外巡视检查套管本体及两端连接处有无异常放电点	1 次/6 月
专业巡维要求			
1	红外巡视	开展设备红外巡视并对异常发热点拍摄图片留存比对	1 次/年
	紫外巡视	紫外巡视本体及各导线连接处无放电点	
	SF_6 表计端子箱防潮检查	开展开箱防潮检查，每次开箱后更换密封圈	1 次/6 月
2	数据分析	（1）SF_6 气体压力分析。通过运行记录、补气周期对套管 SF_6 气体压力值进行横向、纵向比较，对套管是否存在泄漏进行判断，必要时进行检漏，查找漏点。 （2）红外测温数据分析。通过运行记录对套管红外测温数据进行横向、纵向比较，判断发热发展的趋势。 （3）根据专业巡维前设备缺陷及数据分析情况，跟踪设备缺陷发展状况，明确是否存在进一步恶化的趋势。根据专业巡视结果跟踪缺陷情况，制订消缺计划或方案（包含备品备件筹备等）	1 次/年

4. 常见故障及处理

直流穿墙套管的异常及故障处理按照以下规定执行：

（1）检查穿墙套管 SF_6 压力是否正常，各压力读数是否一致，汇报领导；若压力不正常，通知维护人员检查处理。

（2）若有就地表计，一个 SF_6 压力低于报警值，其他压力表 SF_6 压力正常，通知维护人员检查处理；两个及以上压力表 SF_6 压力低于报警值，加强现场 SF_6 压力监视。若无就地表计，加强后台 SF_6 压力监视。

（3）若 SF_6 压力明显下降，通知维护人员检查处理。

（4）若 SF_6 压力有缓慢下降，在达到 Ⅱ 段报警后，经领导批准向调度申请将相应阀组退出，通知维护人员处理；若 SF_6 压力迅速下降，经领导批准向调度申请将相应阀组退出，通知维护人员处理。

（5）若 SF_6 气体压力低造成阀组闭锁，按照相应标准处理。

3.1.8　直流断路器

1. 设备结构

柳州站直流场有直流高速开关（HSS）4 台，T 型双断口结构，HSS 操动机构由两个 BLG 弹簧操动机构组成，以满足工程需求的 $2×CO$（C 为合闸，O 为分闸）操作循环要求。当主操动机构完成一次 CO 操作后，主操动机构合闸弹簧还未完成储能即进行合闸操作，此时副操动机构可以通过自身的储能弹簧立即进行操作。

HSS 由一个带有两个串联电偶操动机构的电极组成。每个电极是由一个带绝缘拉杆的空心支持绝缘子、两个带关联法兰的开断单元和接线板三个主要部件组成的 T 形设备。每个开断单元的内部包括一条上电流通路和一条下电流通路，集成了触头系统，以及一个可移动的压气缸。固定触点集成到上电流通道。压气缸在下电流通道内部运行。

遮断设备可与均压电容器和/或预插式电阻器并联。极柱安装在单独的支架上。支架经过热浸镀锌处理，包括两个焊接部件，使用螺栓横撑相互连接。

直流断路器的结构如图 3-18 所示。

2. 工作原理

在分闸操作中，机构朝固定活塞方向牵引压气缸，压缩密封气体容积使密封气体以高速喷出喷嘴并喷向灭弧触点。在灭弧触点刚分离时，产生高电流电弧并阻断喷嘴。在电流接近电流零点通道时，SF_6 气体开始从压气缸流出。特别设计的喷嘴保证气流只被导向电弧。允许气体通过活动灭弧触点以及固定灭弧触点。电弧在经 SF_6 气流冷却后熄灭，电流被切断。直流断路器灭弧装置的结构如图 3-19 所示。

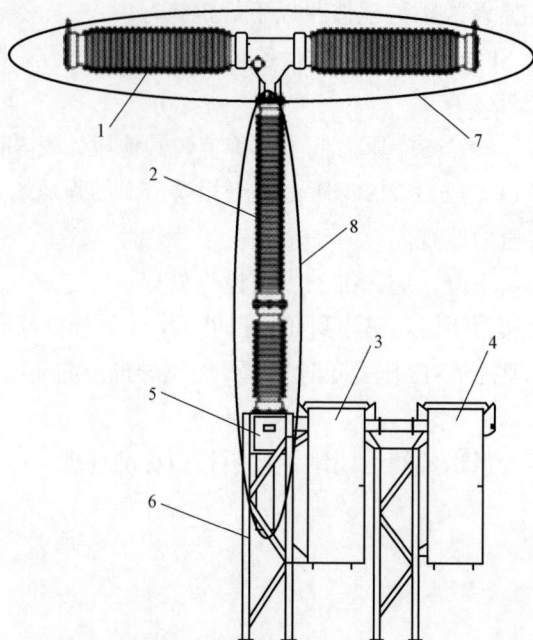

图 3-18　直流断路器结构示意图
1—开断单元；2—支持绝缘子；3—主操动机构；4—副操动机构；
5—气室；6—支架；7—T 型双断口结构；8—支持绝缘子

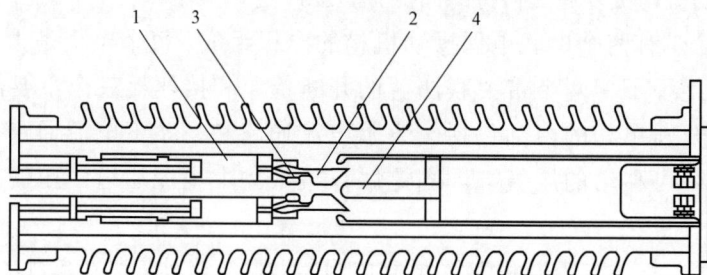

图 3-19　直流断路器灭弧装置结构示意图
1—压气缸；2—喷嘴；3—移动式灭弧触点；4—固定式灭弧触点

3. 设备监造

设备监造需要按照设计好的关键点来对不同设备进行检查。对于直流断路器，设备监造可以分为以下几点。

（1）设计检查。监造单位可根据业主或项目单位、监造委托人的要求，对供应商的产品设计进行检查，内容包括总体结构及尺寸、电压耐受能力、电流耐受能力、连续转换能力等。

（2）制造阶段。重点检查瓷套（复合绝缘外套）、绝缘拉杆、灭弧室（触头、喷嘴）、传动件、操动机构、SF_6 气体等的出厂检验单和制造单位的验收报告。必要时，可到配套件厂现场见证。

（3）试验。重点对直流断路器进行温升试验、绝缘实验、机械寿命试验等。查看所有试验项目的试验结果是否满足产品的技术要求，并密切注意试验过程中的异常现象（如放电声，可闻、可见、电晕，电压、电流的波形变化，渗漏水）等。

（4）包装发运。

1）在直流断路器的包装发运前，监造人员应检查产品外观、核对铭牌，检查附带的文件资料、合格证等数量是否准确。

2）检查所有预装配过的附件是否已做明显配装标记。

3）检查或书面见证运输是否安装三维冲击记录仪（适用时），并记录三维冲击记录仪的初始状态。

4）检查是否安装压力表，并记录压力表读数。

5）检查装箱运输的防水、防潮措施。

6）直流断路器包装发运前，须经监造工程师签字认可。

直流断路器的监造关键点设置见表 3-15。

表 3-15　　　　　　　　　直流断路器监造关键点设置表（部分）

序号	项目	监造内容	见证方式	备注
1	原材料和组部件检验	绝缘外套的密封面表面粗糙度、外观检查、爬距测量；绝缘拉杆的工频耐压试验、尺寸检查；操动机构的性能满足技术条件及相关标准要求	R+W	
2	制造过程质量监督	开断装置的组装和试验：检查开断装置的组装，绝缘试验、直流电压耐受试验、温升试验和电流耐受试验	R/W	
		辅助回路换相电容器的组装和试验：外观检查，端子与外壳间交流电压试验	R/W	
		辅助回路电抗器的组装和试验（如果有）：外观检查，绕组直流电阻值测量、电感值测量	R/W	
		辅助回路避雷器的组装和试验：外观检查，抽样检查直流参考电压下的泄漏电流	R/W	
		直流断路器总装配：零部件质量检查和确认，润滑良好、转动灵活、间隙配合好	R/W	
3	型式试验	绝缘试验	W	
		直流耐压试验	W	
		主回路电阻测量	W	
		温升试验	W	

4. 运维项目

直流断路器的主要运维项目见表 3-16。

表 3-16 直流断路器主要运维项目

序号	项目	要求	周期
日常巡视要求			
1	引线检查	引线连接可靠、自然下垂，松弛度一致，无断股、散股现象	1次/4d
2	构架及基础检查	（1）构架接地良好、紧固，无松动和锈蚀。 （2）构架螺栓连接紧固。 （3）基础无裂纹和沉降	1次/4d
3	本体检查	（1）瓷套清洁，无损伤、裂纹、放电闪络或严重污垢。 （2）法兰处无裂纹、闪络痕迹。 （3）本体无异响、异味。 （4）接线板无裂纹、断裂现象。 （5）操动连杆及部件无开焊、变形、锈蚀或松脱	1次/4d
4	汇控箱检查	（1）箱门无变形情况，密封良好，达到防潮、防尘要求。箱内清洁，无杂物、污垢。密封胶条无脱落、破损、变形、失去弹性等异常。箱内照明完好，门灯功能正常。 （2）电缆进线完好，标识清晰、完好，接线无松动、脱落。电缆封堵措施完好，箱内无受潮和积水，汇控箱通风孔吸湿器清洁、畅通，箱内壁无凝露。 （3）箱内电器元件及二次线无锈蚀、破损、松脱。箱内无烧焦的煳味或其他异味，无放电痕迹。端子排、电源开关无打火。 （4）分合闸指示灯能正确指示开关位置状态，储能指示和继电器通电指示等各指示灯指示正常。 （5）箱内空气开关位置正确，储能电源空气开关和加热器空气开关处于合闸位置。加热器、温度控制器能正常工作，在日常巡视时利用红外或其他手段检测是否在工作状态；对于由环境控制的加热器，温度控制器动作值不应低于 10℃，湿度控制器动作值不应大于 80%。 （6）动作计数器读数正常	1次/4d
5	操动机构箱箱体检查	（1）箱门无变形，密封良好，达到防潮、防尘要求。密封胶条无脱落、破损、变形、失去弹性等异常。机构箱底部无碎片、异物和油渍、油迹。箱体顶盖螺栓连接紧固。 （2）电缆进线完好，标识清晰、完好，接线无松动、脱落。电缆封堵措施完好，箱内无受潮和积水。机构箱通风孔吸湿器清洁、畅通，箱内壁无凝露。 （3）加热器、温度控制器能正常工作，在日常巡视时利用红外或其他手段检测是否在工作状态；对于由环境控制的加热器，温度控制器动作值不应低于 10℃，湿度控制器动作值不应大于 80%。箱内无烧焦的煳味或其他异味，无放电痕迹，端子排无打火	1次/4d
6	分合闸指示检查	（1）分合闸指示牌指示到位，无歪斜、松动、脱落现象。 （2）分合闸指示牌的指示与开关拐臂机械位置、分合闸指示灯及后台状态显示一致	1次/4d
7	SF₆压力值及密度继电器检查	（1）SF$_6$ 气压指示清晰可见，SF$_6$ 密度继电器外观无污物、损伤痕迹。 （2）SF$_6$ 密度表与本体连接可靠，无渗漏油。如果发现密度表渗漏油，应对密度表进行更换。 （3）SF$_6$ 气体压力值在厂家规定正常范围内（额定压力 0.7MPa，告警压力 0.62MPa，闭锁压力 0.6MPa；其他直流开关：额定压力 0.6MPa，告警压力 0.55MPa，闭锁压力 0.5MPa）。 （4）SF$_6$ 表计防雨罩无破损、松动	1次/4d
8	弹簧机构检查	（1）机构传动部件检查：部件无锈蚀、裂纹。机构传动部件的紧固件无异常：轴销无裂痕或变形，锁紧垫片和螺母无松动，卡圈无锈蚀、断裂，且在槽内。 （2）分合闸铁心（包含分合闸挚子及保持挚子的可视部分）无锈蚀。检查分合闸线圈、挚子的安装紧固情况，紧固螺栓的划线标记不应出现错位。 （3）辅助开关目视检查，重点检查辅助开关触点有无烧蚀、锈蚀、氧化痕迹，有无异物附着，检查辅助开关传动杆位置是否正常，传动杆的轴、销、螺栓等有无松脱、变形或断裂迹象。 （4）HSS 开关缓冲器的固定轴正常，缓冲器无漏油痕迹，工作缸外表面无锈蚀。重点关注密封面有无油迹。 （5）储能装置检查：分合闸弹簧外观无裂纹、断裂、锈蚀等异常，弹簧储能位置正常，储能电动机紧固良好	1次/4d

序号	项目	要求	周期
9	结合视频监控系统、红外在线监测系统进行检查	现场分合闸指示与后台一致	1 次/月
		对本体（重点关注灭弧室有无过热）、机构箱及汇控箱（重点关注长期通流二次元件，如时间继电器、加热器空气开关等）、法兰、接头等进行红外测温，发现异常时记录数据并保存红外测温图片	1 次/月
10	其他	记录开关气室 SF$_6$ 气体压力值及环境温度（额定压力 0.7MPa，告警压力 0.62MPa，闭锁压力 0.6MPa；其他直流开关：额定压力 0.6MPa，告警压力 0.55MPa，闭锁压力 0.5MPa）	1 次/月
		记录开关动作计数器指示数	1 次/月
		机构箱、汇控箱的防潮、防火检查及维护，照明检查及更换	1 次/月
		机构箱、汇控箱的防小动物检查及维护	1 次/3 月
		检查性操作	1 次/年

专业巡维要求

序号	项目	要求	周期
1	密封检查	通过补气周期记录对断路器是否存在泄漏进行判断，必要时进行红外定性检漏，查找漏点	1 次/年
2	断口瓷套生物积污检查	重点检查断口瓷套表面是否存在苔藓、霉菌积聚情况，必要时应采取停电清扫或带电水冲洗等措施	1 次/年
3	加热器功能检查	加热器、温度控制器能正常工作，利用红外或其他手段检测是否在工作状态；对于由环境控制的加热器，温度控制器动作值不应低于 10℃，湿度控制器动作值不应大于 80%	1 次/年
4	机构箱检查	（1）拐臂、掣子、缓冲器等机构传动部件外观正常，无松动、锈蚀、磨损、润滑等现象，目视检查断路器掣子的扣入深度是否正常。 （2）螺栓、锁片、卡圈及轴销等传动连接紧固件正常，无松脱、缺失、锈蚀、断裂等现象。 （3）检查机构箱底部无碎片、异物或明显油迹。在 HSS 开关缓冲器对应位置机构箱底部发现有油迹时应引起注意。 （4）接触器正确吸合，辅助触点完好，无变形、无发霉锈蚀，分、合闸线圈无锈蚀、变形、锈蚀。 （5）锁紧螺母无松动，处在原始位置	1 次/年
5	红外测温	对本体（重点关注灭弧室有无过热）、机构箱、汇控箱（重点关注长期通流二次元件，如时间继电器、加热器空气开关等）、法兰、接头等进行红外测温，发现异常时保存红外测温图片	1 次/年
6	数据分析	（1）SF$_6$ 气体压力分析。通过运行记录对断路器 SF$_6$ 气体压力值进行横向、纵向比较，对是否存在 SF$_6$ 泄漏进行早期判断。 （2）红外测温数据分析。通过运行记录对断路器红外测温数据进行横向、纵向比较，判断是否存在向一次接头发热发展的趋势。 （3）根据专业巡维前设备缺陷及数据分析情况，跟踪设备缺陷发展状况，明确是否存在进一步恶化的趋势；根据专业巡视结果跟踪缺陷情况，制订消缺计划或方案（包含备品备件筹备等）	1 次/年

5. 常见故障及处理

直流断路器出现下列情况之一，应报告调度并采取措施退出运行：

（1）引线接头过热；

（2）断路器内部有爆裂声；

（3）套管有严重破损和放电现象；

（4）空气、液压机构失压，弹簧机构储能弹簧损坏；

（5）SF₆断路器本体严重漏气，发出操作闭锁信号。

SF₆气体压力突然降低，发出分、合闸闭锁信号时，严禁对该断路器进行操作；进入开关室内应提前开启排风设备，必要时应佩戴防毒面具。

当断路器所配液压机构打压频繁或突然失压时，应申请停电处理；必须带电处理时，在未采取可靠防慢分措施前，严禁人为启动油泵。

3.1.9　直流隔离开关

1. 设备结构

以柳州站为例，柳州站采用的是 ZGW2 及 ZGW1 型直流隔离开关。ZGW 型直流隔离开关采用双柱水平开启单断口结构，主要由底座总装配、支柱绝缘子、主导电系统和电动机操动机构等组成，根据需要可附装一套或两套接地开关。隔离开关和接地开关均配用电动机操动机构进行分、合闸操作；隔离开关和接地开关之间装有机械联锁装置，可确保隔离开关或接地开关不发生误操作。直流隔离开关的总体结构如图 3−20 所示。

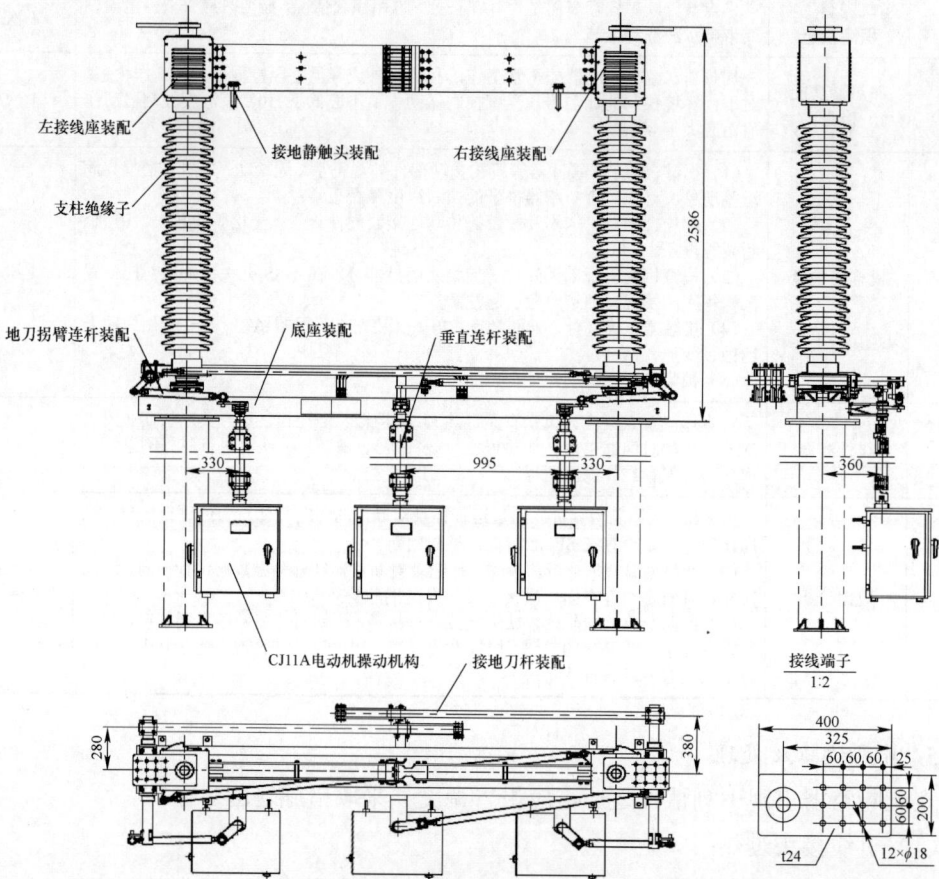

图 3−20　直流隔离开关总体结构示意图

（1）底座装配：主要由底座焊装、轴承座装配、调节螺杆装配等组成。

（2）轴承座装配：采用密封结构，防止雨水、沙尘对转动轴承的侵蚀；轴承表面填充足量润滑脂，确保气候炎热地区和高寒地区不发生润滑失效。

（3）机械联锁装置：实现隔离开关及附装的接地开关之间的机械闭锁。

（4）主导电系统：由左接线座装配和右接线座装配组成，分别安装在两端支柱绝缘子上。

（5）直流接地开关系统（附装接地开关时有）：由接地刀杆装配、接地静触头装配、操动机构等组成。接地静触头固定在左接线座装配上或者右接线座装配上相应位置（根据接地情况选择安装）。

2. 工作原理

（1）隔离开关的功能：

1）用于隔离电源，将高压检修设备与带电设备断开，使其间有一明显可见的断开点。

2）与断路器配合，按系统运行方式的需要进行倒闸操作，以改变系统运行接线方式。

3）用以接通或断开小电流电路。

（2）隔离开关的工作原理：由电动机操动机构输出轴通过垂直连杆带动底座上的主动拐臂转动，经空间四连杆机构带动一侧支柱旋转 90°；同时，借助交叉连杆使另一侧支柱反向旋转 90°，从而实现隔离开关的分闸或合闸。

（3）附装的直流接地开关的工作原理：由电动机操动机构输出轴通过垂直连杆带动底座上的主动拐臂，经一套空间四连杆机构带动接地开关传动轴在垂直平面旋转 90°，从而带动固定在传动轴上的接地刀杆装配旋转 90°，实现接地开关的分、合闸操作。

3. 设备监造

设备监造需要按照设计好的关键点来对不同设备进行检查。对于直流隔离开关，设备监造可以分为以下几点。

（1）设计检查。监造单位可根据业主或项目单位、监造委托人的要求，对供应商的产品设计进行检查，内容包括总体结构及尺寸、通流密度、通流裕度、机械强度等，核实是否满足相关标准要求。

（2）制造阶段。重点检查材质报告、尺寸、外观、镀层、包装贮存检查、出厂试验报告、加工质量跟踪卡检查、合格证、入库手续、操动机构的结构、外观、性能。必要时，可到配套件厂现场见证。

（3）试验。重点对直流隔离开关进行温升试验、绝缘实验、机械寿命试验、绝缘实验等。查看所有试验项目的试验结果是否满足产品的技术要求，并密切注意试验过程中的异常现象（如放电声、可闻可见电晕、电压电流的波形变化）等。

（4）包装发运。

1）在直流隔离开关包装发运前，监造人员应检查产品外观、核对铭牌，检查附带的文件资料、合格证等数量是否准确。

2）检查所有预装配过的附件是否已做明显配装标记。

3）检查或书面见证运输是否安装三维冲击记录仪（适用时），并记录三维冲击记录仪的初始状态。

4）检查是否安装压力表，并记录压力表读数。

5）检查装箱运输的防水、防潮措施。

6）了解押运及有关交接事宜。

直流隔离开关的监造关键点设置见表 3-17。

表 3-17 直流隔离开关监造关键点设置表（部分）

序号	项目	监造内容	见证方式	备注
1	原材料和组部件检验	触头（触指、触片、导电带等）、导电管、绝缘子、传动（连接）件、操动机构等主要材料的出厂质量证明和入厂检验报告	R+W	
2	制造过程质量监督	触头装配：检查镀银件质量、导电面，紧固力矩	R/W	
		端子板装配：端子板载流面积检查	R/W	
		绝缘子装配：检查绝缘子外观，应与隔离开关配合完好	R/W	
		主刀臂装配：零部件质量检查和确认，刀臂操作应灵活	R/W	
		传动（连杆）装配：零部件质量检查和确认，润滑良好、转动灵活、间隙配合好	R/W	
		操动机构：结构检查、外观检查、性能检查、二次回路检查、出厂试验报告审查、装配质量跟踪卡检查	R/W	
3	型式试验	绝缘试验	W	
		直流耐压试验	W	
		主回路电阻测量	W	
		温升试验	W	

4. 运维项目

直流隔离开关的主要运维项目见表 3-18。

表 3-18 直流隔离开关主要运维项目

序号	项目	要求	周期
日常巡视要求			
1	导电回路检查	（1）三相引线松弛度一致，导线无散股、断股；线夹无裂纹、变形。 （2）隔离开关处于合上位置时，合闸到位（导电杆无欠位或过位）。 （3）隔离开关处于拉开位置时，触头、触指无烧蚀、损伤。 （4）导电臂无变形、损伤，镀层无脱落；导电软连接带无断裂、损伤。 （5）螺栓、接线座及各可见连接件无锈蚀、断裂、变形	1 次/月
2	绝缘子检查	（1）绝缘表面无较严重脏污，无破损、伤痕。 （2）法兰处无裂纹，与绝缘子胶装良好。 （3）夜间巡视时注意瓷件有无异常电晕现象	1 次/月
3	底座及传动部位检查	（1）绝缘子底座的接地良好，无裂纹、锈蚀。 （2）垂直连杆、水平连杆无弯曲变形，无严重锈蚀现象。 （3）螺栓及插销无松动、脱落、变形、锈蚀	1 次/月

续表

序号	项目	要求	周期
4	机构检查	（1）机构箱无锈蚀、变形，密封良好，密封胶条无脱落、破损、变形、失去弹性等异常。箱内无渗水，无异味、异物。 （2）端子排编号清晰，端子无锈蚀、松脱、烧焦打火现象。 （3）各电器元件无破损、脱落，安全、健康、环保标识完整。 （4）加热器正常工作，在日常巡视时利用红外或其他手段检测，应在正常工作状态；温度控制器动作值不低于 10℃，湿度控制器动作值不大于 80%。 （5）垂直连杆抱箍紧固螺栓无松动，抱箍铸件无损伤、裂纹。 （6）分合闸机械指示正确，现场分合指示与后台一致。 （7）一般情况下，隔离开关操作电源空气开关处于断开位置	1 次/月
5	接地开关检查	（1）触指无变形、锈蚀。 （2）导电臂无变形、损伤。 （3）接地软铜带无断裂。 （4）各连接件及螺栓无断裂、锈蚀。 （5）正常运行时接地开关处于拉开位置，分闸到位（通过角度或距离判断），拉开时刀头不高于绝缘子最低的伞裙。 （6）闭锁良好，接地开关出轴锁销位于锁板缺口内	1 次/月
6	基础支架检查	（1）基础无裂纹、沉降。 （2）支架无松动、锈蚀、变形，接地良好。 （3）地脚螺栓无松动、锈蚀	1 次/月
7	机构箱开锁检查与清洁	（1）密封良好，密封胶条无脱落、破损、变形、失去弹性等异常。箱内无积水，无异味、异物。机构箱通风孔吸湿器清洁、畅通，箱内壁无凝露。 （2）端子排编号清晰，端子无锈蚀、松脱，无烧焦、打火现象。 （3）各电器元件无破损、脱落，安全、健康、环保标识完整。 （4）加热器正常工作，温度控制器动作值不低于 10℃，湿度控制器动作值不大于 80%	1 次/月
8	其他	现场分合闸指示与后台一致	
		对导电回路、机构箱（重点关注长期通流的二次元件）、接头等进行红外测温，发现异常时记录数据并保存红外测温图片	
		检查性操作	1 次/3 年

专业巡维要求

序号	项目	要求	周期
1	隔离开关位置检查	在隔离开关处于合上位置时，检查隔离开关导电杆有无欠位或者过位的情况	1 次/半年
2	隔离开关外部连杆检查	垂直连杆抱箍紧固螺栓及止动螺钉无松动，抱箍铸件无裂纹，带孔圆柱销无弯曲现象	1 次/半年
3	红外巡视	对导电回路、机构箱、接头等进行红外测温，发现异常时保存红外测温图片	1 次/半年
4	数据分析	（1）红外测温数据分析。通过运行记录对隔离开关红外测温数据进行横向、纵向比较，判断隔离开关是否存在向一次接头发热发展的趋势。 （2）根据专业巡维前设备缺陷及数据分析情况，跟踪设备缺陷发展状况，明确是否存在进一步恶化的趋势。根据专业巡视结果跟踪缺陷情况，制订消缺计划或方案（包含备品备件筹备等）	1 次/半年

5. 常见故障及处理

直流隔离开关的异常及故障处理按照以下规定执行。

（1）当隔离开关拉不开时，不得强行操作。

（2）运行中隔离开关支柱绝缘子断裂时，严禁操作该隔离开关，应立即报告调度停电处理。

（3）操作配置接地开关的隔离开关，当发现接地开关或断路器的机械联锁卡涩不能操作时，应立即停止操作并查明原因。

（4）发现隔离开关触头过热、变色，应报告调度。

（5）隔离开关合上后，若触头接触不到位，应采取下列方法处理：属单相或差距不大时，可采用相应电压等级的绝缘棒调整处理；属三相或单相差距较大时，应停电处理。

（6）隔离开关分、合闸时如发现卡涩，应检查传动机构，找出故障原因并消除后方可进行操作。

（7）隔离开关的电动机电源应在分、合操作完毕后断开；当电动操作不能进行分、合时应停止操作，查明原因后再操作。

（8）隔离开关或接地开关因联锁条件不满足发生拒动时，应采取以下措施：

1）若隔离开关或接地开关联锁条件中满足允许合闸或分闸的条件，检查就地操动机构中电源开关应合上，控制模式应已切至远方，遥信位置触点与电气闭锁回路内位置闭锁触点到位的不一致时间应大于顺序控制延时；检查完毕后，若顺序控制仍然不能继续进行，经值班人员同意后现场就地分/合该隔离开关或接地开关。

2）若隔离开关或接地开关联锁条件中不满足允许合闸或分闸的条件，检查原因直至联锁条件满足为止；若联锁条件不满足而又确实需要分/合该隔离开关或接地开关，必须经管理部门同意方可解联锁就地操作。

3）若联锁条件满足而就地分合不成功，应汇报相关调度及管理部门，向相关调度申请将异常设备隔离，并通知检修人员处理。

3.1.10　直流互感器

柳州站直流测量系统采用电子式电流互感器、电子式电压互感器和纯光学电流互感器。

（1）对于电子式的电流互感器、电压互感器，冗余的直流测量系统包括高压侧的一次测量设备电流互感器、电压互感器的远端模块，低压侧的测量接口单元以及低压端的控制保护系统。对于一次传感器采集到测量量后，通过远端模块、光纤等送至相应直流测量接口屏中的合并单元，再由现场总线送至控制保护系统。

（2）对于纯光学电流互感器，冗余的直流测量系统包括高压侧的一次测量设备电流互感器的传感光纤环，低压侧的采集单元、测量接口单元以及低压端的控制保护系统。采用传感光纤环感应直流电流，采用采集单元提供系统光源并接收传感光纤环返回的光信号，解析出被测电流并通过光纤输出至合并单元，再由现场总线送至控制保护系统。

1. 设备结构以及工作原理

（1）直流电子式电流测量装置。直流电子式电流互感器利用分流器传感直流电流，利用空心线圈传感谐波电流。分流器的输出信号正比于被测直流电流，空心线圈的输出信号正比于被测谐波电流的微分，分流器及空心线圈的输出信号利用屏蔽双绞线传至电阻盒（信号分配盒），电阻盒将分流器的输出信号分配给多个远端模块进行处理。直流电子式电流互感器的结构如图 3-21 所示。

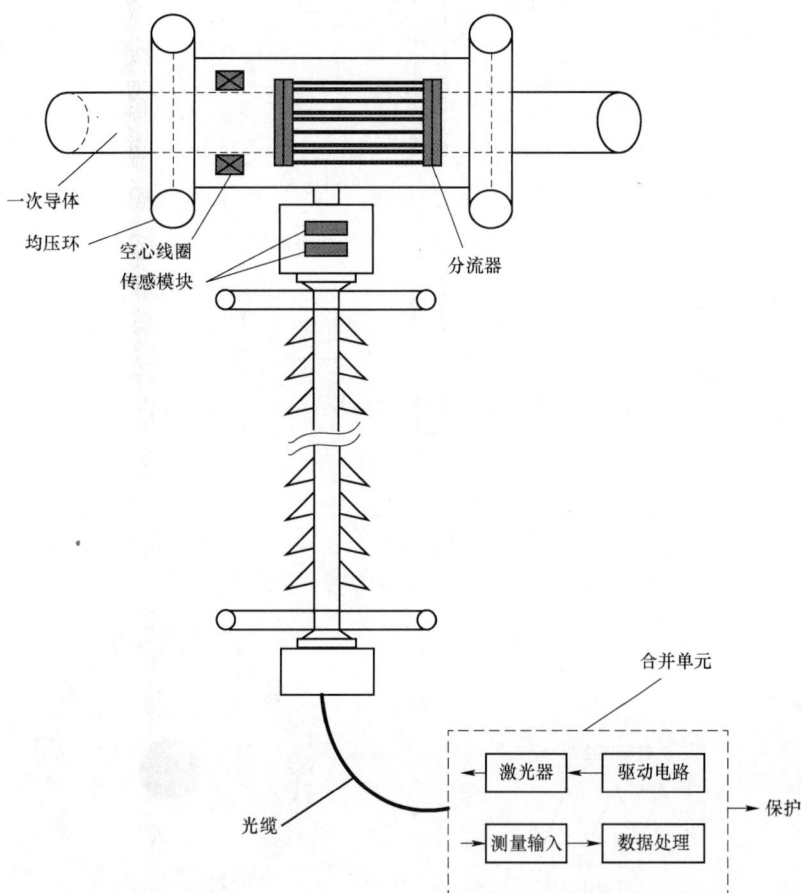

图 3-21　直流电子式电流互感器结构示意图

直流电流互感器的信号传输回路如图 3-22 所示。

1）分流器：分流器串联于一次回路中，用于直流电流的传感测量。分流器为鼠笼式结构。分流器的测量原理如图 3-23 所示。

2）空心线圈：空心线圈套在一次管形母线上，用于传感谐波电流，如图 3-24 所示。空心线圈的输出信号是一次谐波电流的微分。

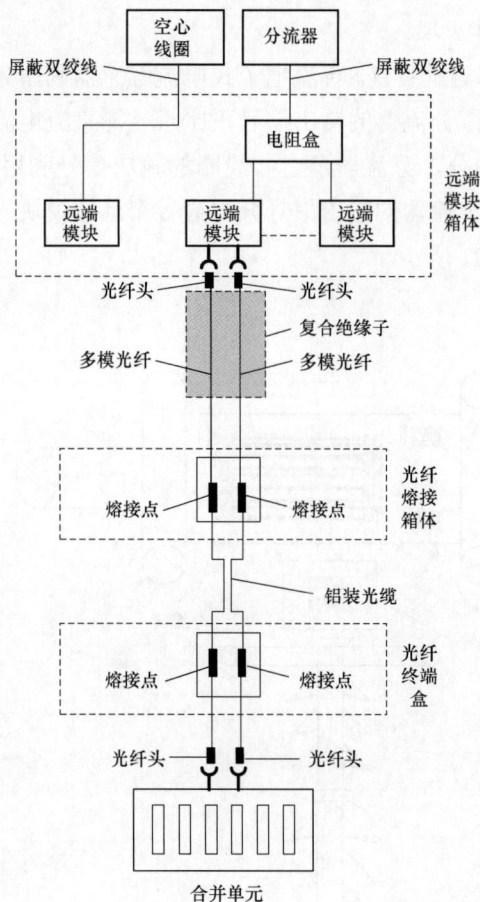

图 3-22 直流电流互感器的信号传输回路示意图

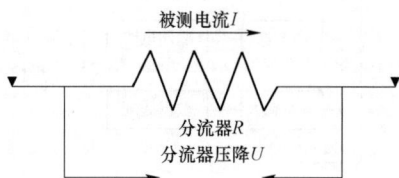

图 3-23 分流器测量原理图

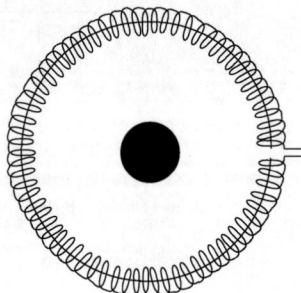

图 3-24 空心线圈示意图

3）电阻盒：电阻盒的作用是将一路模拟信号转换为多路信号输出。通过电阻盒可将一路分流器的输出信号转换为多路模拟信号并传输到远端模块后经过 A/D 转换（模/数转换）成数字信号，通过多模光纤传输至合并单元。

4）远端模块：远端模块安装在一次侧，接收并处理直流测量装置的输出信号。远端模块的输出为串行数字光信号，工作电源由位于极控制保护室的合并单元内的激光器提供。每个远端模块有一个模拟量输入端用以接收测量装置经电阻盒后的输出信号，一个光纤接收头用以接收激光，一个光纤发射头用以发送数字信号。远端模块的原理如图 3－25 所示。

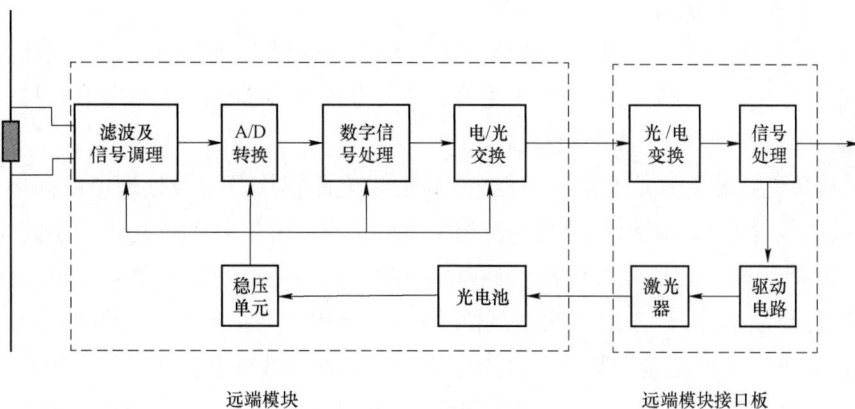

图 3－25　远端模块原理图

5）合并单元：合并单元置于极控制保护室，一方面为远端模块提供供能激光，另一方面接收并处理远端模块下发的数据，并将测量数据通过总线输出供二次设备使用。

（2）直流纯光学电流测量装置。PCS－9250－OACD 型直流纯光学电流测量装置采用传感光纤环同时感应直流电流和谐波电流，采用采集单元提供系统光源并接收传感光纤环返回的光信号，解析出被测电流并通过光纤输出至合并单元，利用复合绝缘子保证绝缘。直流纯光学电流互感器的结构如 3－26 图所示。

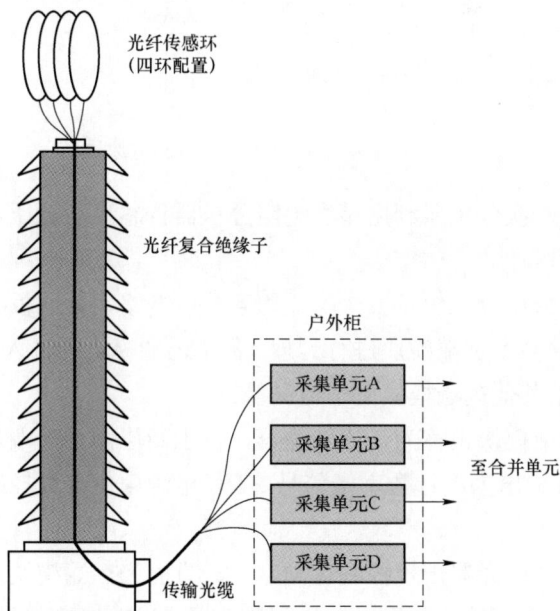

图 3－26　直流纯光学电流互感器结构示意图

1）光纤传感环：光纤传感环主要作用是感应被测电流。光纤传感环位于光纤复合绝缘子上端，无需供能。光纤传感环体积小、质量轻，安装方式灵活，通常为穿心式结构，套装在一次管形母线外侧。每个测点的传感环数量可根据工程需求进行配置，柳州换流站按照"3+1"原则进行配置。

2）光纤复合绝缘子：光纤复合绝缘子为内嵌保偏光纤的复合绝缘子，无油无气，绝缘简单可靠，其主要作用是保证高低压绝缘，以及将传感环感应的被测电流信息通过绝缘子内的保偏光纤传输至低压侧采集单元。

3）采集单元：采集单元置于户外柜中，主要由光路模块及信号处理电路两部分构成，其中光路模块包含光源、调制器及光探测器等光学元件。采集单元对光源产生的光信号进行起偏、调制等处理后发往光纤电流传感环，同时对传感环返回的携带一次电流信息的调制光信号进行解调运算，计算出一次电流值，并将一次电流数据通过光纤发送至合并单元。

（3）直流电子式电压测量装置。直流电压测量装置为具有电容补偿的电阻电压测量装置，主要由一次分压器、低压分压板（电阻盒）、远端模块及合并单元组成，装置本体部分装在干式绝缘子内。合并单元放置在极控制保护室内，采用光纤和远端模块相连接，直流采样获得的测量量经合并单元送至二次控制保护设备。直流分压器测量原理如图 3-27 所示。

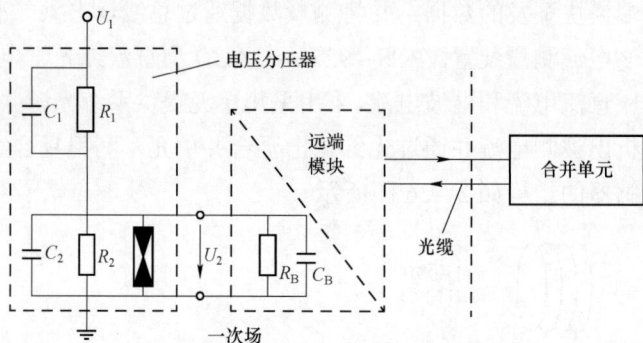

图 3-27　直流电子式电压互感器测量原理图

1）一次分压器：一次分压器利用精密电阻分压器传感直流电压，利用并联电容分压器均压并保持频率特性。

2）低压分压板：低压分压板是一个低压阻容分压网络，分压板将分压器输出的低压信号转换为多路信号给多个远端模块进行处理。各个远端模块的输入信号相对独立，一个远端模块故障不会影响其他远端模块的信号测量。

3）远端模块：远端模块也称为一次转换器，位于高压侧。远端模块接受并处理低压分压板的输出信号，其输出为串行数字光信号，工作电源由位于极控制保护室的合并单元内的激光器提供。

4）合并单元：合并单元置于极控制保护室，一方面为远端模块提供供能激光，另一方面接收并处理远端模块下发的数据，并将测量数据通过总线输出供二次设备使用。

2. 设备监造

设备监造需要按照设计好的关键点来对不同设备进行检查。对于直流测量装置，设备监造可以分为以下几点。

（1）设计检查。监造单位可根据业主或项目单位、监造委托人的要求，对供应商的产品设计进行检查，内容包括直流测量装置的组部件性能、直流测量装置的绝缘性能、直流测量装置的准确度、直流测量装置的接口设计等，核实是否满足相关标准要求。

（2）制造阶段。主要检查原材料及主要零部件的采购合同、技术协议、出厂测试报告。

1）电子式直流电流互感器主要零部件包括导体、均压环、分流器、光纤、绝缘子、远端模块、合并单元等。

2）全光学直流电流互感器主要零部件包括导体、均压环、光纤、绝缘子、合并单元等。

3）电子式直流电压互感器主要零部件包括均压电容器、分压电阻器、均压环、绝缘子、绝缘气体、远端模块、合并单元（或电子模块）等。

（3）试验。重点对直流互感器进行准确度试验、频率特性试验、一次端交流/直流耐压试验等。

测试电压准确度应符合要求，特别注意测量分压器的分压比的调正和锁定。核查每次试验时试验电压显示值与要求值的偏差。查看所有试验项目的试验结果是否满足产品的技术要求，并密切注意试验过程中的异常现象（如放电声，可闻、可见电晕，电压、电流的波形变化，渗漏水）等。

（4）包装发运。

1）在直流互感器包装发运前，监造人员应检查产品外观、核对铭牌，检查附带的文件资料、合格证等数量是否准确。

2）检查所有预装配过的附件是否已做明显配装标记。

3）检查装箱运输的防水、防潮措施。

4）了解押运及有关交接事宜。

直流互感器的监造关键点设置见表 3-19。

表 3-19　　　　　　　　直流互感器监造关键点设置表（部分）

序号	项目	监造内容	见证方式	备注
1	原材料和组部件检验	查看原材料和主要组部件供应商资质证明文件、进货检验报告及合格证等，包括分流器、测量线圈、复合绝缘子、金具和导体，光纤，密封件、标准件（螺栓）等	R/W	
		采集模块及合并单元测试	R/W	自产时适用
		查看光纤环供应商资质证明文件、进货检验报告和合格证	R/W	纯光学适用
2	制造过程质量监督	检查零部件是否清洁	W	
		检查光纤环的光纤弯曲半径、防护是否符合要求	W	纯光学适用
		检查一次电流传感器（绕组）组件的信号线、螺钉力矩、测量线圈、密封结构的安装质量	W	
		检查一次转换器（采集模块）组件的安装质量和备用数量是否满足要求	W	
		检查光纤组件的光功率衰耗和备用数量是否满足要求	W	
		检查主绝缘组件的密封结构、螺钉力矩安装质量	W	

续表

序号	项目	监造内容	见证方式	备注
3	例行试验	出线端子标志验证	W	
		直流耐压及局部放电试验	W	
		交流耐压及局部放电试验	W	
		测量精度检查	W	

3. 运维项目

直流互感器的主要运维项目见表 3 – 20。

表 3 – 20　　　　　　　　　　　　　直流互感器主要运维项目

序号	项目	要求	周期
日常巡视要求			
1	主体检查	(1) 金属部件检查：所有金属部件无锈蚀、发热变色现象。 (2) 接地扁铁：接地扁铁接地良好，无锈蚀。 (3) 复合绝缘子检查：绝缘子伞群无明显污垢，无放电闪络和爬电现象，无明显损伤、丝状裂纹。 (4) 底座的接地良好，无裂纹、锈蚀。 (5) 螺栓及插销无松动、脱落、变形、锈蚀。 (6) 运行声响检查：内部无放电声和其他噪声，现场无异常气味。 (7) SF_6 气体泄漏检查：直流分压器气体压力表指示正常，指示值在规程规定范围内（额定气压 0.35MPa，报警压力 0.3MPa，闭锁压力 0.22MPa）；SF_6 表计盒无凝露受潮迹象	1 次/4d
	红外、紫外检查	记录接头红外测温异常发热情况，重点区分连接线与分压器内部过热，发现异常时保存红外测温图片	1 次/月
		紫外巡视本体及各导线连接处有无放电点	1 次/月
专业巡维要求			
1	红外、紫外检查	(1) 采用红外热成像仪进行检查，若发现发热异常，应认真查明原因并及早处理，防止缺陷扩大。 (2) 采用紫外成像仪检查连接线部分是否有放电点	1 次/2 月
2	数据分析	对记录的红外测温、SF_6 气体压力等数据进行分析，明确是否存在进一步恶化的趋势	1 次/年

4. 常见故障及处理

直流互感器的异常及故障处理按照以下规定执行：

（1）应该立即检查事件记录，检查控制保护设备有无异常，并安排人员现场检查保护区内的一次设备有无异常。

（2）现场检查电子式测量装置表面外观有无破损、变形、异常声响等情况，如有紧急情况应立即汇报相关调度，并通知检修人员到现场处理。

3.2 基于 LCC 换流技术的换流站一次主设备介绍

LCC 换流站的主要设备包括换流阀、阀冷却系统、换流变压器、直流电抗器、直流滤波器、交流滤波器、直流断路器、直流隔离开关、直流互感器等。下面以昆北站为例，对部分主设备进行简单的介绍。

3.2.1 换流阀

1. 设备结构

晶闸管换流阀是换流站的核心设备，是交流变换到直流的关键环节。晶闸管换流阀通过定时导通和关断实现交流变直流的功能。

昆北换流站双极共 4 个阀厅，每个阀厅内装有 6 个二重阀组成一个 12 脉动换流器，每极由一个高端阀厅和一个低端阀厅组成，如图 3-28 所示。其中极 1 电压等级为 800kV，极 2 电压等级为 -800kV。阀塔底部电位分别为 0、±400、±800kV，阀塔顶部电位分别为 ±200、±600kV。

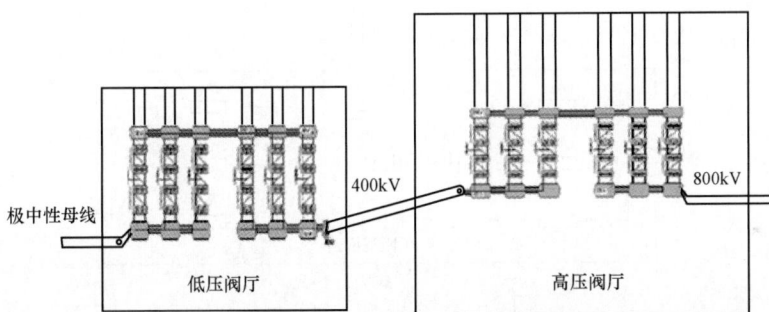

图 3-28 阀厅布局示意图

下面以极 1 换流阀为例来简要介绍。换流阀的构成原理如图 3-29 所示，极 1 的每个阀组件包含 8 个串联的晶闸管级；4 个阀组件和 4 台饱和电抗器串联组成一个阀层，2 个阀层串联组成一个完整的单阀。电抗器能有效限制电流变化率及峰值、阀片和阀组件的电压。

晶闸管级包括晶闸管元件、阻尼均压回路、晶闸管控制单元（TCU）、晶闸管控制单元取能回路。晶闸管级的组成如图 3-29（c）所示。

（1）晶闸管元件。昆北换流站的电控型晶闸管位于两个铝散热器之间，通过内冷水循环对晶闸管进行冷却。

（2）阻尼回路。阻尼回路由阻尼电容和阻尼电阻串联而成。昆北站换流阀阻尼电阻由

6 根棒状电阻（R_{11}～R_{16}）三并两串而成，直接插入散热器的孔中，采用间接冷却的方式进行散热。阻尼电容由一个两柱电容（C_{11}）和一个三柱电容（C_{12}）串联而成。

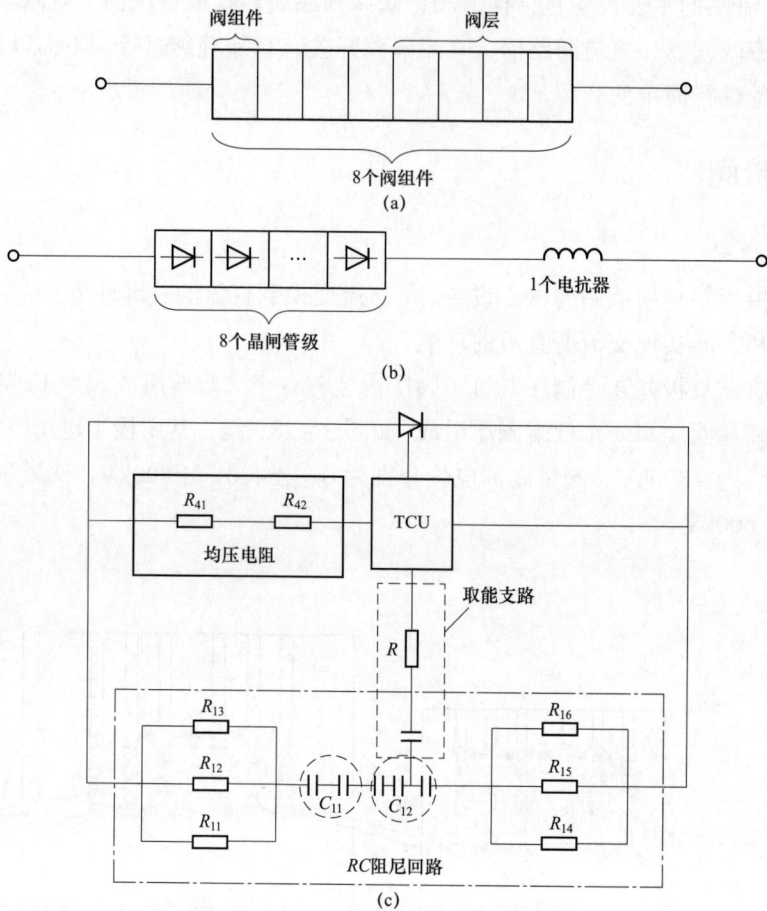

图 3-29　换流阀构成原理图
（a）单阀；（b）组件；（c）晶闸管级

阻尼回路的作用：使晶闸管间的电压分布均匀、为 TCU/TCE 提供电源、限制阀关断时的换相过冲、尽量使整个单阀内的电压分布均匀。

（3）均压电阻。昆北换流站均压回路由两个块状电阻（R_{41}、R_{42}）串联构成，两个块状电阻分别固定在两个散热器上下两端，空间上呈对角布置，并用导线将其串联；其作用主要是均衡晶闸管两端的电压。

（4）晶闸管控制单元。每个晶闸管级配一个晶闸管控制单元，安装在晶闸管阴极侧的散热器上，用于控制和保护晶闸管。晶闸管控制单元电路板整个装在一个金属铝屏蔽盒内，可防止电磁干扰，同时也可以防潮、防水、防尘。金属铝屏蔽盒用两个螺钉固定在散热器上。

晶闸管控制单元的作用：触发晶闸管、监测晶闸管状态（包括发生保护触发的状态）、反向恢复期保护、电源监测。

（5）晶闸管控制单元取能回路。TCU 取能回路由一个取能电阻和电容串联构成，可在晶闸管刚承受正向电压时，加速晶闸管控制单元的电源充电。

2. 工作原理

极 1 的每个 12 脉动换流器的阀桥部分的每一相由 2 个二重阀串联构成，包含 4 个单阀，根据电流流向依次命名为 V1、V2、V3、V4，即电流流向为 V1→V2→V3→V4。极 1 的一个二重阀有 4 个阀层，每个阀层一分为二在空间上错层布置以增大绝缘距离；每个单阀由 8 个阀组件组成，8 个阀组件根据电流流向依次命名为 A1、A2、A3、A4、A5、A6、A7、A8，即电流流向为 A1→A2→A3→A4→A5→A6→A7→A8。

极 1 高端阀厅阀基电子设备（VBE）与阀接口如图 3-30 所示。极 1 低端阀厅 VBE 与阀接口如图 3-31 所示。极 1 阀层结构如图 3-32 所示（图中包含 2 个阀层）。

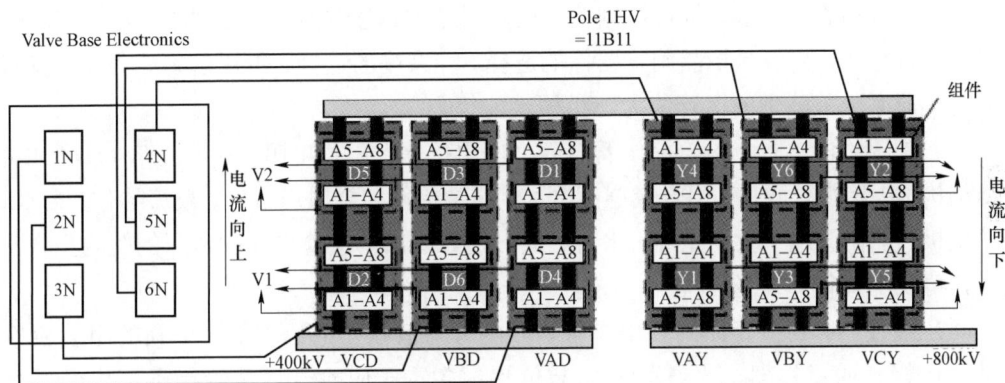

A1-A4表示包含A1、A2、A3、A4组件；A5-A8表示包含A5、A6、A7、A8组件

图 3-30　极 1 高端阀厅阀基电子设备与阀接口示意图

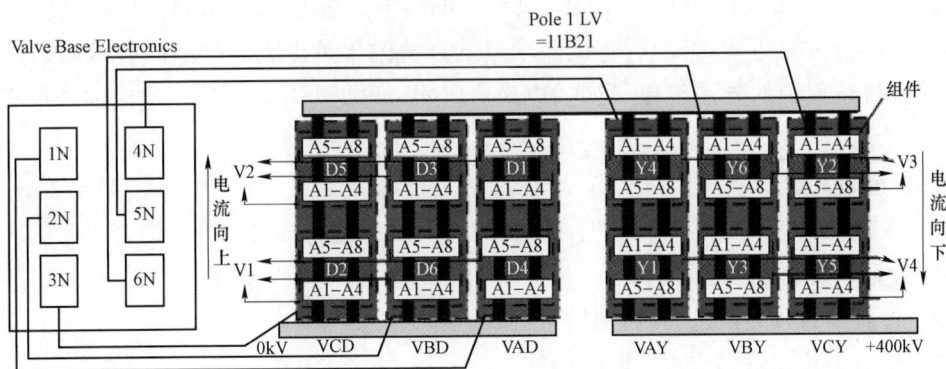

A1-A4表示包含A1、A2、A3、A4组件；A5-A8表示包含A5、A6、A7、A8组件

图 3-31　极 1 低端阀厅阀基电子设备与阀接口示意图

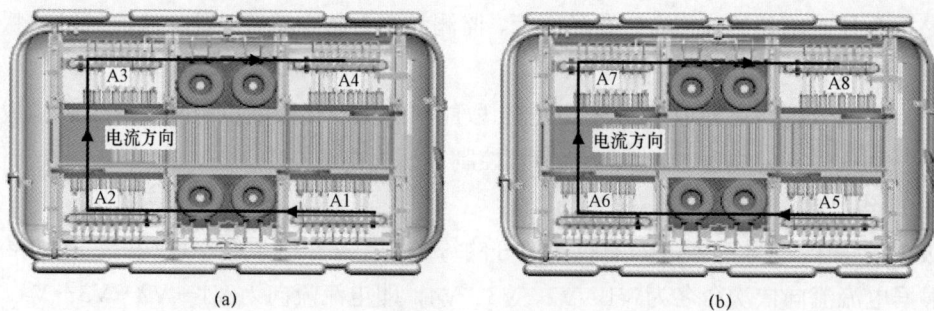

图 3-32　极 1 阀层结构示意图
（a）阀层 1；（b）阀层 2

3. 设备监造

设备监造需要按照设计好的关键点来对不同设备进行检查。对于换流阀，设备监造可以分为以下几点。

（1）设计检查。监造单位可根据业主或项目单位、监造委托人的要求，对供应商的产品设计进行检查，内容包括晶闸管器件的选择、冗余度的选择、电压耐受能力、电流耐受能力、交流系统故障下的运行能力、机械性能等。

（2）制造阶段。重点检查晶闸管器件、阀电抗器、阻尼电阻、阻尼电容、均压电容、绝缘结构件、绝缘紧固件、铝合金屏蔽盒、金属结构件和金属连接件、载流导体、主水管、均压电极、晶闸管电子板、光纤、水管、散热槽等的出厂检验单和制造厂的验收报告。必要时，可到配套件厂现场见证。

（3）组装。主要检查晶闸管电子板、晶闸管与散热器的位置等；单阀的组装应检查组件、电极、阀避雷器、光纤等的安装位置；多重阀应检查悬垂绝缘子、电晕屏蔽件等的固定。

（4）试验。主要对换流阀设备进行如下试验：例行试验（外观检查、阻抗测试、水压测试等）、型式试验（交/直流耐压试验、操作冲击波耐压试验等）、运行试验（最大持续运行负载试验等）。查看所有试验项目的试验结果是否满足产品的技术要求，并密切注意试验过程中的异常现象（如放电声，可闻、可见电晕，电压、电流的波形变化，渗漏水）等。

（5）包装发运。

1）在换流阀包装发运前，监造人员应检查产品外观、核对铭牌，检查附带的文件资料、合格证等数量是否准确。

2）检查所有预装配过的附件是否已做明显配装标记。

3）检查装箱运输的防水、防潮措施。

4）了解押运及有关交接事宜。

5）换流阀包装发运前，须经监造工程师签字认可。

换流阀的监造关键点设置见表 3-21。

表 3－21 换流阀监造关键点设置表（部分）

序号	项目	监造内容	见证方式	备注
1	晶闸管检查	器件的型号、规格、数量与发货单一致	W	
		外观检查：晶闸管外观包装应完好、标识清晰	W	
		型式试验报告中的试验项目符合技术协议要求，项目齐全、结论明确且在有效期内	R	
		同一批次晶闸管的出厂合格证、检验报告完备	R	
		进厂检验记录完整，签字齐全，批次、数量、规格、型号、存放位置满足要求	R	
2	散热器检查	器件的型号、规格、数量与发货单一致	W	
		外观检查：散热器的外观、尺寸以及散热器水口尺寸（外/内径、水口净深度）符合相关技术要求	W	
		型式试验报告中的试验项目符合技术协议要求，项目齐全、结论明确且在有效期内	R	
		同一批次器件的出厂合格证、检验报告完备	R	
		进厂检验记录完整，签字齐全，批次、数量、规格、型号、存放位置满足要求	R	
3	阻尼电阻检查	器件的型号、规格、数量与发货单一致，阻尼电阻阻值满足技术规范的要求	W	
		外观检查：器件的外观、尺寸、表面处理情况良好，表面没有划痕和凸起，极桩处螺纹完好，无磕碰伤	W	
		同一批次器件的出厂合格证、检验报告完备、技术参数齐全	R	
		进厂检验记录完整，签字齐全，批次、数量、规格、型号、存放位置满足要求	R	

4. 运维项目

换流阀及阀厅的主要运维项目见表 3－22。

表 3－22 换流阀及阀厅主要运维项目

序号	项目	要求	周期
日常巡视要求			
1	阀厅内设备检查	（1）阀厅内无异味。 （2）光纤连接正常，触发光纤、回检光纤无脱落、断裂。 （3）阀厅内一次设备构架接地良好、紧固，无松动、锈蚀。基础无裂纹、沉降或移位。接线板无裂纹、断裂现象。引线连接可靠，自然下垂，三相（正负极）松弛度一致，无断股、散股现象。金具无松动，附件齐全。 （4）各晶闸管阀及触发监视单元位置正常，无倾斜、脱落、偏歪情况；接线无明显的断开和脱落点。 （5）直流分压器 SF_6 气体压力值在正常范围，额定压力 0.4MPa，告警压力 0.35MPa；SF_6 气压指示清晰可见，SF_6 密度继电器外观无污物、损坏痕迹。 （6）避雷器与计数器连接的导线及接地引下线无烧伤痕迹或断裂现象；避雷器放电计数器或在线监测仪计数器外观完好，无积水；泄漏电流指示无异常。 （7）换流阀冷却回路连接正常，无渗漏水	1 次/月

续表

序号	项目	要求	周期
2	结合视频监控系统、红外在线监测系统进行检查	（1）阀塔构件连接正常，无倾斜、脱落。 （2）阀塔水管连接正常，无脱落、漏水。 （3）阀塔组件无放电，无明显摆动现象。 （4）阀塔支柱绝缘子及斜拉绝缘子伞群无破损。 （5）阀厅的温度、湿度正常。 （6）阀厅地面无水渍。 （7）阀厅大门关闭良好	1 次/1d
		利用红外在线监测系统开展设备红外巡视，并对异常发热点拍摄图片留存比对	1 次/周
		开展阀厅进出水压力抄录	1 次/周
		开展阀厅温湿度抄录	1 次/4d
		利用红外在线监测系统对阀厅开展红外测温，对膨胀罐水位等巡维数据开展多维度分析，及时发现阀厅设备过热、渗漏水缺陷	1 次/月

专业巡维要求

序号	项目	要求	周期
1	结合视频监控系统、红外在线监测系统进行检查	（1）阀塔构件连接正常，无倾斜、脱落，设备无放电。 （2）阀塔水管连接正常，无脱落、漏水。 （3）阀塔组件无放电，无异常声音，无焦煳味，无明显摆动现象。 （4）对日常巡维发现的异常及缺陷进行核实、确认，分析产生原因，提出管控措施和处理意见。 （5）开展设备红外巡视，并对异常发热点拍摄图片留存，注意关注电容器温升情况。 （6）对巡维数据进行横向、纵向趋势分析	1 次/2 月
2	换流阀检查	（1）晶闸管、散热器、水冷电阻、阻尼电容、触发监视单元形态完好，无变形、变色痕迹，无漏水，接线无脱落，表面清洁、无积污、无放电痕迹。 （2）光纤导槽形态清洁、完好，无破损、积污、水痕。封堵严密可靠，扎带完整，光纤无松脱、明显弯折	1 次/年

5. 常见故障及处理

换流阀的异常及故障处理按照以下规定执行。

（1）对故障晶闸管进行定位，使用视频监控系统和阀厅红外测温系统检查相应阀塔情况，并立即到阀厅巡视。

（2）检查故障晶闸管对应的单阀累计故障晶闸管数量和保护性触发晶闸管数量，当达到冗余数量时，经领导批准向调度申请退出相应阀组；向调度申请将故障阀组转检修，通知维护人员处理。

（3）换流阀漏水时，记录漏水位置信息，并汇报相关调度及管理部门，准备停电处理。

（4）换流阀结构件松动或跌落时，记录故障位置等信息，并汇报相关调度及管理部门。

（5）换流阀本体出现内部放电现象时，记录放电点位置等信息，并汇报相关调度及管理部门，准备停电处理。

（6）换流阀本体出现温升异常升高（包括着火）时，记录温升异常升高位置等信息，并汇报相关调度及管理部门；故障危及人身及设备安全时紧急停电处理。

（7）当阀厅发生火灾时，阀厅内极早期烟雾、火焰探测器将信号送至消防控制中心发出报警，自动关闭防火阀、组合式空调机组送回风机，确认阀厅照明电源已被切除。确认火熄灭后，手动打开进风百叶及排烟阀进行通风。

3.2.2　交流滤波器

1. 设备结构

交流滤波器的作用是过滤掉换流器产生的交流侧谐波，提供换流器所需的无功功率，维持交流母线电压在设定范围内。

昆北站共有 4 大组交流滤波器，均采用单母线接线，每大组交流滤波器均有 5 个小组，共 20 小组，每小组均提供额定无功功率 232Mvar，总共可提供的无功功率为 4640Mvar。可以根据系统要求，通过投切交流滤波器的数量来改变交流电压、滤除谐波和提供无功功率。

交流滤波器系统结构配置组件如下：

（1）电容器组。

（2）滤波电抗器。交流滤波器电抗器为无铁心的空气绝缘，外表采用加强玻璃纤维合成树脂绝缘。

（3）阻尼电阻。阻尼电阻采用空气绝缘，安装于便于空气流通的箱体中。

2. 工作原理

当前被大规模采用的交流滤波器形式为双调谐高通滤波器和三调谐高通滤波器。多调谐高通滤波器结合了调谐滤波器和高通滤波器两者的所有特点。

根据电路谐振原理，交流滤波器可以为相应的谐波提供低阻抗电路。昆北站所采用的三种交流滤波器的电路原理如图 3-33 所示，其中 A 型为双调谐高通交流滤波器，B 型为三调谐高通交流滤波器，C 型交流滤波器常用于无功功率的补偿。

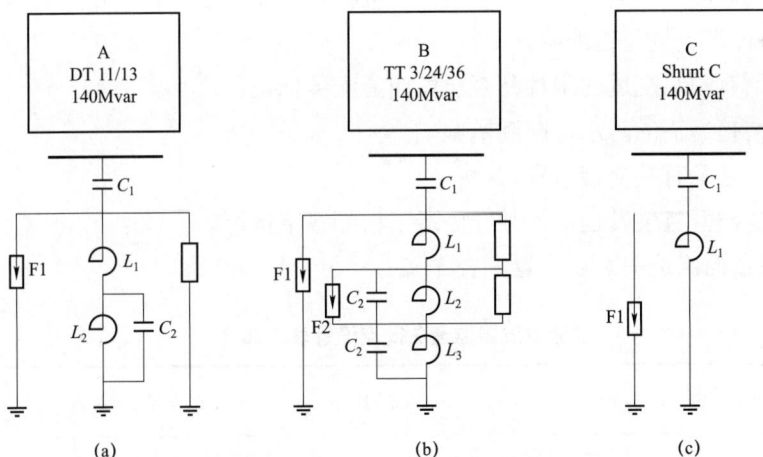

图 3-33　交流滤波器原理图

（a）A 型；（b）B 型；（c）C 型

3. 设备监造

设备监造需要按照设计好的关键点来对不同设备进行检查。对于交流滤波器，设备监造可以分为以下几点。

（1）设计检查。监造单位可根据业主或项目单位、监造委托人的要求，对供应商的产品设计进行检查，内容包括：

1）针对电容器设备，主要检查电容器单元和电容器塔结构和试验验证工作，重点检查电容器额定值、总体结构、尺寸、质量的设计结果，以及电容器单元或电容器塔的设计情况。

2）针对电抗器设备，主要检查电抗器的结构型式和试验工作，重点检查电抗器额定值、总体结构、尺寸、质量等的设计结果。

3）针对电阻器设备，主要检查电阻器的结构型式和试验工作，重点检查电阻器额定值、总体结构、尺寸、质量、散热条件等的设计结果。

（2）制造阶段。

1）针对电容器设备，重点检查套管、绝缘介质油、铝箔、支柱绝缘子、放电电阻/均压电阻等的出厂检验单和制造厂的验收报告。

2）针对电抗器设备，重点检查导线、绝缘膜、环氧树脂、玻璃丝、铝排、绝缘子等的出厂检验单和制造厂的验收报告。

3）针对电阻器设备，重点检查电阻器材料、电阻器外壳材质、绝缘材料、绝缘子、套管等的出厂检验单和制造厂的验收报告，必要时可到配套件厂现场见证。

（3）试验。重点对交流滤波器进行密封性试验、电容量测量、极间耐压试验、电容器局部放电试验（交流电容器）等。查看所有试验项目的试验结果是否满足产品的技术要求，并密切注意试验过程中的异常现象。

（4）包装发运。

1）在交流滤波器包装发运前，监造人员应检查产品外观、核对铭牌，检查附带的文件资料、合格证等数量是否准确。

2）检查所有预装配过的附件是否已做明显配装标记。

3）检查装箱运输的防水、防潮措施。

4）了解押运及有关交接事宜。

5）交流滤波器包装发运前，须经监造工程师签字认可。

交流滤波器的监造关键点设置见表 3-23。

表 3-23 交流滤波器监造关键点设置表（部分）

序号	项目	监造内容	见证方式	备注
1	原材料和组部件检验	检查原材料（包括金属结构件、环氧树脂、玻璃纤维、外绝缘层涂料等）的质量保证书和入厂检验报告	R	
		检查组部件（包括支撑绝缘子、放电电阻、避雷器等）的质量保证书和入厂检验报告	R	

续表

序号	项目	监造内容	见证方式	备注
2	制造过程质量监督	检查元件卷绕现场的温湿度和洁净度及对操作人员的净化要求	W	
		外表面洁净度、油漆质量、漆膜厚度、附着力、颜色符合要求	W	
		线圈绕制：检查线圈匝数及形式、线圈各包封尺寸控制、线圈工艺	W	
		线圈固化：升温时间曲线、保温时间曲线、最高温度、出炉温度	W	
		电阻片连接要牢固	W	
3	型式试验	端子间耐压试验	W	
		端子对外壳间工频耐压试验	W	
		雷电冲击电压试验	W	
		局部放电试验	W	

4. 运维项目

交流滤波器的主要运维项目见表 3－24。

表 3－24　　　　　　　　　　交流滤波器主要运维项目

序号	项目	要求	周期
日常巡视要求			
1	电容器检查	电容器无渗漏油，外壳无鼓肚，外壳油漆无脱落、生锈，引线无脱落、断股等	1 次/月
2	电抗器检查	电抗器外包封表面清洁，无裂纹，无爬电痕迹，无涂层脱落现象	1 次/月
专业巡维要求			
1	红外、紫外检查	（1）本体、连接部位、等电位连接片等导电部位无过热。 （2）检查本体温度分布，红外检查应无异常，发现温度异常时保存红外热成像图片	1 次/年
2	数据分析	（1）根据专业巡维前设备缺陷、电容量数据、二次电压数据分析情况，跟踪设备缺陷发展状况，明确是否存在进一步恶化的趋势。 （2）根据缺陷跟踪情况，制订消缺计划或方案（包含备品备件筹备等）。 （3）分析结果形成书面记录并存档	1 次/年

5. 常见故障及处理

交流滤波器的异常及故障处理按照以下规定执行。

（1）交流滤波器断路器 SF_6 压力低处理规定：

1）现场检查交流滤波器断路器 SF_6 压力，若压力不正常，汇报领导，通知维护人员检查。

2）若 SF_6 压力指示低于报警值，汇报调度和领导，监视 SF_6 压力。

3）若 SF_6 压力无明显下降，通知维护人员检查处理。

4）若 SF_6 压力有缓慢下降且未闭锁断路器操作，申请调度切换交流滤波器（先投后切），在分闸闭锁前拉开该断路器并转检修，通知维护人员处理。

5）若 SF_6 压力迅速下降或闭锁断路器操作，断开断路器控制电源。

6）检查交流滤波器备用情况，若不能满足大组滤波器退出后直流系统运行条件，经领导批准向调度申请降低直流功率。

7）用备用交流滤波器替换已投运交流滤波器，先投后切；若接有站用变压器，提前进行站用电切换。

8）向调度申请将该大组交流滤波器退出以隔离故障断路器，故障断路器隔离后将该大组其余交流滤波器转备用。将故障断路器转检修，通知维护人员处理。

（2）交流滤波器隔离开关操作不到位处理规定：

1）检查电动机电源是否正常，若不正常，试合电动机电源开关或复归热偶继电器后，重新操作；若电源正常，三相电动拉开该隔离开关，再次试合一次；若仍不到位，拉开此隔离开关；若无法三相联动，分相电动拉开。

2）若无法电动拉开，通过摇柄手动分相拉开。

3）若隔离开关持续放电，且拉不开，检查交流滤波器备用情况，若不能满足大组滤波器退出后直流系统运行条件，申请调度降低直流功率。

4）用备用交流滤波器替换大组已投运交流滤波器（先投后切）。

5）申请调度将该大组交流滤波器退出以拉开隔离开关，将大组交流滤波器母线及该故障隔离开关小组滤波器转检修，通知维护人员处理。

3.2.3 直流滤波器

1. 设备结构与工作原理

直流滤波器和交流滤波器的结构十分类似，也是由电容器、电抗器、电阻器构成。一般来说，直流滤波器是连接在高压母线和中性母线之间，采用三调谐滤波器。具体可以参考交流滤波器的介绍，此处不再赘述。

2. 设备监造

设备监造需要按照设计好的关键点来对不同设备进行检查。对于直流滤波器，设备监造可以分为以下几点。

（1）设计检查。监造单位可根据业主或项目单位、监造委托人的要求，对供应商的产品设计进行检查，内容包括：

1）针对电容器设备，主要检查电容器单元和电容器塔结构和试验验证工作，重点检查电容器额定值、总体结构、尺寸、质量的设计结果，以及电容器单元或电容器塔的设计情况。

2）针对电抗器设备，主要检查电抗器的结构型式和试验工作，重点检查电抗器额定值、总体结构、尺寸、质量等的设计结果。

3）针对电阻器设备，主要检查电阻器的结构型式和试验工作，重点检查电阻器额定值、总体结构、尺寸、质量、散热条件等的设计结果。

（2）制造阶段。

1）针对电容器设备，重点检查套管、绝缘介质油、铝箔、支柱绝缘子、放电电阻/均压电阻等的出厂检验单和制造厂的验收报告。

2）针对电抗器设备，重点检查导线、绝缘膜、环氧树脂、玻璃丝、铝排、绝缘子等的出厂检验单和制造厂的验收报告。

3）针对电阻器设备，重点检查电阻器材料、电阻器外壳材质、绝缘材料、绝缘子、套管等的出厂检验单和制造厂的验收报告，必要时可到配套件厂现场见证。

（3）试验。重点对直流滤波器进行密封性试验、电容量测量、极间耐压试验、介质损耗角正切值测量等。查看所有试验项目的试验结果是否满足产品的技术要求，并密切注意试验过程中的异常现象。

（4）包装发运。

1）在直流滤波器包装发运前，监造人员应检查产品外观、核对铭牌，检查附带的文件资料、合格证等数量是否准确。

2）检查所有预装配过的附件是否已做明显配装标记。

3）检查装箱运输的防水、防潮措施。

4）了解押运及有关交接事宜。

5）直流滤波器包装发运前，须经监造工程师签字认可。

直流滤波器的监造关键点设置见表 3-25。

表 3-25 直流滤波器监造关键点设置表（部分）

序号	项目	监造内容	见证方式	备注
1	原材料和组部件检验	检查原材料（包括金属结构件、环氧树脂、玻璃纤维、外绝缘层涂料等）的质量保证书和入厂检验报告	R	
		检查组部件（包括支撑绝缘子、放电电阻、避雷器等）的质量保证书和入厂检验报告	R	
2	制造过程质量监督	检查元件卷绕现场的温湿度和洁净度，及对操作人员的净化要求	W	
		外表面洁净度、油漆质量、漆膜厚度、附着力、颜色符合要求	W	
		线圈绕制：检查线圈匝数及形式、线圈各包封尺寸控制、线圈工艺	W	
		线圈固化：升温时间曲线、保温时间曲线、最高温度、出炉温度	W	
		电阻片连接要牢固	W	
3	型式试验	端子间耐压试验	W	
		端子对外壳间工频耐压试验	W	
		雷电冲击电压试验	W	
		局部放电试验	W	

3. 运维项目

直流滤波器的主要运维项目见表 3-26。

表 3-26   直流滤波器主要运维项目

序号	项目	要求	周期
日常巡视要求			
1	电容器检查	电容器无渗漏油，外壳无鼓肚，外壳油漆无脱落、生锈，引线无脱落、断股等	1 次/月
2	电抗器检查	电抗器外包封表面清洁，无裂纹，无爬电痕迹，无涂层脱落现象	1 次/月
专业巡维要求			
1	红外、紫外检查	（1）本体、连接部位、等电位连接片等导电部位无过热。 （2）检查本体温度分布，红外检查应无异常，发现温度异常时保存红外热成像图片	1 次/年
2	数据分析	（1）根据专业巡维前设备缺陷、电容量数据、二次电压数据分析情况，跟踪设备缺陷发展状况，明确是否存在进一步恶化的趋势。 （2）根据缺陷跟踪情况，制订消缺计划或方案（包含备品备件筹备等）。 （3）分析结果形成书面记录并存档	1 次/年

4. 常见故障及处理

直流滤波器的异常及故障处理按照以下规定执行。

（1）检查报警滤波器运行参数，现场检查设备运行情况。

（2）若未发现明显设备故障，必要时应经领导批准向调度申请退出该直流滤波器；若为该极唯一直流滤波器，经领导批准向调度申请停运该极，将该直流滤波器转检修，通知维护人员处理。

（3）若发现明显设备故障，且该滤波器非两站同极唯一直流滤波器，经领导批准向调度申请退出该直流滤波器，通知维护人员处理，告知对站加强该极直流滤波器监视；若该直流滤波器为两站同极唯一直流滤波器，经领导批准向调度申请停运该极，将该直流滤波器转检修，通知维护人员处理。

3.2.4 直流测量装置

直流测量系统在特高压一次设备和直流控制保护系统间起桥梁作用，测量系统采集的高压一次设备信号是作为控制系统进行控制和保护系统动作的重要依据。多套直流测量系统由测点相同、采集装置、传输通道、处理设备等都相互独立的系统组成；各套系统的测量信号都同时送往各个控制保护屏柜，控制保护屏柜可根据需要选择测量信号的使用。直流测量装置由阀组测量接口柜、极及双极测量接口柜、零磁通测量接口柜、直流滤波器测量接口柜、换流变压器非电量接口屏及现场一次设备组成。

1. 设备结构和工作原理

直流电子式电流互感器（包括极线电流互感器、中性母线电流互感器及接地线电流互感器）利用分流器测量直流电流，利用空心线圈测量谐波电流（仅直流场极线电流互感器配置空心线圈），利用远端模块就近采集分流器及空心线圈的输出信号，利用悬式光纤绝缘子保证绝缘，输出信号通过光纤进行传输。昆北换流站直流电子式电流互感器型号有 PCS－9250－EACD、PCS－9250－EAC、PCS－9250－ENC 几种型号。

PCS－9250－EACD 直流极线电子式电流互感器的结构原理如图 3－34 所示。

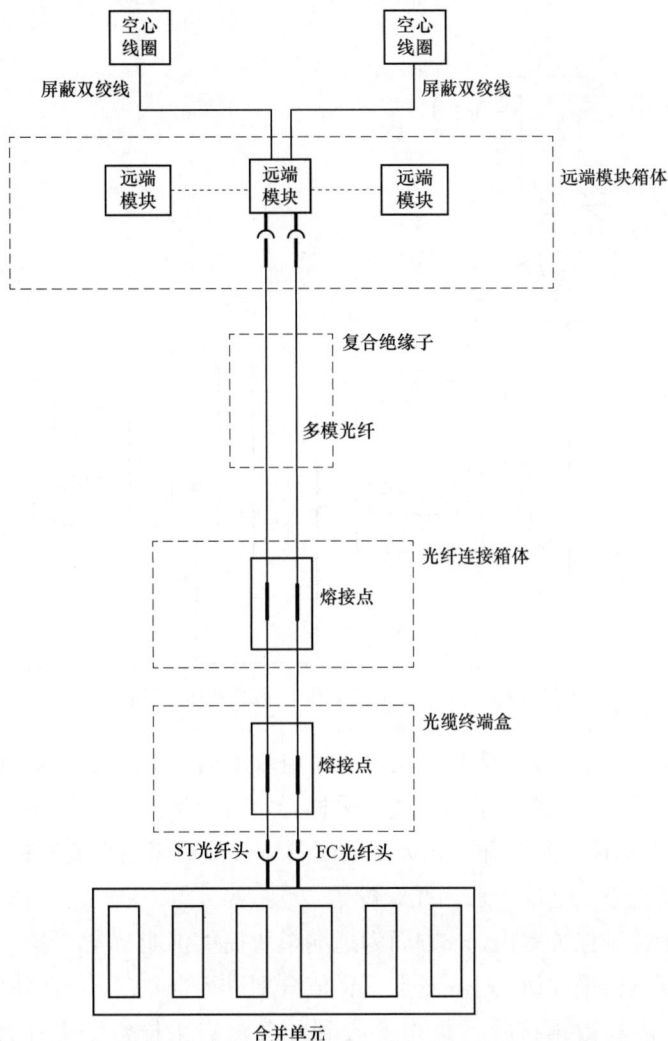

图 3－34　PCS－9250－EACD 直流极线电子式电流互感器结构原理图

昆北换流站直流电子式电压互感器型号为 PCS－9250－EVAD。直流分压器由高压臂和低压臂两部分组成，高压臂和低压臂为多节模块化的阻容单元串联，电子式电压互感器本体部分装在干式的绝缘子内，安装在本体上的远端模块就近采集分压器的输出信号，通过光纤传输至控制保护室内合并单元。直流电子式电压互感器的结构原理如图 3－35 所示。

远端模块接收并处理直流分压器、分流器的输出信号。远端模块的输出为串行数字光信号，通过多模光纤传到合并单元。远端模块由控制保护室中的合并单元通过光纤供电。每个远端模块有一个模拟量输入端用以接收分压器经电阻盒后的输出信号，一个光纤接收头用以接收激光，一个光纤发射头用以发送数字信号。直流分压器远端模块的型号为 NR1479B，直流分流器远端模块的型号为 NR1458E、NR1458F。远端模块的原理如图 3－25 所示。

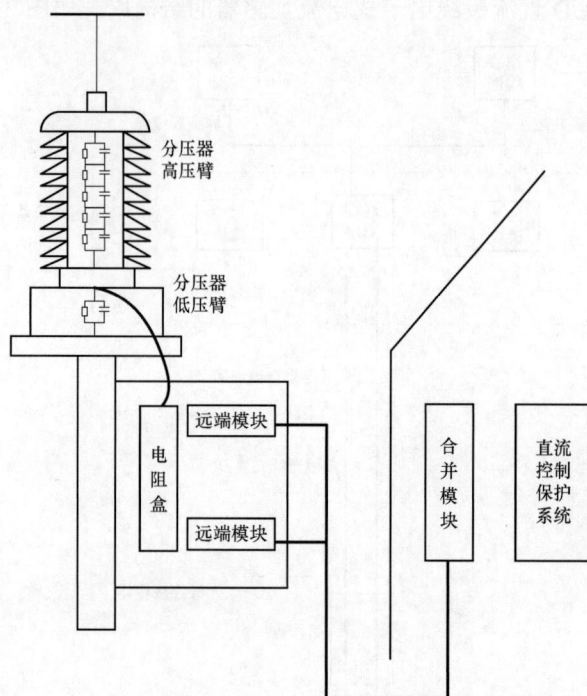

图 3－35　直流电子式电压互感器结构原理图

远端模块采用 16 位 A/D 采集模拟信号，采用双重化采样比较技术，保证并提高了全量程范围的测量精度，同时避免了远端模块采样异常引起保护误动的问题。远端模块可根据需要多套配置，远端模块及合并单元灵活的配置方式能够满足直流控制保护系统的各种应用需求。一般情况下，远端模块为冗余配置。

合并单元置于控制保护室内，一方面为远端模块提供供能激光，另一方面通过光纤接收各测点电子式互感器采样值，对各测点采样值分别进行合并；一台合并单元最多可完成 12 个采集器的供能和数据接收，再将接收到的各测点采样数据进行合并，按照 IEC 60044－8 协议规定的 FT3 数据格式进行组帧，通过光纤发送给控制保护等设备。合并单元的配置原理如图 3－36 所示。

2. 设备监造

设备监造需要按照设计好的关键点来对不同设备进行检查。对于直流测量装置，设备监造可以分为以下几点。

（1）设计检查。监造单位可根据业主或项目单位、监造委托人的要求，对供应商的产品设计进行检查，内容包括直流测量装置的组部件性能、直流测量装置的绝缘性能、直流测量装置的准确度、直流测量装置的接口设计等。核实是否满足相关标准要求。

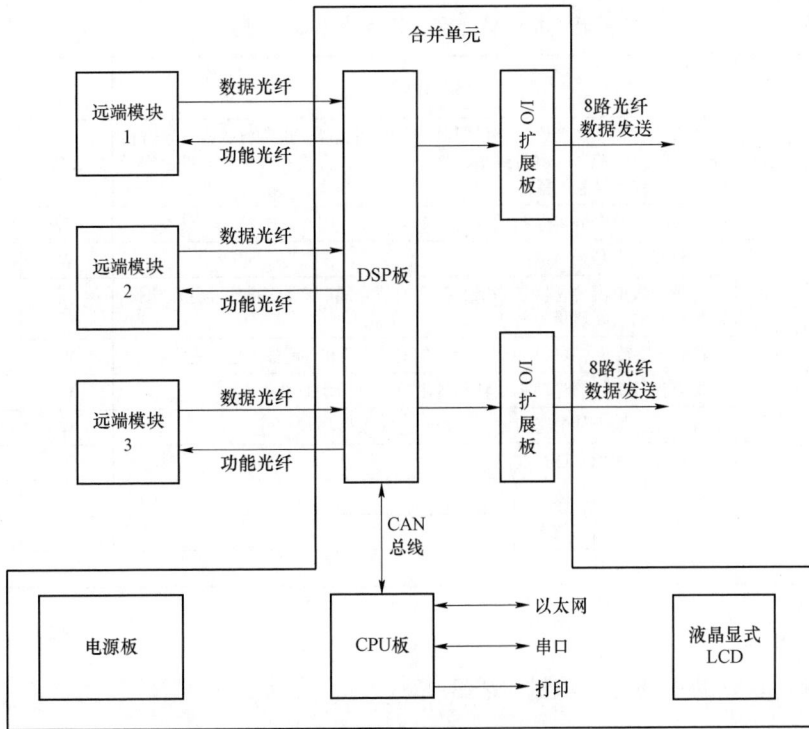

图 3-36　合并单元配置原理图

（2）制造阶段。主要检查原材料及主要零部件的采购合同、技术协议、出厂测试报告。

1）电子式直流电流测量装置主要零部件包括导体、均压环、分流器、光纤、绝缘子、远端模块、合并单元等。

2）电子式直流电压测量装置主要零部件包括均压电容器、分压电阻器、均压环、绝缘子、绝缘气体、远端模块、合并单元（或电子模块）等。

（3）试验。重点对直流测量装置进行准确度试验、频率特性试验、一次端交/直流耐压试验等。试验电压测量准确度应符合要求，特别注意测量分压器的分压比的调整和锁定。核查每次试验时试验电压显示值与要求值的偏差。查看所有试验项目的试验结果是否满足产品的技术要求，并密切注意试验过程中的异常现象（如放电声，可闻、可见电晕，电压、电流的波形变化，渗漏水）等。

（4）包装发运。

1）在直流测量装置包装发运前，监造人员应检查产品外观、核对铭牌，检查附带的文件资料、合格证等数量是否准确。

2）检查所有预装配过的附件是否已做明显配装标记。

3）检查装箱运输的防水、防潮措施。

4）了解押运及有关交接事宜。

直流测量装置的监造关键点设置见表 3-27。

表 3-27   直流测量装置监造关键点设置表（部分）

序号	项目	监造内容	见证方式	备注
1	原材料和组部件检验	查看原材料和主要组部件供应商资质证明文件、进货检验报告及合格证等，包括分流器、测量线圈、复合绝缘子、金具和导体、光纤、密封件、标准件（螺栓）等	R/W	
		采集模块及合并单元测试	R/W	自产时适用
2	制造过程质量监督	检查零部件是否清洁	W	
		检查一次电流传感器（绕组）组件的信号线、螺钉力矩、测量线圈、密封结构的安装质量	W	
		检查一次转换器（采集模块）组件的安装质量和备用数量是否满足要求	W	
		检查光纤组件的光功率衰耗和备用数量是否满足要求	W	
		检查主绝缘组件的密封结构、螺钉力矩安装质量	W	
3	例行试验	出线端子标识验证	W	
		直流耐压及局部放电试验	W	
		交流耐压及局部放电试验	W	
		测量精度检查	W	

3. 运维项目

直流测量装置的主要运维项目见表 3-28。

表 3-28   直流测量装置主要运维项目

序号	项目	要求	周期
日常巡视要求			
1	主体检查	（1）金属部件检查：所有金属部件无锈蚀、发热、变色现象。 （2）接地扁铁：接地扁铁接地良好，无锈蚀。 （3）复合绝缘子检查：绝缘子伞群无明显污垢，无放电闪络和爬电现象，无明显损伤、丝状裂纹。 （4）底座的接地良好，无裂纹、锈蚀。 （5）螺栓及插销无松动、脱落、变形、锈蚀。 （6）运行声响检查：内部无放电声和其他噪声，现场无异常气味。 （7）SF_6 气体泄漏检查：直流分压器气体压力表指示正常，指示值在规程规定范围内（额定气压 0.35MPa，报警压力 0.3MPa，闭锁压力 0.22MPa）。SF_6 表计盒无凝露、受潮迹象	1 次/4d
2	红外、紫外检查	记录接头红外测温异常发热情况，重点区分连接线与分压器内部过热，发现异常时保存红外测温图片	1 次/月
		紫外巡视本体及各导线连接处有无放电点	1 次/月
专业巡维要求			
1	红外、紫外检查	（1）采用红外热成像仪进行检查，若发现发热异常，应认真查明原因并及早处理，防止缺陷扩大。 （2）采用紫外成像仪检查连接线部分是否有放电点	1 次/2 月
2	数据分析	对记录的红外测温、SF_6 气体压力等数据进行分析，明确是否存在进一步恶化的趋势	1 次/年

4. 常见故障及处理

直流测量装置的异常及故障处理按照以下规定执行：

（1）应该立即检查事件记录，检查控制保护设备有无异常，并安排人员现场检查保护区内的一次设备有无异常。

（2）现场检查电子式测量装置表面外观有无破损、变形、异常声响等情况，如有紧急情况应立即汇报相关调度，并通知检修人员到现场处理。

第4章 ±800kV 多端混合直流输电系统控制保护主设备

4.1 多端混合直流输电控制系统分层

以昆柳龙±800kV 多端混合直流输电系统为例，其控制系统可分为系统层、区域层、高压直流双极控制层、高压直流极控制层、换流器控制层和换流阀控制层。物理上，控制功能尽可能地配置到较低的控制层次。与双极功能有关的装置尽可能地分到极控制和换流器控制层，使得与双极功能有关的装置数量减至最少，当发生任何单重电路故障时，不会使两个极都受到扰动。多端混合直流输电控制系统分层结构如图 4-1 所示。

图 4-1 中每一个换流器控制单元实现对一个换流器单元的控制。

（1）换流阀控制层：对各个阀分别设置的等级最低的控制层次，由阀控制单元构成。

（2）换流器控制层：直流输电系统一个换流器单元的控制层次，用于换流器的控制。

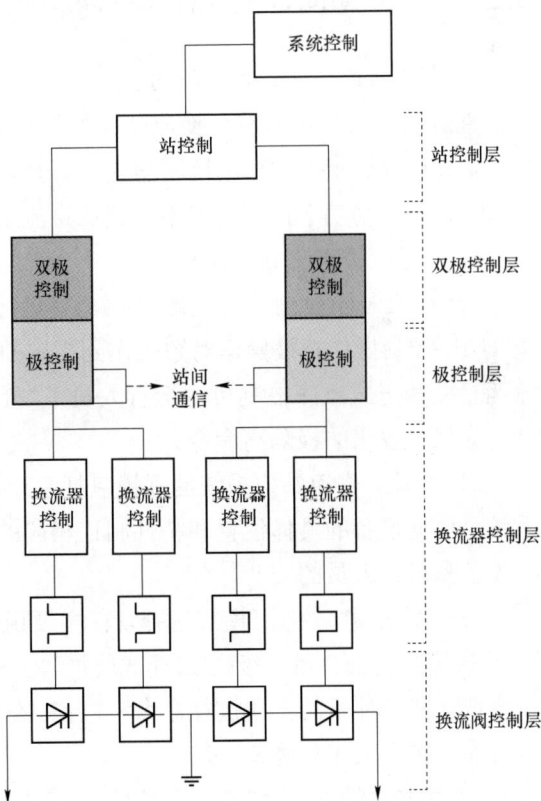

图 4-1 多端混合直流输电控制系统分层结构示意图

（3）极控制层：直流输电系统一个极的控制层次。极控制层的主要功能有：① 经计算向换流器控制级提供电流整定值，控制直流输电系统的电流，主控制站的电流整定值由功率控制单元给定或人工设置，并通过通信设备传送到从控制站；② 直流输电功率控制；③ 极启动和停运控制；④ 故障处理控制；⑤ 各换流站同一极之间的通信，包括电流整定值和其他连续控制信息的传输、交直流设备运行状态信息和测量值的传输等。

（4）双极控制层：双极直流输电系统中同时控制两个极的控制层次，与双极控制有关的功能都分设到了极控制层实现。其主要功能有：① 设定双极的功率定值；② 两极电流平衡控制；③ 极间功率转移控制；④ 换流站后备无功功率控制及后备多端协调控制等。

（5）站控制层：直流输电控制系统中级别最高的控制层次。该工程中除交流站控外，设立独立的直流站控。直流站控的主要功能包括：① 多端协调控制；② 全站无功功率控制；③ 极层、双极层的直流顺序控制、联锁等；④ 其他功能。

4.2 基于 MMC 换流技术的换流站控制保护设备

4.2.1 基于 MMC 换流技术的换流站控制设备

1. 直流站控系统配置、结构、功能

直流站控系统作为整个换流站控制保护系统的一部分，负责站一层的直流系统的控制，完成与双极相关的直流控制功能。由于柔性直流输电 MMC 站不配置交流滤波器，因此 MMC 站无功功率控制功能不配置在直流站控中。直流站控系统功能配置如下。

（1）极/双极直流顺序控制。

1）直流顺序控制。直流顺序控制有运行接线方式顺序控制与极状态顺序控制两大类。顺序控制操作把被操作对象操作到指定的状态，以使接线方式状态达到预期目标。直流运行接线方式顺序控制可由运行人员下发启动命令启动，也可由其他自动控制功能启动，如保护发出的极隔离命令。

2）联锁。直流站控系统的联锁包括主设备联锁和顺序操作联锁两大部分，直流站控系统会根据设备的具体位置和特性制订相应的联闭锁逻辑，对不安全操作进行闭锁，以保证设备和运行人员的安全。

（2）模式顺序控制。模式选择功能主要用于完成对直流运行模式的转换控制，包括主控/从控模式转换、系统级/站级模式转换等。模式间的相互转换可以根据运行人员的手动命令或一些条件下的自动执行命令来进行。在模式转换时，依据模式转换控制逻辑进行安全可靠的转换操作与协调。

1）主控/从控模式转换。主控/从控模式是针对一个换流站双极系统的模式状态，而非单极的状态。主控站为协调各站进行相关操作的换流站，可以在各站之间进行切换。

2）系统级/站级模式转换。系统级/站级模式是针对双极直流系统的模式状态，而非针对单极的，双极始终保持相同的系统级/站级状态。系统级/站级模式的转换可以根据运行人员的手动命令或某些条件下的自动执行命令来进行。系统级/站级模式的转换只能在稳态下进行，功率升降过程中不允许进行系统级/站级切换。

（3）站间通信。极控制系统采用了站间两两通信的直流远动系统方案，构成通信闭环。以昆柳龙多端混合直流输电工程为例，站间通信系统结构如图 4-2 所示。

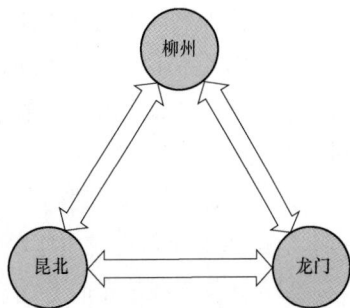

图 4-2　站间通信系统结构示意图

当两个站之间的通信丢失时，这两个站之间的站间通信信号将通过另外一个站进行续传，此时对控制保护设备来说认为处于站间通信正常状态。以 PCP 为例，在站间通信均正常的情况下，昆北站和柳州站间传输的数据为 DATA1，昆北站和龙门站间传输的数据为 DATA2，柳州站和龙门站间传输的数据为 DATA3，假设昆北站与柳州站的通信丢失，PCP 将会将切换数据传输模式，DATA1 会通过昆北—龙门—柳州的站间通信通道进行续传。两站站间通信故障情况下的数据传输模式如图 4-3 所示。

双极直流系统中极 1 和极 2 均具有各自的远动系统，在连接到 2M 接口通信适配设备以前，它们是相互独立的。每个极都需要四个通道，分别作为与另外两个站通信的主通道和备用通道。对于两个站之间的通信来说，为了保证两个极的站间通信系统的可靠性，一般会设置一个极的主通道和另一个极的备用通道共用同一路光纤。这样当某一路光纤故障时，只有一个极的主通道受到影响。

（4）其他功能。该工程在直流站控中配置直流线路故障重启协调控制功能，双极直流系统的直流线路故障重启协调控制一般遵循如下原则：

1）某一直流极重启期间，禁止另外一极的直流线路故障重启功能；

2）某一极重启成功后，一段时间内禁止另外一极的直流线路故障重启功能。

除以上情况外，各极直流线路故障重启功能可以正常启动。

2. 极层、双极层控制系统配置、结构、功能

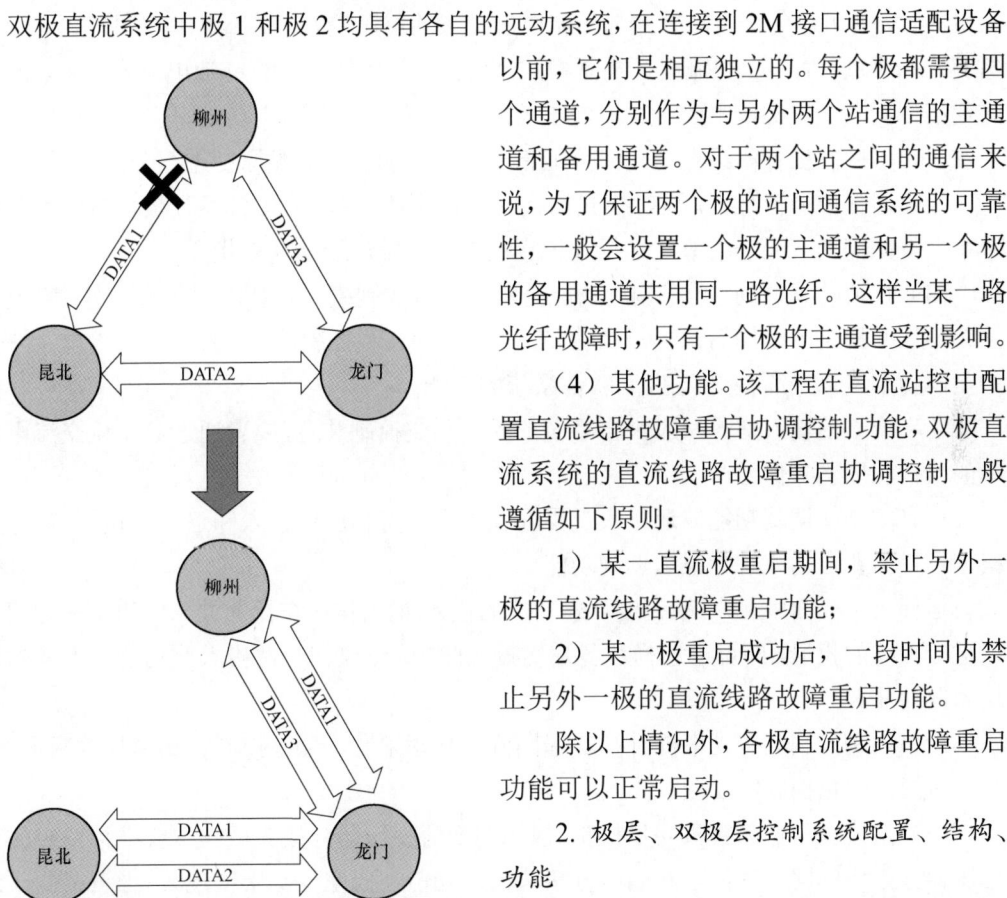

图 4-3　两站站间通信故障情况下的数据传输模式

PCP 实现极和双极一层的所有控制功

能。为提高系统可靠性，极控主机中还设置了多端协调控制功能，主要功能配置如下。

（1）多端协调控制。协调控制主要对各站的有功功率/电流进行协调。多端协调控制功能应当在三个站均配置，在任意时刻仅有一个作为主站，其余两个站作为从站。协调控制的功能包括但不限于：

1）当受端其中一端由于故障而退出时，调整剩余端的有功功率/电流指令，维持系统的有功功率平衡和直流电压稳定。

2）稳态下对各端的有功功率/电流进行分配，保证各端的功率都在设计容量之内，这又包括功率/电流指令协调、功率/电流指令变化率协调、功率转移策略协调、直流电压控制协调以及稳定控制协调等方面。多端协调控制已在第 3 章介绍。

（2）极功率控制/电流控制（已在第 2 章介绍）。

（3）无功控制。柔性直流输电换流站的无功功率控制模式主要包括交流电压控制和无功功率控制。为了避免无功功率的来回波动或发散，一个站的双极不能同时以交流电压为控制目标。如果双极中有一个极因检修或其他原因未运行，则另外一个极可以根据系统运行需求选择交流电压控制或无功功率控制，全站无功控制由运行极独自承担。双极运行方式下，为了保证双极无功功率协调优化运行，无功功率类控制均针对全站的无功功率进行控制。

同时，为了避免两极同时控制交流电压带来的电压偏差，交流电压控制模式均针对全站交流电压进行控制。交流电压控制模式下，首先由主控极接收交流电压参考值，通过极间通信传到非主控极，主控极交流电压控制外环 PI 产生全站无功功率，非主控单元跟随主控极，再由各极各阀组无功功率分配指令按照无功功率分配原则进行分配。

极间通信故障情况下，运行模式切换为单极无功功率控制，各运行极保持当前无功功率指令；如需调节无功功率，运行人员直接向各极发送无功功率指令。

（4）直流功率调制。功率调制功能是除了基本控制模式和基本控制方式外，直流控制系统设计并提供的附加的调制控制功能。通过附加调制控制功能，影响直流输电系统输送的实际功率，以提高整个交/直流联合系统的性能。

功率调制的输入信号一般来自系统的安全稳定控制装置，或者通过对系统交流电压频率的监视获取输入信号。

所有的功率调制功能在运行人员界面上都设置有相应的投入和退出按钮，供运行人员根据运行需要启动或解除该项调制功能。

运行人员界面中，"功率调制"总功能的投入/退出按钮在昆北站、柳州站和龙门站可以进行独立的投退，即可以选择在各站均投入此功能、仅在一站投入此功能或者各站均不投入此功能。

功率调制控制具有功率提升、功率回降、功率限制、频率控制、功率摇摆阻尼控制、次同步振荡阻尼控制等功能。

（5）换流变压器分接头同步控制。极层的换流变压器分接头控制主要维持双极的换流变压器分接头的同步功能（双阀组分接头同步功能在阀组控制中实现）。当双极四阀组运行，双极均为双极功率控制，且分接头控制模式相同（LCC 侧均为角度控制或者 U_{di0} 控制，MMC 侧均为阀侧电压控制或者调制比控制），当发现本极的控制目标（角度、U_{di0}、阀侧电压、调制比）越限，且双极的挡位（极的挡位为本极两阀组挡位平均值）相差为一挡时，则极间的挡位同步功能启动，本极将会调整挡位，与另一极同步。

（6）站间、极间通信。

3. 阀组层控制系统配置、结构、功能

MMC 阀组 G1 控制主机和 MMC 阀组 G2 控制主机功能相同，分别用于阀组 G1、G2 的控制，阀组 G1、G2 各自对应的换流变压器分接头控制以及阀组 G1、G2 各自旁路开关的控制。控制主机主要包括以下功能模块：

（1）内外环控制（已在第 2 章介绍）。

（2）电压/功率外环控制（已在第 2 章介绍）。

（3）投退顺序控制（已在第 2 章介绍）。

（4）换流变压器分接头控制。

换流器控制系统中的分接头控制承担单个换流器的分接头控制任务。

LCC 站换流变压器分接头控制以维持 LCC 换流器理想空载电压 U_{di0} 恒定或者触发角恒定为目标，MMC 站则以维持 MMC 换流器阀侧电压或调制比恒定为目标。正常工况下，LCC 站换流变压器分接头控制设置为角度控制，以维持换流器触发角恒定为目标；MMC 站换流变压器分接头控制设置为电压控制，以维持换流器阀侧电压恒定为目标。

4. 交流站控系统配置、结构、功能

交流站控系统作为整个换流站控制保护系统的一部分，完成换流站内 500kV 交流场设备的监视和控制功能，其主要功能如下。

（1）交流场控制、监视功能。

1）交流站控系统能够接收来自运行人员控制系统或远动系统的控制命令信号，完成下述（至少包括，但不限于）控制和操作：

a. 本站交流场内所有断路器、隔离开关和接地开关的分/合操作；

b. 控制、监视功能均设计有安全可靠的联锁功能，以保证系统及设备的正常运行和运行人员的人身安全；

c. 从控制位置的层次上讲，站控系统的所有控制功能在远方调度中心、换流站主控室、就地控制位置和设备就地这 4 个级别上来完成；系统控制功能的优先级设计为分层结构上越低的位置，其控制优先级越高。

2）交流站控系统内完成交流场所有信号的采集、汇总，上传至运行人员控制系统上进行监视，至少包括但不限于下述各项：

a. 全站交流系统所有一次设备的运行状态（如断路器、隔离开关、接地开关的分/合）；

b. 全站交流系统所有一次系统回路、支路的运行参数（如电压、电流、功率等）；

c. 站用电及辅助系统的运行状态和运行参数；

d. 站控系统内部所产生的事件（包括告警和故障）；

e. 在线谐波监视检测的结果；

f. 站控系统自身的运行状态。

（2）隔离开关、接地开关、交流断路器的联锁。联锁包括硬件联锁和软件联锁，其中硬件联锁的种类包括机械联锁和电气联锁等；软件联锁是在交流站控系统主机的控制软件中实现的，在站控系统对开关设备进行操作时起作用。一般机械联锁由一次开关设备自身来实现。

联锁在各个操作层次均能实现，包括远方调度中心、运行人员工作站、就地小室及设备就地。其优先级别（从高到低）依次为设备就地、就地保护小室、运行人员工作站、远方调度中心。在运行人员工作站层，可以对所有的交流场涉及的断路器、隔离开关进行操作（仅具有手动操作功能的断路器、隔离开关除外）。交流场的断路器、隔离开关可以在就地控制屏上采用安装在工控机里面的就地控制模块操作；该模块调用信号与发出命令都是用作和站控系统主机中的控制程序进行通信，其联锁条件就是在控制程序中实现的软件联锁。设备就地操作分为手动和电动，其联锁由硬件联锁来实现。联锁系统的功能可在最低的控制层次完成，以保证即使设备处于就地小室控制时，联锁也能有效地执行。各操作位置的切换逻辑保证任一时间只有一个操作位置的命令有效，并闭锁其他操作位置发出的操作命令。联锁的主要依据是满足"五防"要求：① 防止带负荷分、合隔离开关；② 防止误分、误合断路器、隔离开关；③ 防止接地开关处于闭合位置时分、合隔离开关；④ 防止在带电时误合接地开关；⑤ 防止误入带电间隔。

1）隔离开关的联锁。一般隔离开关操作时的联锁条件如下。

a. 打开。打开一个隔离开关的条件一般只需要与其相邻的断路器分开即可。

b. 闭合。闭合隔离开关通常要满足以下几个条件：最近的断路器处于分位；隔离开关两端的接地开关必须处于分位，且如果有断路器和该隔离开关串联在一起，该断路器两端的接地开关必须处于分位。

2）接地开关的联锁。一般接地开关的联锁条件如下。

a. 打开：始终允许。

b. 闭合：接地开关两边所连线路上最近的隔离开关均打开。

3）交流断路器的联锁。目前高压交流断路器一般采用 SF_6 断路器，对于这种交流断路器，打开的联锁条件一般比较简单。

a. 打开。从测量 I/O 接口上送的断路器本体状态信号无闭锁分闸故障。

b. 闭合。闭合要求的条件要严格一些，具体包括以下几个要求：断路器两侧的隔离开关必须处于同一状态，即同为分位或者同为合位；从测量 I/O 接口上送的断路器本体信号无闭锁合闸故障；如果同一个换流站的交流场需要与好几个电网连接，在闭合连接的交流断路器时可能会需要判断周期。

5. 站用电控制系统配置、结构、功能

站用电控制系统作为整个换流站控制保护系统的一部分，完成换流站内站用电系统设备的监视和控制等功能，其主要功能有：

（1）站用电设备的控制、监视功能；

（2）断路器、隔离开关、接地开关的联锁；

（3）站用电的备自投（备用电源自动投入）功能；

（4）通信功能。

其功能与交流站控系统类似，此处不再赘述。

4.2.2 基于 MMC 换流技术的换流站保护设备

1. 直流线路保护配置、功能

直流线路保护的目的是防止线路故障达到直流换流站内设备的过应力，以及整个系统的运行，至少具有对如下故障进行保护的功能：

（1）直流输电线路的金属性短路；

（2）直流输电线路的高阻接地故障；

（3）直流输电线路的开路故障；

（4）与另一极直流线路碰接；

（5）与其他交流输电线路碰接的故障；

（6）金属回线故障；

（7）HSS 故障（仅柳州站柳龙线 HSS）。

根据不同的故障类型，直流线路保护系统采取不同的故障清除措施，具体出口动作处理策略类型如下：

（1）直流紧急停运；

（2）柔性直流输电站跳交流侧断路器（同时锁定交流断路器，并启动断路器失灵保护及闭锁重合闸）；

（3）重合 HSS。

柳州站直流线路保护区域如图 4-4 所示，其包括昆北站直流出线上的直流电流互感器和柳州站昆柳线的直流电流互感器之间的直流导线和所有设备、柳州站汇流母线上所有的导线和设备、柳州站柳龙线的直流电流互感器和龙门站直流出线上的直流电流互感器之间的直流导线和所有设备（见图 4-4 中区域 1、区域 2、区域 3）。

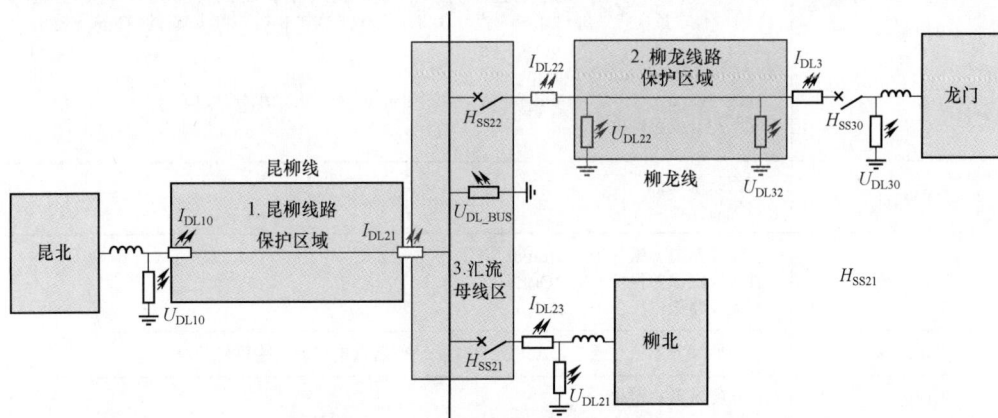

图 4-4 柳州站直流线路保护区域示意图

以柳州站直流线路保护为例，其保护种类及其所用测点信号如图4-5所示。

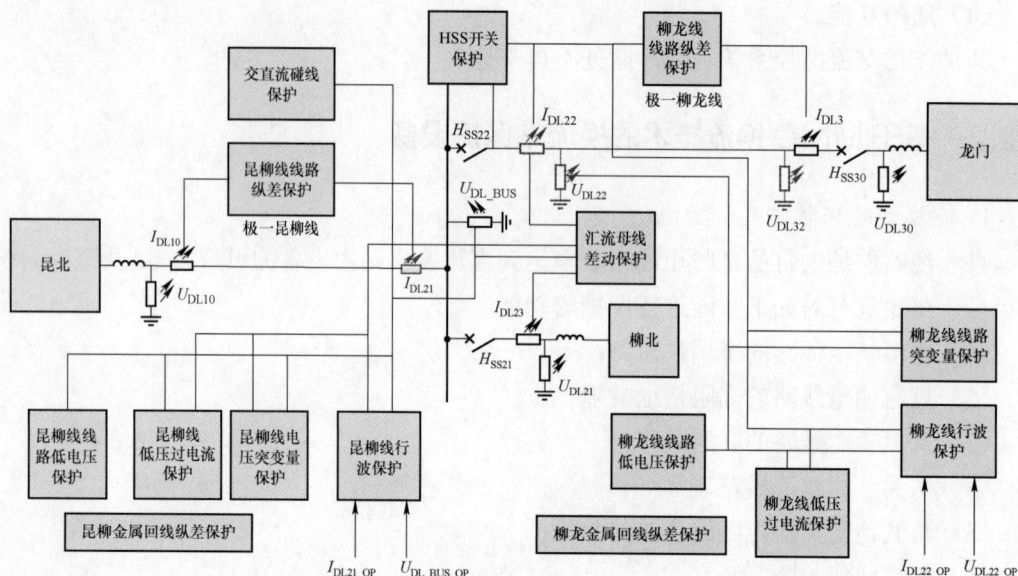

图4-5　柳州直流线路保护种类及其所用测点信号示意图

柳州站直流线路保护包括昆北—柳州线路保护和柳州—龙门线路保护，这两条线路的保护配置在一台主机的不同板卡中。柳州站直流线路保护具体配置见表 4-1～表4-8。

表4-1　　　　　　　　　　直流线路行波保护（WFPDL）

保护区域	直流线路
保护名称	直流线路行波保护
保护的故障	直流线路上的金属性接地故障
保护原理	当直流线路发生故障时，相当于在故障点叠加了一个反向电源，这个反向电源造成的影响以行波的方式向两站传播。保护通过检测行波的特征来检出线路的故障。 反向行波：b（t）=Z*delta（IdL（t））－delta（UdL（t））。式中：delta（.）表示微分计算。 极1、极2反向行波经过相模变换，获得线模行波 Diff_b（t）和共模行波 Com_b（t）。 delta（Com_b（t））＞Com_dt_set； integ（Diff_b（t））＞Dif_int_set； integ（Com_b（t））＞Com_int_set。其中：integ（.）表示积分计算。 此保护分线路配置
保护配合	交流系统保护； 系统启停
后备保护	直流线路突变量保护（27du/dt）； 直流线路纵差保护（87DCLL）； 直流线路低电压保护（27DCL）
是否依靠通信	保护原理并不依靠通信，柳州站此保护动作后直接启动线路重启逻辑
出口方式	启动线路重启逻辑

表 4-2　　　　　　　　　　　　**直流线路突变量保护（27d*u*/d*t*）**

保护区域	直流线路
保护名称	直流线路突变量保护
保护的故障	直流线路上的金属性接地故障
保护原理	当直流线路发生故障时，会造成直流电压的跌落。故障位置不同，电压跌落的速度也不同。通过对电压跌落的速度进行判断，可以检测出直流线路上的故障。 delta（UdL（t））＜dU_set； ｜UdL｜＜U_set。 此保护分线路配置
保护配合	交流系统保护； 系统启停
后备保护	直流线路行波保护（WFPDL）； 直流线路纵差保护（87DCLL）； 直流线路低电压保护（27DCL）
是否依靠通信	保护原理并不依靠通信，柳州站此保护动作后直接启动线路重启逻辑
出口方式	启动线路重启逻辑

表 4-3　　　　　　　　　　　　**直流线路低电压保护（27DCL）**

保护区域	直流线路
保护名称	直流线路低电压保护
保护的故障	直流线路上的金属性和高阻接地故障。主要用于线路再启动后，电压建立过程中仍然存在的线路故障
保护原理	当直流线路发生故障时，会造成直流电压无法维持。通过对直流电压的检测，如果发现直流电压过低且持续一定的时间，判断为直流线路故障。 ｜UdL｜＜U_set
保护配合	交流系统保护； 换相失败预测与保护； 系统启停
后备保护	直流线路纵差保护（87DCLL）
是否依靠通信	该保护需排除其他原因引起的直流电压降低，例如是否发生交流系统故障等。在通信正常时，接收对站是否有交流系统故障的信号。当通信中断后，如果是单极运行方式，保护动作延时加长，与对站交流故障切除时间配合；如果是双极运行方式，则同时检测另一极直流电压（判别是否对站发生交流系统故障）。确保直流线路故障时，该保护才动作。 通信故障下，柳州站 27DCL 不退出
出口方式	启动线路重启逻辑。跳闸段（站间通信故障）极层 YESOF、跳换流变开关、锁定换流变开关、极隔离命令

表 4-4　　　　　　　　　　　　**直流线路纵差保护（87DCLL）**

保护区域	直流线路
保护名称	直流线路纵差保护
保护的故障	直流线路上的金属性和高阻接地故障
保护原理	当直流线路发生故障时，必然造成直流线路两端的电流大小不等。 昆柳线：｜IdL_KB－IdL_KB_Fosta｜＞max（I_set，k_set*IdL）；式中：IdL_KB 为柳州站昆柳线直流电流，IdL_KB_Fosta 为昆北站直流线路电流（通过站间通信通道传递）。 柳龙线：｜IdL_LM－IdL_LM_Fosta｜＞max（I_set，k_set*IdL）；式中：IdL_LM 为柳州站柳龙线直流电流，IdL_LM_Fosta 为龙门站直流线路电流（通过站间通信通道传递）

保护配合	交流系统保护； 系统启停
后备保护	本身为后备保护
是否依靠通信	完全依靠通信。站间通信故障时，将闭锁本保护
出口方式	分报警和动作段。动作后启动线路重启逻辑

表 4-5　　　　　　　　　交直流碰线保护（81-I/U）

保护区域	直流线路
保护名称	交直流碰线保护
保护的故障	交直流线路碰接造成的故障
保护原理	UdL_50Hz>UdL_50Hzset & IdL_50Hz>IdL_50Hz_set； 或 IDL>IDL_set & IdL_50Hz>IdL_50Hz_set
保护配合	无
后备保护	无
是否依靠通信	否
出口方式	动作后，立即极层 ESOF、跳/锁定换流变压器开关等

表 4-6　　　　　　　　　汇流母线差动保护（87DCB）

保护区域	柳州站汇流母线
保护名称	汇流母线差动保护
保护的故障	柳州站汇流母线区的接地故障
保护原理	第Ⅰ段：|IDL_BUS-IDL_KL-IDL_LL|>I_set & UDL_BUS<U_set； 第Ⅱ段：|IDL_BUS-IDL_KL-IDL_LL|>I_set； 其中：IDL_BUS 为柳州站极母线电流，IDL_KL 为柳州站昆柳线电流，IDL_LL 为柳州站柳龙线电流，UDL_BUS 为汇流母线电压
保护配合	与一次设备的过电流能力配合
后备保护	无
是否依靠通信	否
出口方式	启动极层 ESOF 闭锁三站；跳/锁定换流变压器开关等

表 4-7　　　　　　　　　金属回线纵差保护（87MRL）

保护区域	金属返回线路
保护名称	金属回线纵差保护
保护的故障	金属返回线路的接地故障
保护原理	|IdL_OP-IdL_OP_ost|>I_set； IdL_OP 和 IdL_OP_ost 为对极直流电流和对极对站直流电流。 注：昆柳线路金属回线纵差保护的 IdL_OP_ost 取昆北站对极电流；柳龙线路金属回线纵差保护 IdL_OP_ost 取龙门站对极电流

续表

保护段数	1
后备保护	与对站极差动保护配合，与线路保护配合，金属回线运行时保护投入
是否依靠通信	完全依靠通信。站间通信故障时，将闭锁本保护
保护动作后果	重启； 重启不成功极层 ESOF

表 4－8　　　　　　　　　高速开关保护（82－HSS）

保护区域	柳龙线 HSS
保护名称	高速开关保护
保护的故障	HSS 断弧失败及偷跳
保护原理	在发出 HSS 分闸命令或 HSS 指示合位消失后，满足|IdL_LL|>I_set，保护动作
保护配合	与开关分开时间配合
后备保护	无
是否依靠通信	否
出口方式	重合 HSS

2. 直流极保护配置、功能

直流极保护的目的是防止危害直流换流站内设备的过应力，以及危害整个系统（含交流系统）运行的故障，至少具有对如下故障进行保护的功能：

（1）直流场内设备故障，闪络或接地故障；

（2）金属回线故障（含开路、对地短路故障）；

（3）接地极引线开路或对地短路故障；

（4）直流套管至直流线路出口间极母线短路故障；

（5）中性母线开路或对地故障；

（6）平波电抗器故障；

（7）直流高速开关（MRTB、HSNBS、MRS、NBGS、HSS）分断时不能断弧的故障；

（8）换流站接地极过流危害。

根据不同的故障类型，直流极保护系统采取不同的故障清除措施，具体出口动作处理策略类型如下：

（1）直流紧急停运（ESOF）；

（2）换流器闭锁；

（3）跳交流侧断路器（同时锁定交流断路器，并启动断路器失灵保护，闭锁重合闸）；

（4）功率回降（RUNBACK）；

（5）极隔离；

（6）重合高速开关（HSS）；

（7）合中性母线接地开关（NBGS）；

（8）重合高速中性母线开关（HSNBS）；

（9）重合中性母线接地开关（NBGS）；

（10）重合金属回线转换开关（MRTB）；

（11）重合金属回线开关（MRS）；

（12）极平衡。

柳州站极保护的保护区域划分如图 4-6 所示。

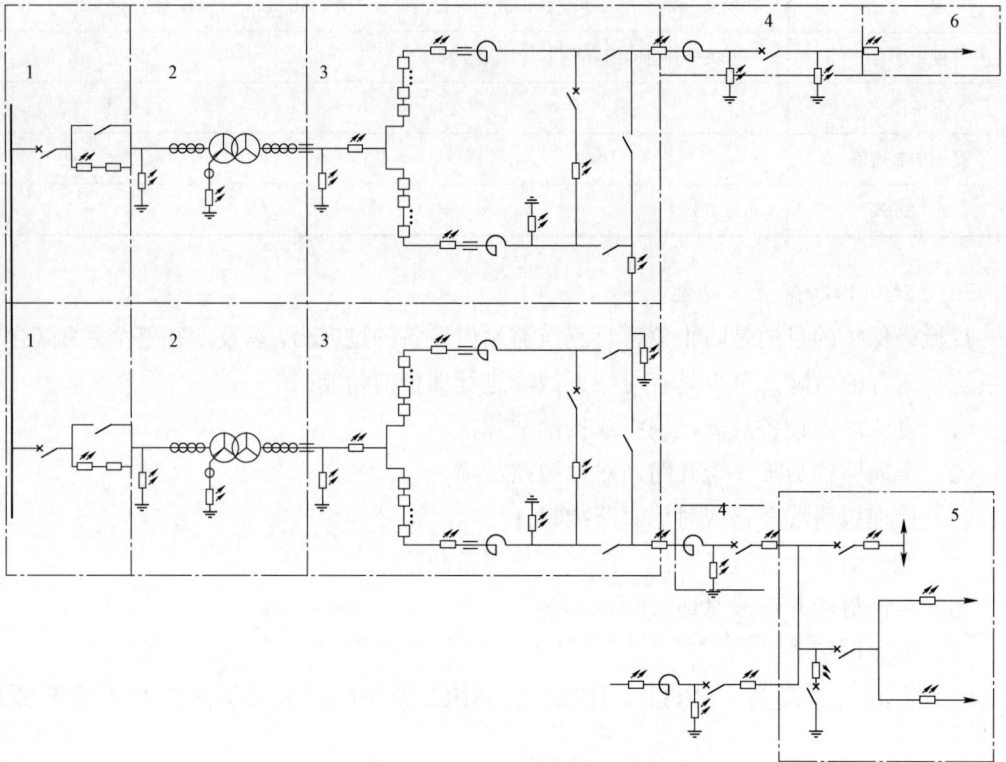

图 4-6　柳州站极保护区域划分示意图

1—交流连接线保护区；2—变压器保护区；3—换流器保护区；4—直流极保护区；

5—双极保护区；6—直流线路保护区

直流极母线保护（或称直流开关场高压保护）区域包括从阀厅高压直流穿墙套管至直流出线上的直流电流互感器之间的所有极设备和母线设备（包括平波电抗器，不包括直流滤波器设备）。

极中性母线保护区域包括从阀厅低压直流穿墙套管至接地极引线连接点之间的所有

设备和母线设备，含高速中性母线（HSNBS）保护。

双极保护(包括接地极引线保护)区域从双极中性母线的电流互感器到接地极连接点，含直流高速开关（MRTB、MRS、NBGS）保护。双极中性母线和接地极引线是两个极的公共部分，其保护没有死区，以保证对双极利用率的影响减至最小。

（1）极区保护（包括高压母线区、中性母线区）。以柳州站的极区保护为例，极区保护种类及其所用测点信号如图 4-7 所示，其具体保护配置见表 4-9～表 4-15。

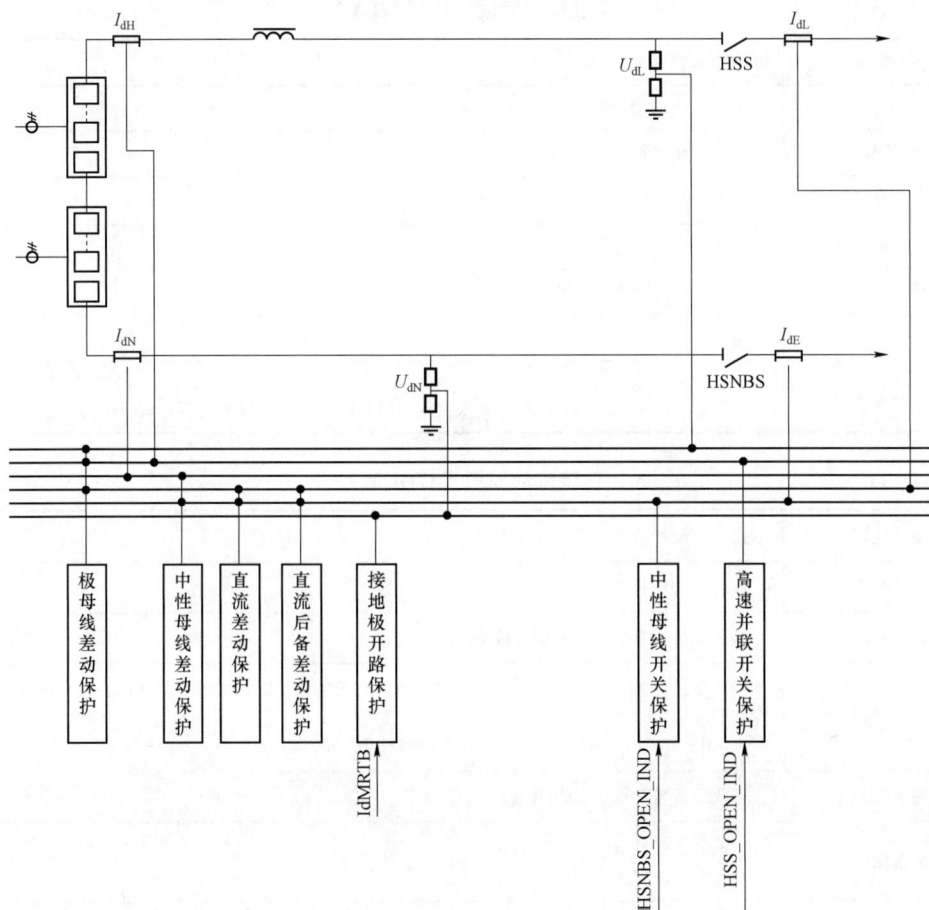

图 4-7　极区保护种类及其所用测点信号示意图

表 4-9　　　　　　　　　　　　　极母线差动保护（87HV）

保护区域	极母线
保护名称	极母线差动保护
保护的故障	高压直流母线接地故障
保护原理	$\lvert IdH - IdL \rvert > \max(I\_set,\ k\_set*\max(IdH,\ IdL))$。 快速段增加直流电压低判据：$UdL < U\_set$，固有动作延时 7ms。 保护定值（门槛值和延时值）应躲过直流滤波器电流（正常运行和故障期间）

保护配合	直流后备差动保护（87DCB）
后备保护	直流后备差动保护（87DCB）； 直流低电压保护（27DC）
是否依靠通信	否
出口方式	分报警段和动作段； 动作后立即 ESOF 闭锁三站、跳/锁定换流变压器断路器、进行极隔离等

表 4-10   **中性母线差动保护（87LV）**

保护区域	中性母线
保护名称	中性母线差动保护
保护的故障	中性母线接地故障
保护原理	$\mid IdN-IdE \mid > I\_set+k\_set*max（IdN，IdE）$
保护配合	直流后备差动保护（87DCB）
后备保护	直流后备差动保护（87DCB）
是否依靠通信	否
出口方式	分报警段和动作段； 动作后立即 ESOF、立即跳/锁定换流变压器断路器、进行极隔离等

表 4-11   **直流差动保护（87DCM）**

保护区域	换流阀及换流变压器阀侧绕组
保护名称	直流差动保护
保护的故障	阀组及换流变压器阀侧绕组接地故障
保护原理	换流器直流差动保护是换流器发生接地故障时的主保护，以换流器高（低）压端电流作为动作判据。 $\mid IdH-IdN \mid > max（I\_set，k\_set*（IdH+IdN）/2）$
保护配合	直流后备差动保护（87DCB）
后备保护	直流后备差动保护（87DCB）； 直流低电压保护（27DC）
是否依靠通信	否
出口方式	分报警段和动作段； 保护动作后立即 ESOF 立即跳/锁定换流变压器断路器、进行极隔离等

表 4-12   **直流后备差动保护（87DCB）**

保护区域	极区
保护名称	直流后备差动保护
保护的故障	换流器以及直流场的接地故障
保护原理	$\mid IdL-IdE \mid > I\_set+k\_set*IdE$

保护配合	直流差动保护（87DCM）； 极母线差动保护（87HV）； 中性母线差动保护（87LV）
后备保护	本身为后备保护
是否依靠通信	否
出口方式	分报警段和动作段； 动作后，立即 ESOF、立即跳/锁定换流变压器断路器、进行极隔离等

表 4-13　　　　　　　接地极开路保护（59EL）

保护区域	极中性母线区
保护名称	接地极开路保护
保护的故障	接地极线开路造成的过电压
保护原理	保护分四段： Ⅰ段和Ⅱ段带电流判据，可防止感应电压的影响，UdN＞U_set　&（IdLH_OP＜I_set 或｜IdEE1+IdEE2｜＜I_set），其中Ⅰ段仅在双极平衡运行时投入，过电压定值稍低。 Ⅲ段和Ⅳ段仅考虑电压判据 UdN＞U_set，其中Ⅳ段仅在本极闭锁后 5min 内开放
保护配合	与设备的绝缘能力配合
后备保护	冗余系统中的本保护
是否依靠通信	保护原理并不依靠通信，但出口方式与通信有关。 逆变侧极平衡命令需要通过站间通信传送给整流侧极控主机。站间通信故障的情况下，极平衡命令无法得到执行。逆变侧最终会闭锁换流器，并投入旁通对，整流侧通过低电压保护动作闭锁换流器
出口方式	单极运行时，动作后，立即闭锁换流器、立即跳/锁定换流变压器断路器等。 双极运行时，动作后，立即合 NBGS，进行极平衡；如果保护仍然动作，进行换流器闭锁、立即跳/锁定换流变压器断路器等

表 4-14　　　　　　高速中性母线开关保护（82-HSNBS）

保护区域	高速中性母线开关
保护名称	高速中性母线开关保护
保护的故障	在 HSNBS 无法断弧的情况下，重合开关以保护设备
保护原理	高速中性母线开关（HSNBS）指示分闸位置后，满足｜IdE｜＞I_set
保护配合	HSNBS 的开断能力
后备保护	冗余系统中的本保护
是否依靠通信	否
出口方式	重合 HSNBS

表 4-15　　　　　　　高速并联开关保护（82-HSS）

保护区域	柳州站和龙门站极母线上的 HSS
保护名称	高速并联开关保护
保护的故障	在 HSS 无法断弧的情况下，重合开关以保护设备

续表

保护原理	高速并联开关（HSS）指示分闸位置后，满足｜IdH｜>I_set
保护配合	HSS 的开断能力
后备保护	冗余系统中的本保护
是否依靠通信	否
出口方式	重合 HSS

（2）双极区保护（双极连接区、接地极线路、金属回线）。以柳州站的双极区保护为例，双极区保护种类及其所用测点信号如图 4-8 所示，其具体保护配置见表 4-16～表 4-25。

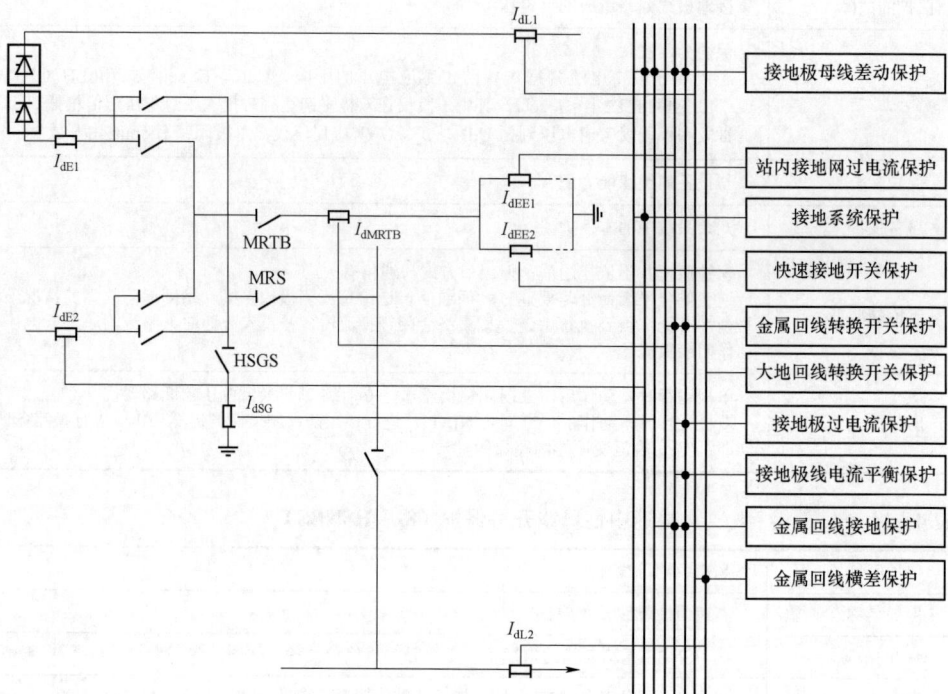

图 4-8　双极区保护种类及其所用测点信号示意图

表 4-16　　　　　　　　接地极母线差动保护（**87EB**）

保护区域	双极中性线连接区
保护名称	接地极母线差动保护
保护的故障	该保护检测接地母线区的接地故障
保护原理	保护判据如下。 单极大地：｜IdE－IdEE1－IdEE2－IdSG｜>I_set+k_set*｜IdE｜。 单极金属：｜IdE－IdL_OP－IdSG｜>I_set+k_set*｜IdE｜。 双极大地：｜IdE－IdE_OP－IdEE1－IdEE2－IdSG｜>I_set+k_set*｜IdE－IdE_OP｜

续表

保护原理自适应性	模拟量根据测点附近的断路器或隔离开关位置取值如下。 IDE：与 Q1、Q11 或 Q2、Q12 有关。 IDE_OP：与 Q1、Q11 或 Q2、Q12 有关。 IDL_OP：与 Q3、Q94 有关。 IDSG：与 Q7 有关。 IDEE1、IDEE2：与 Q5 或 Q4、Q6、Q95 有关
保护配合	与直流系统运行方式有关
后备保护	冗余系统中的本保护（87EB）； 站内接地网过电流保护（76SG）（金属回线方式下）
是否依靠通信	是（逆变侧保护动作求极平衡运行指令依赖于站间通信状况）
出口方式	分报警段、极平衡段和动作段。 双极运行时，动作后，首先进行极平衡；依然动作后立即闭锁换流器、立即跳/锁定换流变压器断路器等［仅针对一个极（控制极）］。 单极运行时（含金属回线运行），动作后，立即闭锁换流器、立即跳/锁定换流变压器断路器等

表 4-17　　　　　　　　　接地极过电流保护（76EL）

保护区域	接地极线
保护名称	接地极过电流保护
保护的故障	接地极线过载
保护原理	｜IdEE1｜>I_set 或 ｜IdEE2｜>I_set
保护原理自适应性	模拟量根据测点附近的断路器或隔离开关位置取值如下。 IDEE1、IDEE2：与 Q5 或 Q4、Q6、Q95 有关
保护配合	与设备的过载能力配合
后备保护	冗余系统中的本保护（76EL）
是否依靠通信	保护原理并不依靠通信，但出口方式与通信有关。 逆变侧极平衡、功率回降命令需要本站极控主机通过站间通信传送给整流侧极控主机。站间通信故障的情况下，逆变侧的上述指令无法通过整流侧极控主机完成，逆变侧最终会闭锁换流器，并投入旁通对，整流侧将通过低电压保护闭锁换流器
出口方式	分报警段、极平衡段、功率回降段和动作段。 双极运行时，动作后，首先进行极平衡；依然动作后立即闭锁换流器、立即跳/锁定换流变压器断路器等［仅针对一个极（控制极）］。 单极运行时，动作后，首先进行功率回降；仍然动作后立即闭锁换流器、立即跳/锁定换流变压器断路器等

表 4-18　　　　　　　　　接地极电流平衡保护（60EL）

保护区域	接地极线
保护名称	接地极电流平衡保护
保护的故障	接地极故障
保护原理	｜IdEE1－IdEE2｜>I_set
保护原理自适应性	模拟量根据测点附近的断路器或隔离开关位置如下。 IDEE1、IDEE2：与 Q5 或 Q4、Q6、Q95 有关

续表

后备保护	冗余系统中的本保护（60EL）
是否依靠通信	保护原理并不依靠通信，但出口方式与通信有关。 逆变侧极平衡需要本站极控主机通过站间通信传送给整流侧极控主机。站间通信故障的情况下，逆变侧的上述指令无法通过整流侧极控主机完成，逆变侧最终会闭锁换流器，并投入旁通对，整流侧将通过低电压保护闭锁换流器。 本站重启动命令需要本站极控主机通过站间通信传送给其他两站的极控主机。站间通信故障的情况下，重启动指令将无法完成
出口方式	分报警、系统重启动段、极平衡段和动作段。 双极运行时，动作后，首先进行极平衡；依然动作后立即闭锁换流器、立即跳/锁定换流变压器断路器等［仅针对一个极（控制极）］。 单极运行时，动作后，首先进行再启动，仍然动作后立即闭锁换流器、立即跳/锁定换流变压器断路器等

表 4-19　　　　　站内接地网过电流保护（76SG）

保护区域	站接地网
保护名称	站内接地网过电流保护
保护的故障	保护站接地网，防止过大的接地电流对站接地网造成的破坏
保护原理	｜IdSG｜>I_set
保护原理自适应性	模拟量根据测点附近的断路器或隔离开关位置如下。 IDSG：与 Q7 有关
保护配合	运行方式
后备保护	冗余系统中的本保护（76SG）； 接地系统保护（87GSP）
是否依靠通信	保护原理并不依靠通信，但出口方式与通信有关。 逆变侧极平衡命令需要本站极控主机通过站间通信传送给整流侧极控主机。站间通信故障的情况下，极平衡指令无法通过整流侧极控主机完成，逆变侧最终会闭锁换流器，并投入旁通对，整流侧将通过低电压保护闭锁换流器
出口方式	分报警段、极平衡段和动作段。 双极运行时，动作后，首先进行极平衡；依然动作后立即闭锁换流器、立即跳/锁定换流变压器开关等［仅针对一个极（控制极）］。 单极运行时（含金属回线运行），动作后，立即闭锁换流器、立即跳/锁定换流变压器断路器等

表 4-20　　　　　　接地系统保护（87GSP）

保护区域	站接地网
保护名称	接地系统保护
保护的故障	保护站接地网，防止过大的接地电流对站接地网造成的破坏
保护原理	仅在双极平衡运行，以及中性母线接地开关（NBGS）合上时投入。 ｜IdE-IdE_OP｜>I_set
保护原理自适应性	模拟量根据测点附近的断路器或隔离开关位置如下。 IDE：与 Q1、Q11 或 Q2、Q12 有关。 IDE_OP：与 Q1、Q11 或 Q2、Q12 有关
保护配合	运行方式

后备保护	本身为后备保护； 冗余系统中的本保护（87GSP）
是否依靠通信	否
出口方式	动作后，立即闭锁换流器、立即跳/锁定换流变压器断路器等

表 4－21　金属回线接地保护（51MRGF）

保护区域	金属回线
保护名称	金属回线接地保护
保护的故障	保护金属回线运行时金属回线的接地故障
保护原理	$\mid IdSG+IdEE1+IdEE2 \mid > I\_set+k\_set*IdE$
保护原理自适应性	模拟量根据测点附近的断路器或隔离开关位置如下。 IDSG：与 Q7 有关。 IDEE1、IDEE2：与 Q5 或 Q4、Q6、Q95 有关
保护配合	直流线路横差保护（87DCLT）； 金属回线纵差保护（87MRL）； 站内接地网过电流保护（76SG）
后备保护	冗余系统中的本保护（51MRGF）
是否依靠通信	否
出口方式	动作后，立即闭锁换流器、立即跳/锁定换流变压器断路器、进行极隔离等

表 4－22　中性母线接地开关保护（82－NBGS）

保护区域	接地开关
保护名称	中性母线接地开关保护
保护的故障	该保护检测开关（NBGS）断弧失败
保护原理	开关（NBGS）指示分闸位置后，满足 $\mid IdSG \mid > I\_set$
保护配合	NBGS 的开断能力
后备保护	冗余系统中的本保护（82－NBGS）
是否依靠通信	否
出口方式	动作后，立即重合开关（NBGS）

表 4－23　金属回线转换开关保护（82－MRTB）

保护区域	金属回线转换开关
保护名称	金属回线转换开关保护
保护的故障	该保护检测 MRTB 在大地金属方式转换过程中的异常，以保护开关
保护原理	MRTB 指示分闸位置后，满足 $\mid IdMRTB \mid > I\_set1$ 或 $\mid IdEE1+IdEE2 \mid > I\_set1$
保护配合	MRTB 的开断能力
后备保护	冗余系统中的本保护（82－MRTB）

是否依靠通信	否
出口方式	动作后，立即重合 MRTB，并锁定 MRTB 等。 另外，在极控中完成：合上 MRS 后，|IdL_OP|<I_set2，禁止分 MRTB

表 4−24   金属回线开关保护（82−MRS）

保护区域	金属回线开关
保护名称	金属回线开关保护
保护的故障	该保护检测 MRS 在金属大地方式转换过程中的异常。保护开关
保护原理	MRS 指示分闸位置后，满足 | IdL_Op | >I_set。式中：IdL_Op 为另一极线路电流
保护配合	MRS 的开断能力
后备保护	冗余系统中的本保护（82−MRS）
是否依靠通信	否
出口方式	动作后，立即重合 MRS，并锁定 MRS 等。 另外，在极控中完成：合上 MRTB 后，| IdMRTB | <I_set2，禁止分 MRS

表 4−25   金属回线横差保护（87DCLT）

保护区域	金属回线运行时的线路
保护名称	直流线路横差保护
保护的故障	保护金属回线运行时的接地故障
保护原理	昆北站和龙门站：| IdL−IdL_OP | >I_set+k_set∗IdL。 柳州站：| IdL−IdL1_OP−IdL2_OP | >I_set+k_set∗IdL
保护原理自适应性	模拟量（通过隔离开关位置取值）：IDL、IDL_OP。 运行方式（极控送来的信号+隔离开关位置）：仅金属回线方式保护投入
保护配合	运行方式（仅在金属回线运行方式投入）
后备保护	本身为后备保护
是否依靠通信	否
出口方式	分报警和动作段。 动作后，极 ESOF（龙门站）、三站 ESOF（昆北站、柳州站）、立即闭锁换流器、极隔离、 立即跳/锁定换流变压器断路器等

3. 阀组保护配置、功能

换流站全站保护区域划分如图 4−9 所示，直流场主要测量点也在图中标出。阀组保护所覆盖的区域包括启动回路、换流变压器阀侧套管至阀厅极线侧的直流穿墙套管。

阀组保护的目的是防止危害直流换流站内设备的过应力，以及危害整个系统（含交流系统）运行的故障，至少具有对如下故障进行保护的功能。

（1）启动电阻回路的故障，包括：

1）启动电阻短路故障；

2）启动回路网侧短路故障；

3）启动回路变压器侧短路故障。

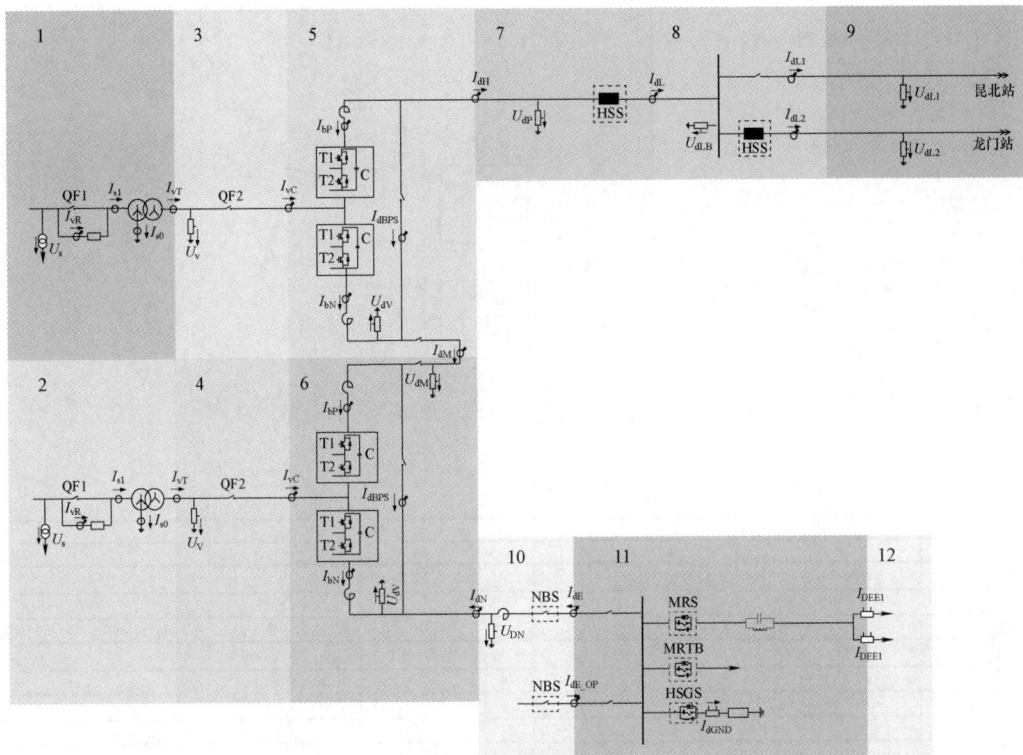

图 4-9　换流站全站直流保护区域划分示意图

1—高压阀组换流变压器保护区；2—低压阀组换流变压器保护区；3—高压阀组阀侧连接线保护区；
4—低压阀组阀侧连接线保护区；5—高压阀组换流器保护区；6—低压阀组换流器保护区；7—极母线保护区；
8—极母线区；9—直流线路保护区；10—中性线保护区；11—双极中性母线保护区；12—接地极引线保护区

（2）换流变压器二次侧在阀厅内的交流连线的接地或相间短路故障。

（3）换流器的故障，包括：

1）换流阀桥臂的模块间短路故障；

2）桥臂电抗器端间闪络故障；

3）桥臂电抗器阀侧接地故障。

根据不同的故障类型，阀组保护系统采取不同的故障清除措施，具体出口动作处理策略类型如下：

（1）请求控制系统切换到备用的控制系统；

（2）换流器闭锁；

（3）跳交流侧断路器（同时锁定交流断路器）；

（4）换流器隔离；

（5）重合旁路开关。

阀组保护可以主要分为交流连接线保护区和换流器保护区,其保护种类及其所用测点信号如图4-10所示。

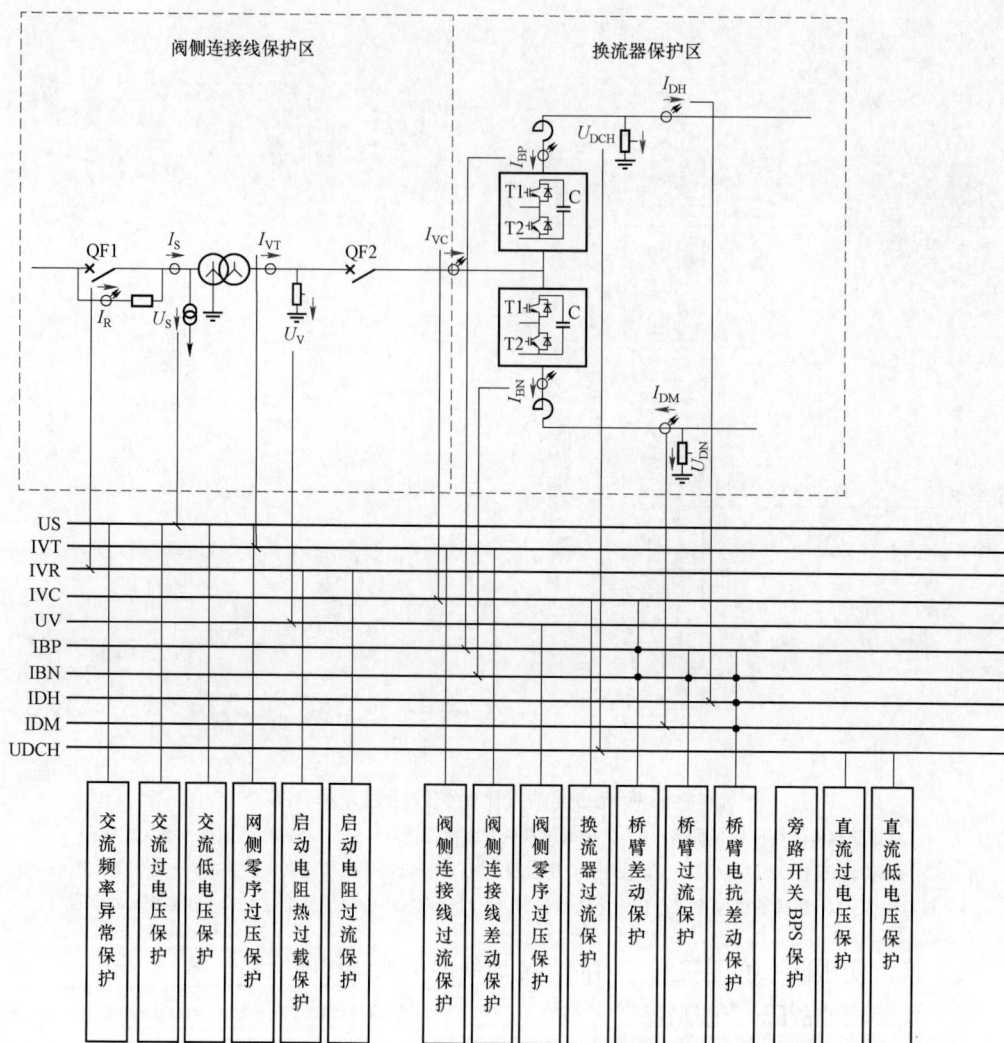

图4-10 换流器保护种类及其所用测点信号

接下来以柳州站为例,介绍其阀组保护配置和功能。

(1)交流连接线保护区。交流连接线保护区具体保护配置见表4-26~表4-34。

表4-26   交流过电压保护(59AC)

保护区域	交流连接线保护区
保护名称	交流过电压保护
保护的故障	交流电压过高
保护原理	该保护防止由于交流系统异常引起交流电压过高导致设备损坏。 Uac>U_set

保护配合	定值选择需按交流系统设备耐压情况、最后一个断路器跳闸后交流场的过电压水平（仅逆变站）、孤岛方式下过电压控制要求相配合，并与交流系统保护相配合
后备保护	另一系统换流器交流过电压保护（59AC）
是否依靠通信	否
出口方式	闭锁换流器、跳/锁定换流变压器断路器等

表 4－27   **交流低电压保护（27AC）**

保护区域	交流连接线保护区
保护名称	交流低电压保护
保护的故障	交流电压过低
保护原理	该保护防止由于交流电压过低引起直流系统异常。 Uac＜U_set
保护配合	定值选择需与交流系统保护相配合，与交流系统故障的切除时间相配合。与换相失败保护、直流谐波保护时间定值相配合
后备保护	另一系统换流器交流低电压保护（27AC）
是否依靠通信	否
出口方式	闭锁换流器、跳/锁定换流变压器断路器等

表 4－28   **交流网侧零序过电压保护（59ACGW）**

保护区域	交流连接线保护区
保护名称	交流网侧零序过电压保护
保护的故障	启动电阻之后的接地故障
保护原理	｜Us_L1+Us_L2+Us_L3｜＞Us0_set； 启动电阻旁路后本保护退出启动失灵出口
保护配合	需与交流保护定值整定配合；失灵段定值需与断路器失灵保护定值配合
后备保护	启动电阻过电流保护（50/51R）
是否依靠通信	否
出口方式	跳闸段动作后闭锁换流器、跳/锁定换流变压器断路器等；失灵段动作后启动失灵

表 4－29   **启动电阻热过载保护（49CH）**

保护区域	交流连接线保护区
保护名称	启动电阻热过载保护
保护的故障	启动电阻过载
保护原理	检测启动电阻的电流，计算总电流热效应，如果超过定值，保护动作。保护动作延时应能躲过暂态过载的影响，以免误动。应采用反时限原理进行设置。电流积分$\int IR^2 dt > \Delta$。 启动电阻旁路后本保护退出
保护配合	失灵段定值需与断路器失灵保护定值配合

续表

后备保护	另一系统启动电阻热过载保护
是否依靠通信	否
出口方式	跳闸段动作后闭锁换流器、跳/锁定换流变压器断路器等；失灵段动作后启动失灵

表 4-30 　　　　　　　**启动电阻过电流保护（50/51R）**

保护区域	交流连接线保护区
保护名称	启动电阻过电流保护
保护的故障	启动电阻之后的接地故障
保护原理	RMS（IR）＞I_SET。 启动电阻旁路后本保护退出
保护配合	失灵段定值需与断路器失灵保护定值配合
后备保护	交流网侧零序过电压保护（59ACGW）
是否依靠通信	否
出口方式	跳闸段动作后闭锁换流器、跳/锁定换流变压器断路器等；失灵段动作后启动失灵

表 4-31 　　　　　　　**换流变压器饱和保护（50/51CTN）**

保护区域	交流连接线保护区
保护名称	换流变压器中性点直流电流饱和保护
保护的故障	防止换流变压器中性点流过较大直流电流而损坏换流变压器
保护原理	IdN＞Δ。 根据换流变压器设备厂家提供的饱和曲线（选取6组直流电流、运行时间数据进行拟合），根据实测换流变压器中性点直流电流进行反时限累积判断
保护配合	无
后备保护	另一系统换流变压器饱和保护（50/51CTN）
是否依靠通信	否
出口方式	告警、请求控制系统切换

表 4-32 　　　　　　　**阀侧连接线差动保护（87CH）**

保护区域	交流连接线保护区
保护名称	阀侧连接线差动保护
保护的故障	连接线上的接地故障
保护原理	三相|IVT+IVC|＞Δ
保护配合	无
后备保护	交流阀侧零序过电压保护（59ACVW）
是否依靠通信	否
出口方式	闭锁换流器、跳/锁定换流变压器断路器等

表 4－33　　　　　　　　阀侧连接线过电流保护（50/51T）

保护区域	交流连接线保护区
保护名称	连接线过电流保护
保护的故障	检测连接线和换流阀的接地、短路故障
保护原理	三相 max（IVT，IVC）>I_set。 分 2 个动作段：快速段用瞬时值，慢速段用有效值
保护配合	无
后备保护	换流变压器的过电流保护
是否依靠通信	否
出口方式	闭锁换流器，跳/锁定换流变压器断路器等

表 4－34　　　　　　　　阀侧零序过电压保护（59ACVW）

保护区域	交流连接线保护区
保护名称	交流阀侧绕组接地保护
保护的故障	阀组及换流变压器阀侧绕组接地故障
保护原理	$|UV\_L1+UV\_L2+UV\_L3|>UV0\_set$。 保护采用换流变压器阀侧末屏电压，启动电阻旁路后本保护退出启动失灵出口
保护配合	失灵段定值需与断路器失灵保护定值配合
是否依靠通信	否
出口方式	跳闸段动作后闭锁换流器、跳/锁定换流变压器断路器等；失灵段动作后启动失灵

（2）换流器区保护。柳州站配置的换流器区具体保护配置见表 4－35～表 4－40。

表 4－35　　　　　　　　桥臂差动保护（87CG）

保护区域	换流器保护区
保护名称	桥臂差动保护
保护的故障	换流阀接地故障
保护原理	三相$|IvC+IbP-IbN|>I\_SET$
保护配合	无
后备保护	桥臂过电流保护（50/51B），换流器过电流保护（50/51V）
是否依靠通信	否
出口方式	闭锁换流器、跳/锁定换流变压器断路器等

表 4-36 桥臂过电流保护（50/51C）

保护区域	换流器保护区
保护名称	桥臂过电流保护
保护的故障	检测换流阀桥臂的接地、短路故障
保护原理	三相 IbP>I_SET 或 IbN>I_SET。 分切换段和 2 个动作段，2 个动作段为故障快速段和故障慢速段
保护配合	无
后备保护	换流变压器的过电流保护
是否依靠通信	否
出口方式	闭锁换流器、跳/锁定换流变压器断路器等

表 4-37 桥臂电抗器差动保护（87BR）

保护区域	换流器保护区
保护名称	桥臂电抗器差动保护
保护的故障	电抗器及相连母线接地故障
保护原理	高阀：$\|\sum IbP+IdH+IdBPS\|>\Delta or \|\sum IbN+IdM-IdBPS\|>\Delta$。 低阀：$\|\sum IbP+IdM+IdBPS\|>\Delta or \|\sum IbN+IdN-IdBPS\|>\Delta$
保护配合	无
后备保护	桥臂过电流保护（50/51B），换流器过电流保护（50/51V）
是否依靠通信	否
出口方式	闭锁换流器、跳/锁定换流变压器断路器等

表 4-38 直流过电压保护（59/37DC）

保护区域	换流器保护区
保护名称	直流过电压保护
保护的故障	直流线路或其他位置开路以及控制系统调节错误等易使直流电压过高。该保护检测高压直流过电压，保护高压线上的设备；另一用途为无通信下逆变站闭锁且未投旁通对时，用于整流站闭锁阀组或极
保护原理	UD=$\|UdL-UdM\|$（高阀）或$\|UdM-UdN\|$（低阀）。 Ⅰ段：VD>U_set1 & IdLN<I_set。 Ⅱ段：VD>U_set2。 Ⅲ段：VD>U_set3。 定值门槛和动作延时以设备耐压能力为依据，定值分正常运行和 OLT（空载加压试验）两种方式
保护配合	控制系统的电压控制器
后备保护	对站的直流过电压保护（59/37DC）
是否依靠通信	否
出口方式	闭锁换流器、跳/锁定换流变压器断路器等

表 4－39　　　　　　　　　　直流低电压保护（27DC）

保护区域	换流器保护区
保护名称	直流低电压保护
保护的故障	保护整个极区的所有设备的后备保护，检测各种原因造成的接地短路故障；另一用途为无通信下逆变站闭锁后，用于整流站闭锁阀组或极
保护原理	Ⅰ段：仅双阀组运行时投入，$U\_set2<|UdL|<U\_set1$，且$|UdL-UdM|<\Delta$（高端阀组）或$|UdL-UdM|>\Delta$（低端阀组）。 Ⅱ段：$|UdL|<U\_set$
保护配合	交流系统故障
后备保护	本身为后备保护
是否依靠通信	否
出口方式	该保护是个总后备保护，分切换段和动作段，延时大于阀区、极区其他所有保护延时。 Ⅰ段动作后，立即闭锁换流器、跳/锁定换流变压器断路器等。 Ⅱ段动作后，立即执行极层闭锁换流器，跳/锁定双阀组换流变压器进线断路器、极隔离等

表 4－40　　　　　　　　　　旁路开关保护（82－BPS）

保护区域	换流器保护区
保护名称	旁路开关保护
保护的故障	旁路开关（BPS）在分闸或合闸过程中的异常
保护原理	Ⅰ段（分失灵）：收到分闸指令且旁路开关（BPS）指示分闸位置后，满足$|IdBPS|>I\_set$。 Ⅱ段（合失灵）：收到保护性退阀组或在线退阀组发出的合闸指令后，满足$|IdBPS|<I\_set1$且$IDH>I\_set2$
保护配合	旁路开关（BPS）的开断能力
后备保护	另一系统旁路开关保护（82－BPS）
是否依靠通信	否
出口方式	Ⅰ段动作后，立即重合并锁定旁路开关（BPS）。 Ⅱ段动作后，向控制系统发闭锁极命令

4. 换流变压器保护配置、功能

换流变压器保护的保护区域包括换流变压器交流侧断路器电流互感器至阀侧电流互感器的内部范围。

柳州站换流变压器保护如图 4－11 所示，其具体保护配置见表 4－41～表 4－51。

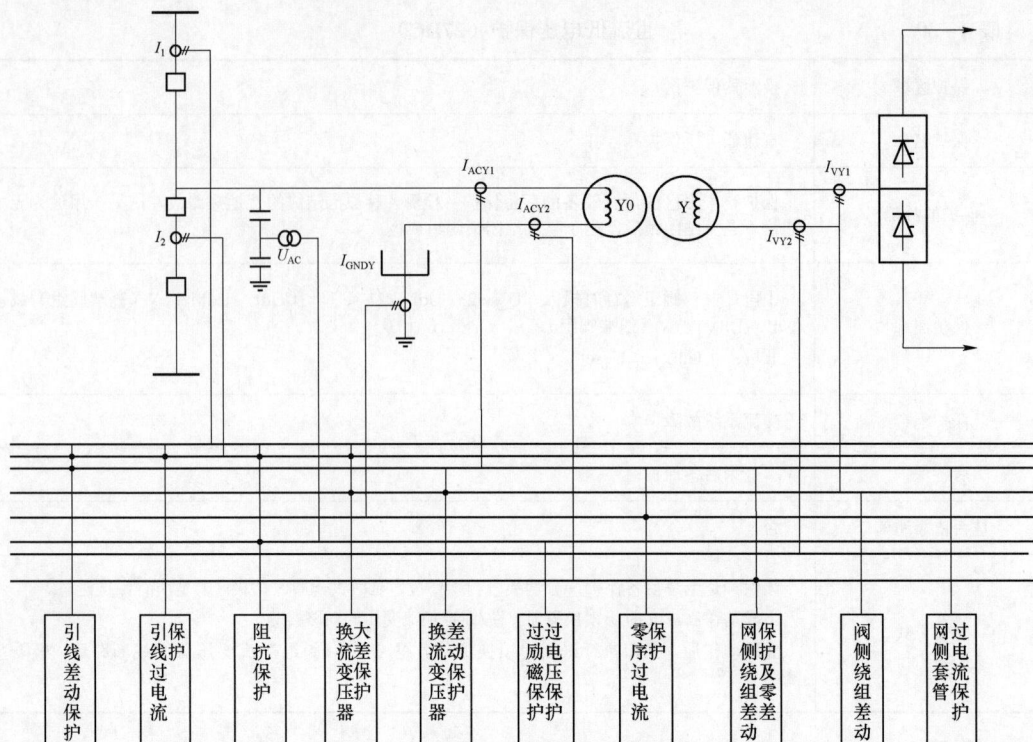

图 4-11　换流变压器保护示意图

表 4-41　　　　　　　　　　引线差动保护（87AF）

保护目的	反映从网侧断路器电流互感器到网侧首端套管电流互感器间区域的相间和接地故障
切除顺序	跳本侧断路器； 直流系统闭锁； 切除冷却器电源
动作方程	Icd1＞K*Ires1，式中：Icd1 为引线差动电流；Ires1 为引线差动制动电流；K 为引线差动保护制动系数
后备保护	过电流保护。 零序过电流保护

表 4-42　　　　　　　　　换流变压器及引线差动保护（87 TB）

保护目的	反映从网侧断路器电流互感器到阀侧首端套管电流互感器间区域的相间和接地故障
切除顺序	跳本侧断路器； 直流系统闭锁； 切除冷却器电源
动作方程	Icd2＞K*Ires2，式中：Icd2 为换流变压器差动电流；Ires2 为换流变压器差动制动电流；K 为换流变压器差动保护制动系数
后备保护	过电流保护； 零序过电流保护

表 4－43　　　　　　　　　　　　**换流变压器差动保护（87T）**

保护目的	反映从网侧首端套管电流互感器到阀侧首端套管电流互感器间区域的相间和接地故障
切除顺序	跳本侧断路器； 直流系统闭锁； 切除冷却器电源
动作方程	Icd2＞K*Ires2，式中：Icd2 为换流变压器差动电流；Ires2 为换流变压器差动制动电流；K 为换流变压器差动保护制动系数
后备保护	过电流保护； 零序过电流保护

表 4－44　　　　　　　　　　　　**绕组差动保护（87TW）**

保护目的	反映换流变压器各个绕组的相间或接地故障
切除顺序	跳本侧断路器； 直流系统闭锁； 切除冷却器电源
动作方程	Icd3＞K*Ires3，式中：Icd3 为绕组差动电流（包括网侧、阀侧）；Ires3 为绕组差动制动电流（包括网侧、阀侧）；K 为绕组差动保护制动系数
后备保护	过电流保护； 零序过电流保护

表 4－45　　　　　　　　　　　　**过电流保护（51P）**

保护目的	反映换流变压器的内部故障，作为后备保护。标准配置为定时限特性
切除顺序	跳本侧断路器； 直流系统闭锁
动作方程	I＞Δ，式中：I 为开关和电流或 Y/Y 换流变压器网侧首端套管电流或 Y/D 换流变压器网侧首端套管电流；Δ为对应电流的过电流保护定值。 标准配置为换流变压器引线过电流保护设置一段一时限；Y/Y 和 Y/D 换流变压器网侧套管过电流保护各设置一段一时限
后备保护	冗余配置的保护系统中的过电流保护

表 4－46　　　　　　　　　　　　**零序过电流保护（51G）**

保护目的	反映换流变压器的接地故障
切除顺序	跳本侧断路器； 直流系统闭锁
动作方程	I0＞Δ，式中：I0 为 YY/YD 换流变压器网侧中性点零序电流；Δ为零序过电流保护定值。 标准配置为 Y/Y 和 Y/D 换流变压器零序过电流保护各设置两段，Ⅰ段定时限，Ⅱ段反时限
后备保护	另一套保护系统中的零序过电流保护

表 4-47 过电压保护（59P）

保护目的	防止系统过电压对换流变压器的损坏
切除顺序	跳本侧断路器； 直流系统闭锁
动作方程	$U>\Delta$，式中：U 为网侧电压；Δ 为过电压保护定值。 标准配置为换流变压器过电压保护设置两段，Ⅰ段告警，Ⅱ段跳闸
后备保护	冗余配置的保护系统中的过电压保护

表 4-48 相间阻抗保护（21P）

保护目的	防止换流变压器短路故障造成的损坏； 反映换流变压器内部绕组或引出线故障
动作方程	跳本侧断路器； 直流系统闭锁
主要原理	$Z<\Delta$，式中：Z 为网侧测量阻抗；Δ 为阻抗保护定值。 标准配置为相间阻抗保护设置两段
后备保护	冗余配置的保护系统中的阻抗保护（21P）

表 4-49 过 载 报 警

保护目的	防止换流变压器长期处于过载状态而引起的损坏，特性为定时限
切除顺序	仅发报警信号

表 4-50 换流变压器过励磁保护

保护目的	防止换流变压器长期处于过励磁状态而引起的损坏，如过电压和低频，特性包括定时限和反时限。 设置两段，Ⅰ段定时限告警，Ⅱ段反时限跳闸或告警
切除顺序	跳闸或报警

表 4-51 换流变压器非电量保护

保护目的	防止换流变压器受到内部故障的损坏
切除顺序	跳闸信号：跳开交流侧断路器并输出 ESOF 至极控。 告警信号：仅发报警信号
信号	跳闸信号：气体继电器主油箱跳闸信号、油压突变跳闸、油温过高跳闸、绕组温度过高跳闸、SF_6 压力低跳闸、有载调压开关保护继电器/气体继电器跳闸。 报警信号：SF_6 压力变低报警、绕组温度过高报警、气体继电器主油箱报警、油温报警、本体和分接开关油位高、低

4.3　基于 LCC 换流技术的换流站控制保护设备

4.3.1　基于 LCC 换流技术的换流站控制设备

1. 直流站层控制系统配置、结构、功能

站控层的设备除了交流站控、交流滤波器控制、站用电控制等，还有直流站控。

直流站控负责站一层的直流系统的控制，功能配置如下：

（1）多端协调控制；

（2）无功控制；

（3）极/双极直流顺序控制；

（4）模式顺序控制；

（5）站间通信；

（6）其他功能。

相比于柳州站，昆北站的直流站控增加了无功功率控制这一功能，其余与柳州站相同，这里只对无功功率控制进行介绍。

（1）无功功率控制功能。直流站控中配置的无功功率控制功能。其主要控制对象是全站的交流滤波器和电抗器，主要是根据当前直流的运行模式和工况计算全站的无功功率消耗，通过控制所有无功功率设备的投切，保证全站与交流系统的无功功率交换在允许范围之内或者交流母线电压在安全运行范围之内。保证交流滤波器设备的安全，并减小对交流系统的谐波影响也是无功功率控制必须实现的功能。

直流站控中的无功功率控制功能将直流双极的运行参数搜集，再依据两极总的输送功率以及直流双极总的无功功率消耗情况进行交流滤波器的投切。在无功功率控制功能中，绝对最小滤波器控制和最小滤波器控制的各投切点将依据交流滤波器研究报告确定。

无功功率控制具有以下各项功能，并按以下优先级决定滤波器的投切（1 为最高优先级）。

1）$U_{\max/\min}$：最高/最低电压限制，监视交流母线的稳态电压，避免稳态过电压或交流电压过低。其功能分为 $U_{\max}$ 和 $U_{\min}$ 两个部分：通过切除滤波器组，$U_{\max}$ 功能维持稳态交流电压在过电压保护动作的水平以下，避免保护的频繁动作；而在交流母线稳态电压过低时，$U_{\min}$ 功能将命令投入滤波器组，以支持交流电压的恢复。

2）Abs Min Filer：绝对最小滤波器容量限制，为防止滤波设备过载而必须投入的滤波器组数。如果该条件不能满足，为了防止交流滤波器组损坏，直流系统将自动降低输送功率，以满足绝对最小滤波器组条件。当更低优先级功能与该功能的限制条件冲突时，禁止更低优先级的功能切除滤波器组。

3）Min Filter：最小滤波器容量要求，为满足滤除谐波需求而投入的滤波器组数。如果 Min filter 不能满足，将有报警信号送至 SCADA 系统提示运行人员，但不会造成功率回降等其他后果。

4）$Q_{control}$/$U_{control}$：无功功率交换控制/电压控制（可切换），控制换流站和交流系统的无功功率交换量或换流站交流母线电压在设定的范围内。如果无功功率交换超过上、下限值，那么 $Q_{control}$ 会发出命令，投入或切除滤波器；如果交流母线电压超过上、下限值，那么 $U_{control}$ 会发出命令，投入或切除滤波器。

其中，$U_{control}$ 和 $Q_{control}$ 不能同时有效，由运行人员选择当前运行在 $U_{control}$ 还是 $Q_{control}$。

根据各子功能的优先级，无功功率控制协调由各子功能发出的投切滤波器组的指令来实现。某项子功能发出的投切指令仅在完成投切操作后不与更高优先级的限制条件冲突时才有效。

（2）无功功率控制模式。无功功率控制具备以下控制模式：投入模式、手动模式、自动模式、退出模式。

1）投入模式。当无功功率控制选择投入模式时，缺省进入手动模式。此时，运行人员可手动将其设置为自动模式。

2）手动模式。当无功功率控制选择手动模式时，仅高优先级的滤波器投/切由无功功率控制自动完成。高优先级的滤波器投/切包括 $U_{max/min}$ 和 Abs Min Filter。

Min Filter 和 $U_{control}$/$Q_{control}$ 的滤波器组投切操作由运行人员手动完成。当需要投入滤波器组以满足 Min Filter，或需要切除滤波器满足 $U_{control}$/$Q_{control}$ 时，无功控制发送信号至 SCADA 系统提示运行人员手动进行滤波器组投/切，并将被选择为投/切对象的滤波器组显示出来。

为了便于维护，可以选择单独的交流滤波器组使之不受无功功率自动控制的控制，仅由手动投切操作。

1）自动模式。当无功功率控制选择自动模式时，所有需要的滤波器投/切操作均由无功功率控制自动完成，运行人员仅需设定相关的控制量上、下限值。

2）退出模式。可手动选择退出模式。当无功功率控制选择退出模式时，无功功率控制不自动进行任何投/切滤波器的操作，也不会对运行人员给出任何提示，但运行人员可进行手动投/切操作。

（3）投切滤波器的选择。无功功率控制能够根据当前运行工况以及滤波器组的状态确定哪一类型的滤波器以及该类型中哪一组滤波器将被投入/切除。同一类型的滤波器组循环投入。无功功率控制具有完善的逻辑用以保证所有可用无功功率设备的投切任务尽可能平均。

（4）滤波器组的投切顺序。在直流功率上升和下降的过程中，投入和切除滤波器组遵循一定的顺序。

同种型号的交流滤波器投切是遵循"先投先退"的原则自动进行的，不同型号的交流滤波器投切是遵循"后投先退"的原则自动进行的。最终的投切顺序将根据无功控制研究报告确定。

（5）滤波器组的替换。滤波器组替换的原则为：当一组滤波器由于保护动作而跳闸，则根据 Abs Min Filter 或 Min Filter 的要求，该滤波器将优先由同类型滤波器来替代；当同类型不可用时，则由另一类型滤波器来替代。如果被跳闸的滤波器组属于 Abs Min Filter，则在 1s 内投入另一组滤波器；如果属于 Min Filter，在 5s 内投入另一组滤波器。

（6）滤波器组的状态。为了完成相关的控制任务，无功功率控制从交流站控获得来自交流场的以下相关信息：

1）已经投入的滤波器组；

2）被切除的滤波器组；

3）可投入的滤波器组。

可投入的滤波器小组的隔离开关和接地开关必须在适当的位置，而且信号继电器未被置 1。如果滤波器小组被保护跳闸，它的信号继电器被置 1。只有在信号继电器被手动清 0 后，滤波器组才有可能被再次投入。

滤波器组在被切除后，必须在一定的放电时间后才能再次投入运行。

如果在一定的时间内，滤波器组未能对指令做出响应，那么认为该滤波器组不可用。

当一组滤波器从不可用转为可用时，无功功率控制不改变已经投入的滤波器组的状态（如果谐波滤波特性未提出要求）；但是在接下来的投切过程中，该滤波器将参与投切滤波器的选择。

当滤波器处于"非选择"状态时，该组滤波器可以通过手动操作进行投切，但无功功率自动控制认为该组滤波器不可用，在自动投切中不考虑该组滤波器，除非其重新进入"选择"状态。

（7）大组滤波器选择逻辑。无功功率控制交流电压选择逻辑的总体结构如图 4-12 所示，无功功率控制功能计算所采用的交流电压均通过多个交流母线电压（2 个交流场母线电压和 4 个交流滤波器大组母线电压，即图 4-12 中的 $U_{AC1} \sim U_{AC6}$）的选择而得出。

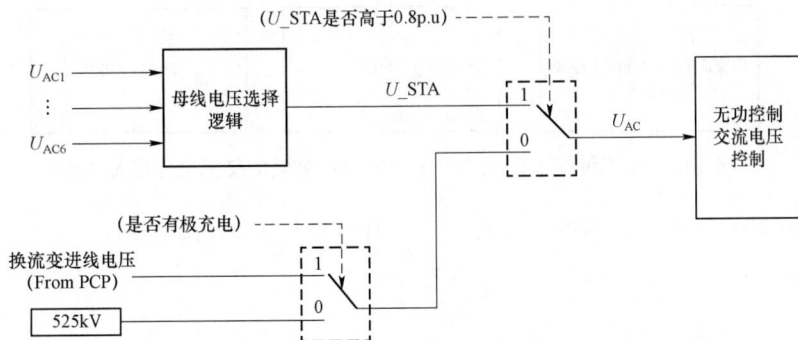

图 4-12　无功功率控制交流电压选择逻辑的总体结构示意图

交流母线电压有以下三种非正常状态。

1）交流母线未充电。

2）交流母线充电，同时电压越限。电压越限分为两种，越下限（不大于300kV）以及越上限（不小于800kV）。

3）交流母线充电，电压在正常范围，但与其他电压有较大偏差。

当交流母线未充电或大组母线电压越限时，交流电压选择逻辑如图4-13所示。

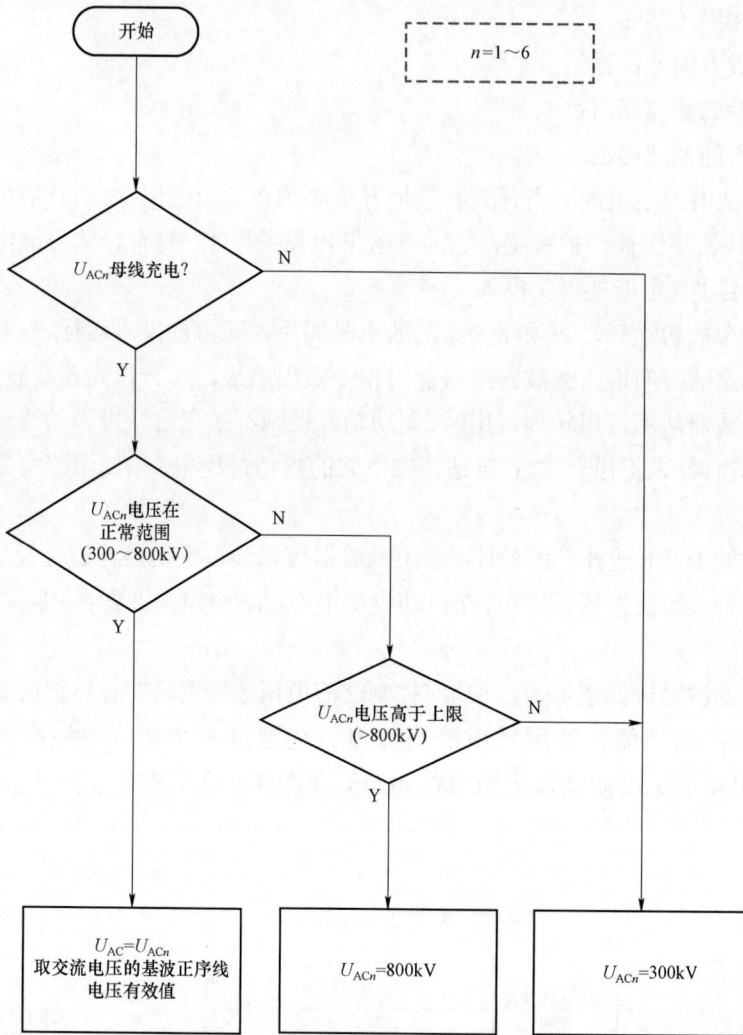

图4-13　交流母线未充电或大组母线电压越限的交流电压选择逻辑

当交流母线电压出现偏差时，交流电压选择逻辑如图4-14所示。

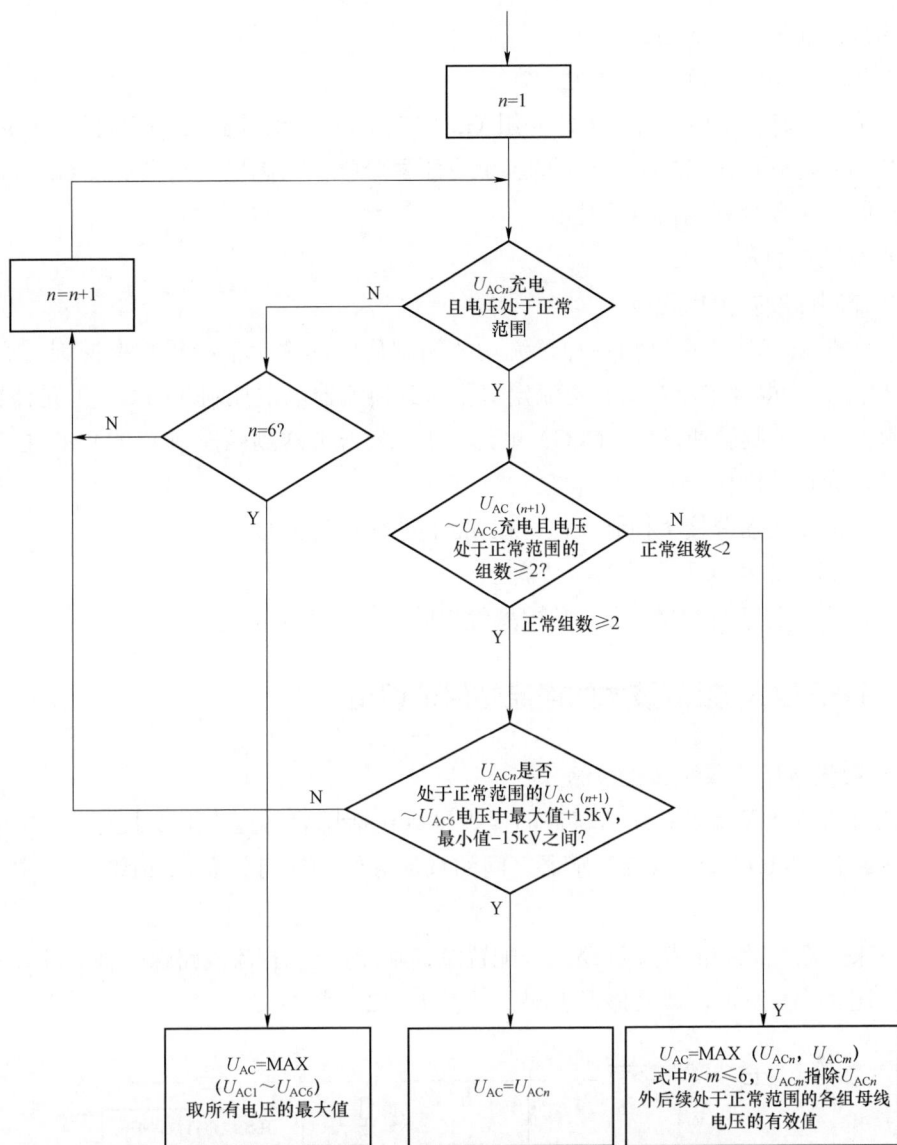

图 4-14 交流母线电压偏差的交流电压选择逻辑

（8）联网/孤岛方式下的过电压控制功能。在无功功率控制功能中将配置交流滤波器的快速切除功能；在联网或孤岛方式运行情况下，通过启动该功能，可以配合将交流母线电压抑制在一定的范围内。

关于快速全切交流滤波器功能中的独立硬件跳闸回路功能，通过直流站控至连线保护联跳小组交流滤波器开关实现，采用非交叉冗余双开入，经防抖无延时跳闸；连线保护通过出口矩阵单独实现该功能，需连线保护屏增加相应功能连接片。

2. 极层、双极层控制系统配置、结构、功能

PCP 实现极和双极一层的所有控制功能。

为提高系统可靠性，昆北站极控主机中还设置了后备无功功率控制，其余功能配置与

柳州站相似，此处不再赘述。

3. 阀组层控制系统配置、结构、功能

LCC 阀组 G1 控制主机和 LCC 阀组 G2 控制主机功能相同，分别用于阀组 G1、G2 的触发控制，阀组 G1、G2 各自对应的换流变压器分接头控制以及阀组 G1、G2 各自旁路开关的控制。主要分别包括以下功能：

（1）换流器触发控制；

（2）控制脉冲发生单元。

运行人员设定功率定值和各种直流功率调制后，功率定值经极功率控制/电流控制（PPC）单元计算得到电流定值，电流定值再送到换流器触发控制（CFC）单元计算得到相应的触发角，控制脉冲发生（CPG）单元产生触发脉冲送到阀控制（VC），CFC 还确保触发脉冲在允许范围内。

（3）换流变压器分接头控制（已经在 4.2.1 进行了简述）。

4. 交流站控系统配置、结构、功能

交流站控与上述的 MMC 交流站控配置相同，此处不再赘述。

4.3.2 基于 LCC 换流技术的换流站保护设备

1. 直流线路保护区配置、功能

昆北站直流线路保护系统所覆盖的保护区域包括昆北站直流出线上的直流电流互感器和柳州站昆柳线的直流电流互感器之间的直流导线和所有设备，如图 4-4 中区域 1 所示。

接下来介绍昆北站的直流线路保护配置及其功能，昆北直流线路保护种类及其所用测点信号如图 4-15 所示，其具体保护配置见表 4-52～表 4-57。

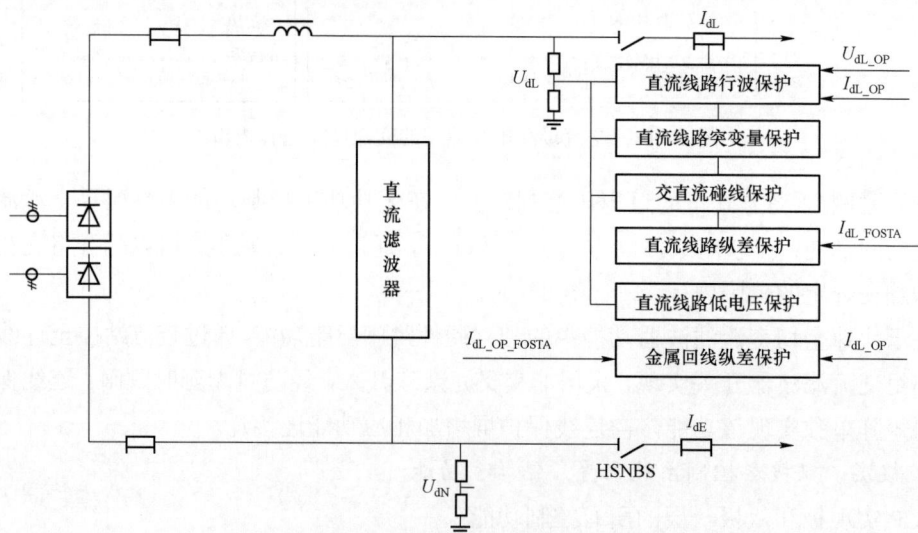

图 4-15 昆北直流线路保护种类及其所用测点信号

表 4－52　　　　　　　　　　　　直流线路行波保护（WFPDL）

保护区域	直流线路
保护名称	直流线路行波保护
保护的故障	检测直流线路上的金属性接地故障
保护原理	当直流线路发生故障时，相当于在故障点叠加了一个反向电源，这个反向电源造成的影响以行波的方式向两站传播。保护通过检测行波的特征来检出线路的故障。 反向行波：b（t）=Z*delta（IdL（t））－delta（UdL（t））。 这里，delta（.）表示微分计算。 极 1、极 2 反向行波经过相模变换，获得线模行波 Diff_b（t）和共模行波 Com_b（t）。 delta（Com_b（t））>Com_dt_set； integ（Diff_b（t））>Dif_int_set； integ（Com_b（t））>Com_int_set。 这里，integ（.）表示积分计算。 柳州投运前：昆北保护只配一段，保护范围为昆北至龙门的线路全长。 柳州投运后：昆北保护共分为两段，第一段保护昆柳线长的 80%，不依赖站间通信；第二段保护昆柳线长的 100%并延伸至下一条线路。第一段动作后立即执行线路重启逻辑；第二段动作判据满足后立即采取移相措施，接收到柳州站的昆柳线路保护动作信号后，再执行线路重启逻辑和发出昆柳线路故障告警
保护配合	交流系统保护； 系统启停
后备保护	直流线路突变量保护（27du/dt）； 直流线路纵差保护（87DCLL）； 直流线路低电压保护（27DCL）
是否依靠通信	第Ⅰ段并不依靠通信，但第Ⅱ段和出口与通信有关系。该保护动作信号需要通过站间通信送往重启站实现线路再启动逻辑。 当极站间通信故障时，行波保护动作信号可通过保护站间通信传到重启站保护，再送给重启站极控主机，实现移相重启。只有在极控站间通信（冗余配置）、保护站间通信（冗余配置）全部发生故障时，行波保护动作后无法实现移相重启功能
出口方式	启动线路重启逻辑

表 4－53　　　　　　　　　　　　直流线路突变量保护（27du/dt）

保护区域	直流线路
保护名称	直流线路突变量保护
保护的故障	检测直流线路上的金属性接地故障
保护原理	当直流线路发生故障时，会造成直流电压的跌落。故障位置的不同，电压跌落的速度也不同。通过对电压跌落的速度进行判断，可以检测出直流线路上的故障。 delta（UdL（t））<dU_set。 |UdL|<U_set。 柳州站投运前：昆北保护只配一段，保护范围为昆北至龙门的线路全长。 柳州站投运后：昆北保护共分为两段，第一段保护昆柳线长的 80%，不依赖站间通信，第二段保护昆柳线长的 100%并延伸至下一条线路。第一段动作后立即执行线路重启逻辑；第二段动作判据满足后立即采取移相措施，接收到柳州站的昆柳线路保护动作信号后，再执行线路重启逻辑和发出昆柳线路故障告警
保护配合	交流系统保护； 系统启停
后备保护	直流线路行波保护（WFPDL）； 直流线路纵差保护（87DCLL）； 直流线路低电压保护（27DCL）

是否依靠通信	第Ⅰ段并不依靠通信，但第Ⅱ段和出口与通信有关系。该保护动作信号需要通过站间通信送往重启站实现线路再启动逻辑。 当极控站间通信故障时，电压突变量保护动作信号可通过保护站间通信传到重启站保护，再送给重启站极控主机，实现移相重启。只有在极控站间通信（冗余配置）、保护站间通信（冗余配置）全部发生故障时，电压突变量保护动作后无法实现移相重启功能
出口方式	启动线路重启逻辑

表 4－54　　　　　　　　　直流线路低电压保护（27DCL）

保护区域	直流线路
保护名称	直流线路低电压保护
保护的故障	检测直流线路上的金属性和高阻接地故障，用于线路再启动后，电压建立过程中仍然存在的线路故障
保护原理	当直流线路发生故障时，会造成直流电压无法维持。通过对直流电压的检测，如果发现直流电压低持续一定的时间，判断为直流线路故障。 $\mid UdL \mid < U\_set$。 此保护作为重启站是否进行再次线路重启的判据
保护配合	交流系统保护； 系统启停
后备保护	直流线路纵差保护（87DCLL）
是否依靠通信	该保护需排除其他原因引起的直流电压降低，例如是否发生交流系统故障、是否发生移相等。在通信正常时，接收对站是否有交流系统故障的信号。当通信中断后，如果是单极运行方式，保护动作延时加长，与对站交流故障切除时间配合；如果是双极运行方式，则同时检测另一极直流电压（判别是否对站发生交流系统故障）。确保直流线路故障时，该保护才动作。 通信故障下，昆北站 27DCL 自动退出
出口方式	启动线路重启逻辑

表 4－55　　　　　　　　　直流线路纵差保护（87DCLL）

保护区域	直流线路
保护名称	直流线路纵差保护
保护的故障	检测直流线路上的金属性和高阻接地故障
保护原理	当直流线路发生故障时，必然造成直流线路两端的电流大小不等。 昆北—龙门两端运行（柳州站还未投运）： $\mid IdL - IdL\_Fosta\_LM \mid > max（I\_set，k\_set*IdL）$。 柳州站投运后： $\mid IdL - IdL\_Fosta\_LB \mid > max（I\_set，k\_set*IdL）$。 式中：$IdL\_Fosta\_LM$ 为龙门站直流线路电流；IdL_Fosta_LB 为柳州站昆柳直流线路电流（通过站间通信通道传递）
保护配合	交流系统保护； 系统启停
后备保护	本身为后备保护
是否依靠通信	完全依靠通信。站间通信故障时，将闭锁本保护
出口方式	分报警和动作段。动作后启动线路重启逻辑

表 4－56　　　　　　　　　交直流碰线保护（81－I/U）

保护区域	直流线路
保护名称	交直流碰线保护
保护的故障	检测交直流线路碰接造成的故障
保护原理	UdL_50Hz>UdL_50Hzset & IdL_50Hz>IdL_50Hz_set； 或 IDL>IDL_set & IdL_50Hz>IdL_50Hz_set
后备保护	无
是否依靠通信	否
出口方式	动作后，立即极层 ESOF

表 4－57　　　　　　　　　金属回线纵差保护（87MRL）

保护区域	金属返回线路
保护名称	金属回线纵差保护
保护的故障	保护金属返回线路的接地故障
保护原理	|IdL_OP－IdL_OP_ost|>I_set，式中：IdL_OP 和 IdL_OP_ost 分别为对极直流电流和对极对站直流电流。 注：柳州站投运前，IdL_OP_ost 取龙门站对极电流，柳州站投运后，IdL_OP_ost 取柳州站昆柳线对极电流
保护段数	1
后备保护	与对站极差动保护配合，与线路保护配合，金属回线运行时保护投入
是否依靠通信	完全依靠通信。站间通信故障时，将闭锁本保护
保护动作后果	重启； 重启不成功极层 ESOF

2. 直流极保护配置、功能

与柳州站一样，昆北站的直流极区保护也主要分为极区保护与双极区保护两部分。昆北站极区保护种类及其所用测点信号如图 4－16 所示，昆北站双极区保护种类及其所用测点信号如图 4－17 所示。

昆北站所配置的保护原理与柳州站相同，前文中已介绍，此处不再赘述。

3. 阀组保护配置、功能

阀组保护的目的是防止危害直流换流站内设备的过应力，以及危害整个系统（含交流系统）运行的故障。保护自适应于直流输电运行方式（双极大地运行方式、单极大地运行方式、金属回线运行方式）及其运行方式转换，以及自适应于输送功率方向转换。阀组保护至少具有对如下故障进行保护的功能。

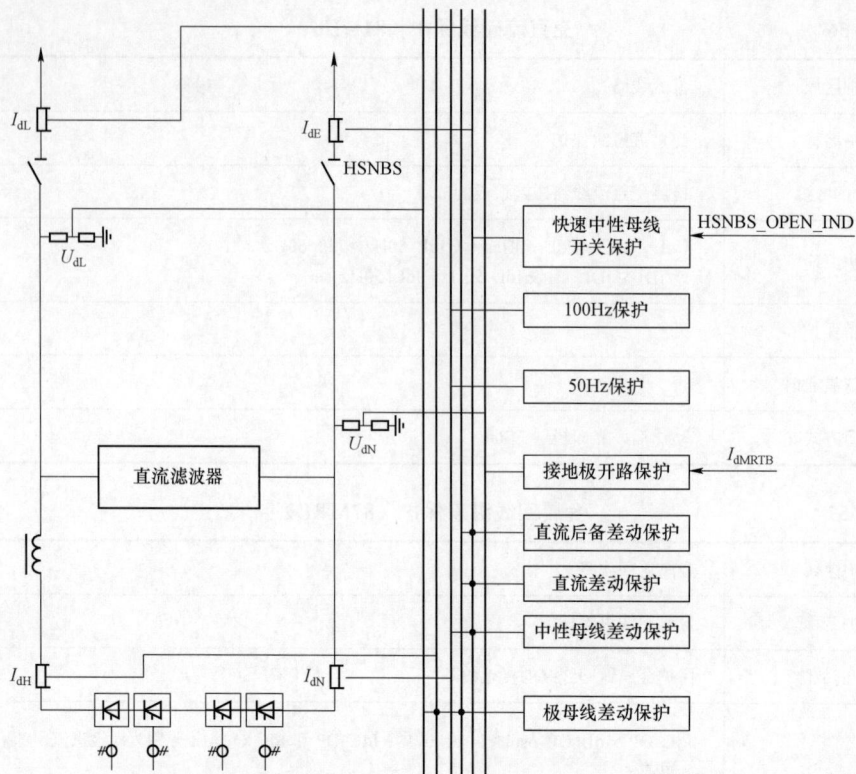

图 4-16　昆北站极区保护种类及其所用测点信号示意图

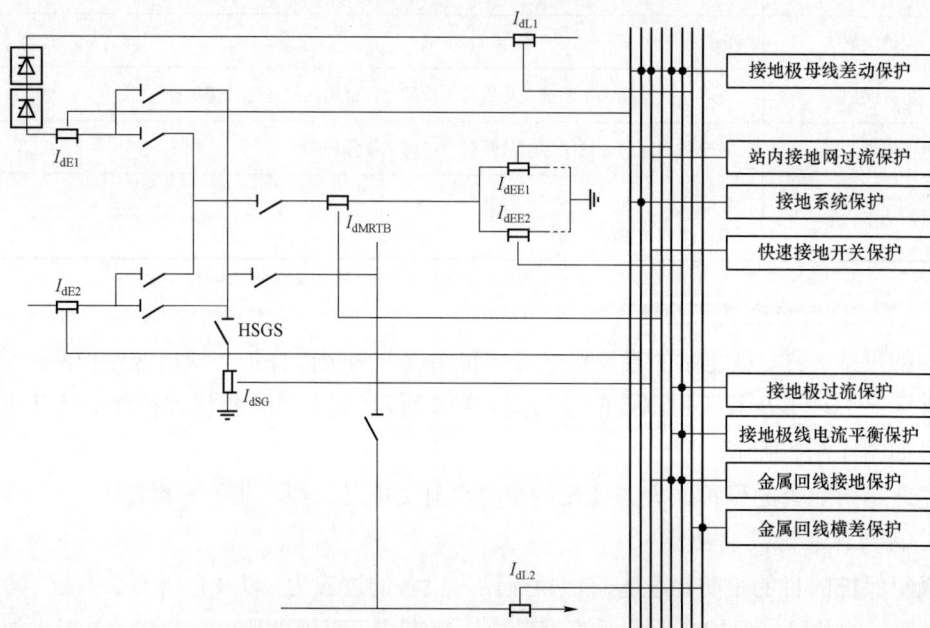

图 4-17　昆北站双极区保护种类及其所用测点信号

（1）换流桥（含整流和逆变）的故障，包括：

1）换流器的桥臂短路；

2）6 脉冲或 12 脉冲换流器桥短路；

3）换流器或其一部分丢失触发脉冲或误触发故障；

4）换流器换相失败等。

（2）换流变压器二次侧在阀厅内的交流连接线的接地或相间短路故障。根据不同的故障类型，换流器保护系统采取不同的故障清除措施，具体出口动作处理策略类型如下：

1）请求控制系统切换到备用的控制系统；

2）整流侧闭锁脉冲；

3）直流紧急停运（ESOF）；

4）换流器闭锁（包括投旁通对和不投旁通对的情况）；

5）逆变侧禁止投旁通对；

6）换流器移相以改变电压极性，快速抑制直流电流；

7）跳交流侧断路器（同时锁定交流断路器）；

8）换流器隔离；

9）重合旁路开关；

10）禁止解锁。

昆北站换流器保护种类及其所用测点信号如图 4-18 所示，其具体保护配置见表 4-58～表 4-70。

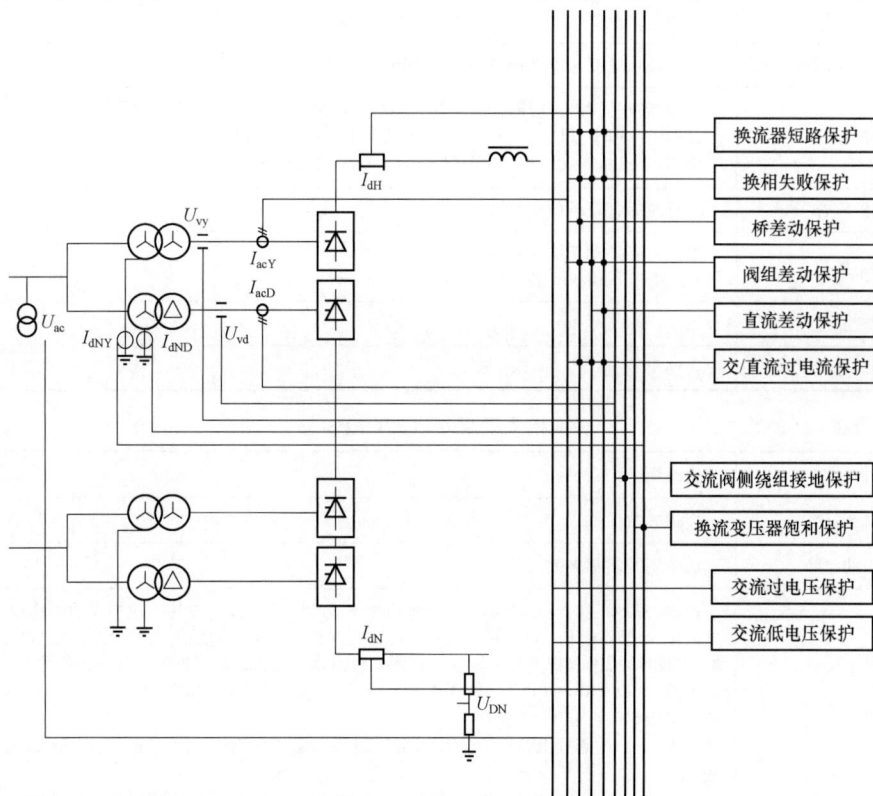

图 4-18 换流器保护种类及其所用测点信号

表 4－58　　　　　　　　　　　　短路保护（87CSY/87CSD）

保护区域	换流阀
保护名称	阀短路保护
保护的故障	阀臂短路、接地故障
保护原理	阀短路故障将造成换流变压器星/角侧两相短路，很大电流流过短路阀以及正在导通的正常阀，需快速检测并闭锁阀，以保护正常阀免受损坏。以换流器阀侧电流以及换流器高（低）压端电流作为动作判据。 星侧：IacY－min（IdH，IdN）＞max（Isc_set，k_set*min（IdH，IdN））。 角侧：IacD－min（IdH，IdN）＞max（Isc_set，k_set*min（IdH，IdN））。 IacY=max（|IacY_L1|，|IacY_L2|，|IacY_L3|）。 IacD=max（|IacD_L1－IacD_L2|，|IacD_L2－IacD_L3|，|IacD_L3－IacD_L1|），式中：IacY_L1、IacY_L2、IacY_L3 分别为换流变压器星侧三相电流的瞬时值
保护配合	动作时间要保证避免第三只阀导通
后备保护	过电流保护（50/51C）； 桥差动保护（87CBY/87CBD）； 直流低电压保护（27DC）
是否依靠通信	否
出口方式	保护动作后立即闭锁脉冲、跳/锁定换流变压器断路器等

表 4－59　　　　　　　　　　　　直流差动保护（87DCV）

保护区域	换流阀及换流变压器阀侧绕组
保护名称	直流差动保护
保护的故障	阀组及换流变压器阀侧绕组接地故障
保护原理	换流器发生接地故障时的主保护，以换流器高（低）压端电流作为动作判据。 高阀：|IdH－IdM|＞max（I_set，k_set*（IdH+IdM）/2）。 低阀：|IdM－IdN|＞max（I_set，k_set*（IdM+IdN）/2）
保护配合	与直流后备差动保护配合
后备保护	直流后备差动保护（87DCB）； 直流低电压保护（27DC）
是否依靠通信	否
出口方式	告警

表 4－60　　　　　　　　　　　　换相失败保护（87CFP）

保护区域	换流阀
保护名称	换相失败保护
保护的故障	逆变侧的换相失败
保护原理	换相失败发生时，由于存在某个阀换相不成功，导致该阀与其他换相成功阀构成旁通对，直流电流迅速增加，同时阀侧电流下降。该保护检测由于阀触发系统故障，以及交流系统接地等故障造成的换相失败，以换流器阀侧电流以及换流器高（低）压端电流作为动作判据。 星侧：max（IdH，IdN）－IacY＞max（Icf_set，k_set*max（IdH，IdN））且 max（IdH，IdN）*k_ac＞IacY。 角侧：max（IdH，IdN）－IacD＞max（Icf_set，k_set*max（IdH，IdN））且 max（IdH，IdN）*k_ac＞IacD。 分延时原理和计次原理两种：延时原理是延时时间定值内保护原理条件均满足，则保护动作；计次原理是一定时间窗定值内换相失败次数满足计次定值条件，则保护动作

续表

保护配合	与逆变侧交流系统故障后控制系统参与调节的过程相配合
后备保护	50Hz/100Hz 保护； 阀组差动保护（87CG）； 直流低电压保护（27DC）
是否依靠通信	否
出口方式	逆变侧检测到换相失败后，请求控制系统增大 GAMMA 角，并利用保护站间通信去闭锁对站线路低电压保护（27DCL）。 保护动作后，首先请求控制系统切换。单桥故障闭锁脉冲，双桥故障 ESOF、跳/锁定换流变压器断路器等

表 4-61　　　　　　　　　　桥差动保护（87CBY/87CBD）

保护区域	换流阀
保护名称	桥差动保护（也称交流差动保护）
保护的故障	换流阀的接地、短路故障以及换相失败；也能反映交流系统接地故障
保护原理	正常运行时，同一电流流过阀星侧和阀角侧，也就是 IacY=IacD，发生故障时两者不等。 星侧：max（IacY，IacD）－IacY>I_set。 角侧：max（IacY，IacD）－IacD>I_set
保护配合	与换相失败保护和 50Hz/100Hz 保护协调
后备保护	50Hz/100Hz 保护； 直流低电压保护（27DC）
是否依靠通信	否
出口方式	分切换段和 2 个跳闸段。慢速段与交流保护的失灵保护或后备保护配合。 跳闸段动作后，立即闭锁脉冲、跳/锁定换流变压器断路器等

表 4-62　　　　　　　　　　阀组差动保护（87CG）

保护区域	换流阀
保护名称	阀组差动保护
保护的故障	检测换流阀的短路故障和换相失败，以及逆变侧长时间的旁通对投入
保护原理	与桥差动保护相近。 min（IdH，IdN）－max（IacY，IacD）>I_set
保护配合	与换相失败保护和 50Hz/100Hz 保护协调
后备保护	直流低电压保护（27DC）
是否依靠通信	否
出口方式	分切换段和 2 个跳闸段。慢速段与交流保护的失灵保护或后备保护配合。 跳闸段动作后，立即 ESOF、跳/锁定换流变压器断路器等

表 4-63　　　　　　　　　　交/直流过电流保护（76、50/51C）

保护区域	换流阀
保护名称	交、直流过电流保护
保护的故障	检测换流阀的接地、短路故障，以及换流阀过载

续表

保护原理	max（IacY，IacD，IdCH，IdCN）>I_set。 分切换段和 4 个动作段。4 个动作段：故障快速段、故障慢速段、3s 过载配合段、2h 过载配合段
保护配合	需要与系统过载能力配合
后备保护	对阀、对站的交直流过电流保护（76、50/51C）； 换流变压器的过电流保护
是否依靠通信	否
出口方式	Ⅰ、Ⅱ段：动作后立即闭锁脉冲，跳/锁定换流变压器断路器等。 Ⅲ、Ⅳ段：动作后闭锁换流器，跳/锁定换流变压器断路器等

表 4-64 　　　　　　　　　　交流过电压保护（59AC）

保护区域	换流阀
保护名称	交流过电压保护
保护的故障	交流电压过高
保护原理	该保护防止由于交流系统异常引起交流电压过高导致设备损坏。 Uac>U_set
保护配合	定值选择需按交流系统设备耐压情况、最后一个断路器跳闸后交流场的过压水平（仅逆变站）、孤岛方式下过电压控制要求相配合，并与交流系统保护相配合
后备保护	另一系统换流器交流过电压保护（59AC）
是否依靠通信	否
出口方式	立即 ESOF、立即跳/锁定换流变压器断路器等

表 4-65 　　　　　　　　　　交流低电压保护（27AC）

保护区域	换流阀
保护名称	交流低电压保护
保护的故障	交流电压过低
保护原理	该保护防止由于交流电压过低引起直流系统异常。 Uac<U_set
保护配合	定值选择需与交流系统保护相配合，与交流系统故障的切除时间相配合，与换相失败保护、直流谐波保护时间定值相配合
后备保护	另一系统换流器交流低电压保护（27AC）
是否依靠通信	否
出口方式	立即 ESOF、立即跳/锁定换流变压器断路器等

表 4-66 　　　　　　　　　交流阀侧绕组接地保护（59ACVW）

保护区域	换流阀及换流变压器阀侧绕组
保护名称	交流阀侧绕组接地保护
保护的故障	阀组及换流变压器阀侧绕组接地故障

续表

保护原理	该保护在直流输电系统未解锁时投入，解锁后退出。 ｜UacY_L1+UacY_L2+UacY_L3｜>UacY0_set； 或｜UacD_L1+UacD_L2+UacD_L3｜>UacD0_set
保护配合	解锁后保护退出
后备保护	直流差动保护（87DCM）； 直流后备差动保护（87DCB）
是否依靠通信	否
出口方式	动作后，发出告警信息，禁止控制系统解锁

表 4−67　　　　　　　　　　　　**旁路开关保护（82−BPS）**

保护区域	旁路开关
保护名称	旁路开关保护
保护的故障	保护旁路开关（BPS）在分闸或合闸过程中的异常
保护原理	Ⅰ段（分失灵）：收到分闸指令且旁路开关（BPS）指示分闸位置后，满足｜IdBPS｜>I_set。 Ⅱ段（合失灵）：收到保护性退阀组或在线退阀组发出的合闸指令后，满足｜IdBPS｜<I_set1 且 IDH>I_set2
保护配合	BPS 的开断能力
后备保护	另一系统旁路开关保护（82−BPS）
是否依靠通信	否
出口方式	Ⅰ段动作后，立即重合并锁定 BPS。 Ⅱ段动作后，向控制系统发闭锁极命令

表 4−68　　　　　　　　**换流变压器饱和保护（50/51CTNY，50/51CTND）**

保护区域	换流变压器
保护名称	换流变压器中性点直流电流饱和保护
保护的故障	防止换流变压器中性点流过较大直流电流而损坏换流变压器
保护原理	IdNY>Δ或 IdND>Δ。 根据换流变压器设备厂家提供的饱和曲线（选取 6 组直流电流、运行时间数据进行拟合）， 根据实测换流变压器中性点直流电流进行反时限累积判断
保护配合	无
后备保护	另一系统换流变压器饱和保护（50/51CTNY，50/51CTND）
是否依靠通信	否
出口方式	告警、请求控制系统切换

表 4-69　　　　　　　　　　　　直流过电压保护（59/37DC）

保护区域	承受直流电压的设备
保护名称	直流过电压保护
保护的故障	直流线路或其他位置开路以及控制系统调节错误等易使直流电压过高。该保护检测高压直流过电压，保护高压线上的设备；另一用途为无通信下逆变站闭锁且未投旁通对时，用于整流站闭锁阀组或极
保护原理	UD=｜UdL－UdM｜（高阀）或｜UdM－UdN｜（低阀）。 Ⅰ段：UD>U_set1& IdLN<I_set。 Ⅱ段：UD>U_set2。 Ⅲ段：UD>U_set3。 定值门槛和动作延时以设备耐压能力为依据，定值分正常运行 OLT 试验两种方式
保护配合	控制系统的电压控制器
后备保护	对站的直流过电压保护（59/37DC）
是否依靠通信	否
出口方式	分切换段和跳闸段。跳闸段动作后，立即 ESOF、跳/锁定换流变压器进线断路器等

表 4-70　　　　　　　　　　　　直流低电压保护（27DC）

保护区域	直流系统
保护名称	直流低电压保护
保护的故障	保护整个极区的所有设备的后备保护，检测各种原因造成的接地短路故障；另一用途为无通信下逆变站闭锁后，用于整流站闭锁阀组或极
保护原理	Ⅰ段：仅双阀组运行时投入，U_set2<｜UdL｜<U_set1，且｜UdL－UdM｜<Δ（高端阀组）或｜UdL－UdM｜>Δ（低端阀组）。 Ⅱ段：｜UdL｜<U_set
保护配合	交流系统故障
后备保护	本身为后备保护
是否依靠通信	否
出口方式	该保护是个总后备保护。分切换段和动作段。延时大于阀区、极区其他所有保护延时。 Ⅰ段动作后，立即 ESOF，跳/锁定本阀组换流变压器进线断路器等。 Ⅱ段动作后，立即执行极层闭锁换流器，跳/锁定双阀组换流变压器进线断路器、极隔离等

4. 换流变压器保护配置、功能

LCC 站换流变压器保护的保护区域包括换流变压器交流侧开关电流互感器至阀侧电流互感器的内部范围。

昆北站换流变压器保护的配置如图 4-19 所示，其具体保护配置见表 4-71～表 4-81。

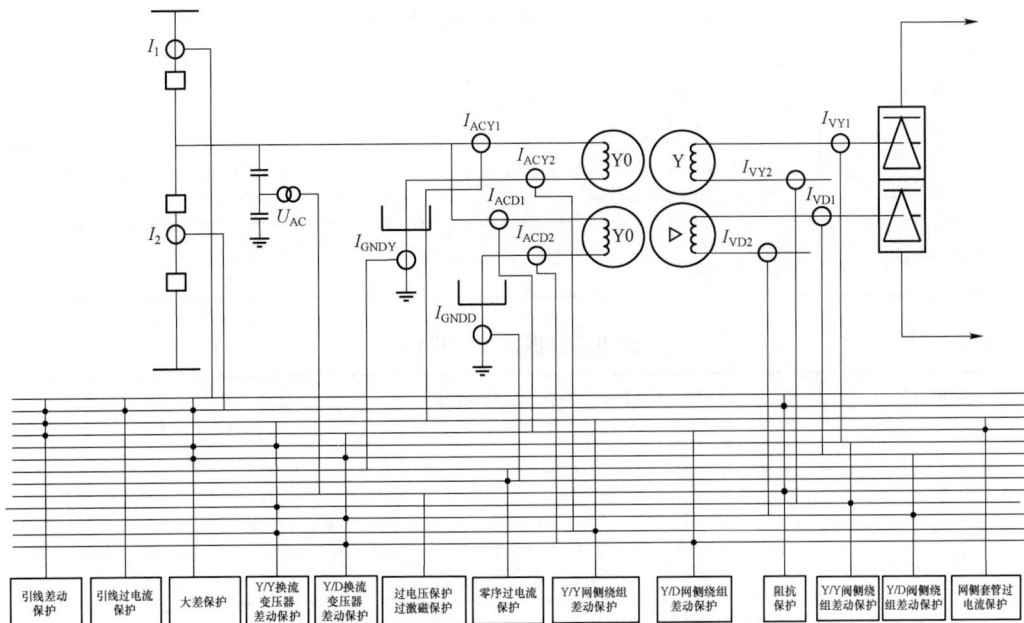

图 4-19　LCC 站换流变压器保护配置示意图

表 4-71　　　　　　　　　　　　**引线差动保护（87AF）**

保护目的	反映从网侧开关电流互感器到网侧首端套管电流互感器间区域的相间和接地故障
切除顺序	跳本侧断路器； 直流系统闭锁； 切除冷却器电源
动作方程	Icd1＞K*Ires1，式中：Icd1 为引线差动电流；Ires1 为引线差动制动电流；K 为引线差动保护制动系数
后备保护	过电流保护； 零序过电流保护

表 4-72　　　　　　　　　　**换流变压器及引线差动保护（87TB）**

保护目的	反映从网侧开关电流互感器到阀侧首端套管电流互感器间区域的相间和接地故障
切除顺序	跳本侧断路器； 直流系统闭锁； 切除冷却器电源
动作方程	Icd2＞K*Ires2，式中：Icd2 为换流变压器差动电流；Ires2 为换流变压器差动制动电流；K 为换流变压器差动保护制动系数
后备保护	过电流保护； 零序过电流保护

表 4–73 | 换流变压器差动保护（87T）

保护目的	反映从网侧首端套管电流互感器到阀侧首端套管电流互感器间区域的相间和接地故障
切除顺序	跳本侧断路器； 直流系统闭锁； 切除冷却器电源
动作方程	Icd2＞K*Ires2，式中：Icd2 为换流变压器差动电流；Ires2 为换流变压器差动制动电流；K 为换流变压器差动保护制动系数
后备保护	过电流保护； 零序过电流保护

表 4–74 | 绕组差动保护（87TW）

保护目的	反映换流变压器各个绕组的相间或接地故障
切除顺序	跳本侧断路器； 直流系统闭锁； 切除冷却器电源
动作方程	Icd3＞K*Ires3，式中：Icd3 为绕组差动电流（包括网侧、阀侧）；Ires3 为绕组差动制动电流（包括网侧、阀侧）；K 为绕组差动保护制动系数
后备保护	过电流保护； 零序过电流保护

表 4–75 | 过 电 流 保 护（51P）

保护目的	反映换流变压器的内部故障，作为后备保护。标准配置为定时限特性
切除顺序	跳本侧断路器； 直流系统闭锁
动作方程	I＞Δ，式中：I 为开关和电流或换流变压器 Y/Y 变网侧首端套管电流或 Y/D 变网侧首端套管电流；Δ为对应电流的过电流保护定值。 标准配置为换流变压器引线过电流保护设置一段一时限；Y/Y 和 Y/D 换流变压器网侧套管过电流保护各设置一段一时限
后备保护	冗余配置的保护系统中的过电流保护

表 4–76 | 零序过电流保护（51G）

保护目的	反映换流变压器的接地故障
切除顺序	跳本侧断路器； 直流系统闭锁
动作方程	I0＞Δ，式中：I0 为 YY/YD 变网侧中性点零序电流；Δ为零序过电流保护定值。 标准配置为 Y/Y 和 Y/D 换流变压器零序过电流保护各设置两段，Ⅰ段定时限，Ⅱ段反时限
后备保护	另一套保护系统中的零序过电流保护

表 4–77 | 过 电 压 保 护（59P）

保护目的	防止系统过电压对换流变压器的损坏
切除顺序	跳本侧断路器； 直流系统闭锁

动作方程	U＞Δ，式中：U 为网侧电压；Δ为过电压保护定值。 标准配置为换流变压器过电压保护设置两段，Ⅰ段告警，Ⅱ段跳闸
后备保护	冗余配置的保护系统中的过电压保护

表 4 – 78　　　　　　　　　　　　相间阻抗保护（21P）

保护目的	防止换流变压器短路故障造成的损坏。 反映换流变压器内部绕组或引出线故障
动作方程	跳本侧断路器； 直流系统闭锁
主要原理	Z＜Δ，式中：Z 为网侧测量阻抗；Δ为阻抗保护定值。 标准配置为相间阻抗保护设置两段
后备保护	冗余配置的保护系统中的阻抗保护（21P）

表 4 – 79　　　　　　　　　　　　过负荷保护（87TB）

保护目的	防止换流变压器长期处于过负荷状态而引起的损坏，特性为定时限
切除顺序	仅发报警信号

表 4 – 80　　　　　　　　　　　　换流变压器过励磁保护

保护目的	防止换流变压器长期处于过励磁状态而引起的损坏，如过电压和低频，特性包括定时限和反时限。 设置两段，Ⅰ段定时限告警，Ⅱ段反时限跳闸或告警
切除顺序	跳闸或报警

表 4 – 81　　　　　　　　　　　　换流变压器非电量保护

保护目的	防止换流变压器受到内部故障的损坏
切除顺序	跳闸信号：跳开交流侧断路器并输出 ESOF 至极控。 告警信号：仅发报警信号
信号	通过接入外回路非电量信号完成非电量保护功能，可接入的跳闸信号和告警信号如下： 跳闸信号：气体继电器主油箱跳闸信号、油压突变跳闸、油温过高跳闸、绕组温度过高跳闸、SF$_6$ 压力低跳闸、OLTC 保护继电器/气体继电器跳闸 1。 报警信号：SF$_6$ 压力变低报警、绕组温度过高报警、气体继电器主油箱报警、油温报警、本体和分接开关油位高、低

5. 交流滤波器保护配置、功能

在 LCC 站中，交流滤波器是换流站中不可缺少的一部分，自然要对其设立独立的保护设备。该工程滤波器保护按滤波器小组配置，即每个小组交流滤波器配置小组保护屏 2 面，实现完全双重化的交流滤波器小组保护。

交流滤波器所设立的保护如图 4–20～图 4–22 所示。

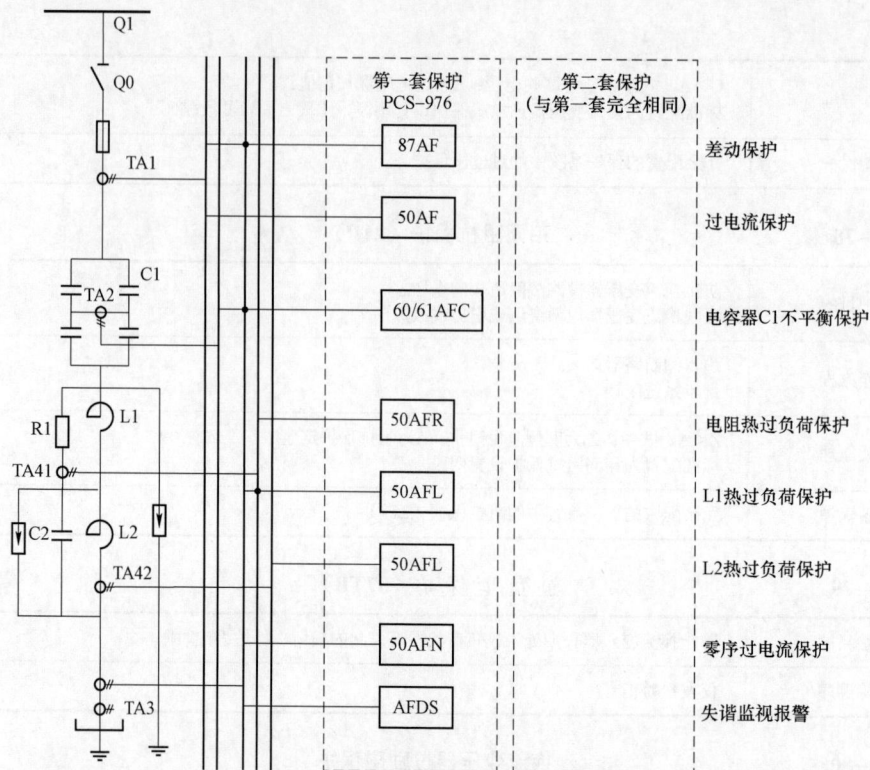

图 4-20 双调谐滤波器保护配置

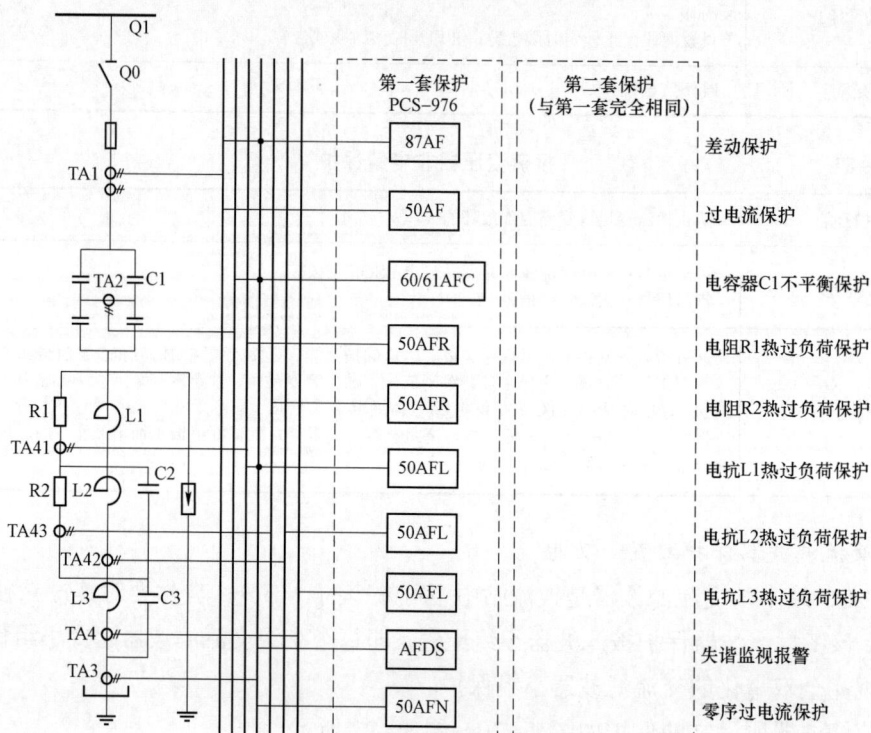

图 4-21 三调谐滤波器保护配置

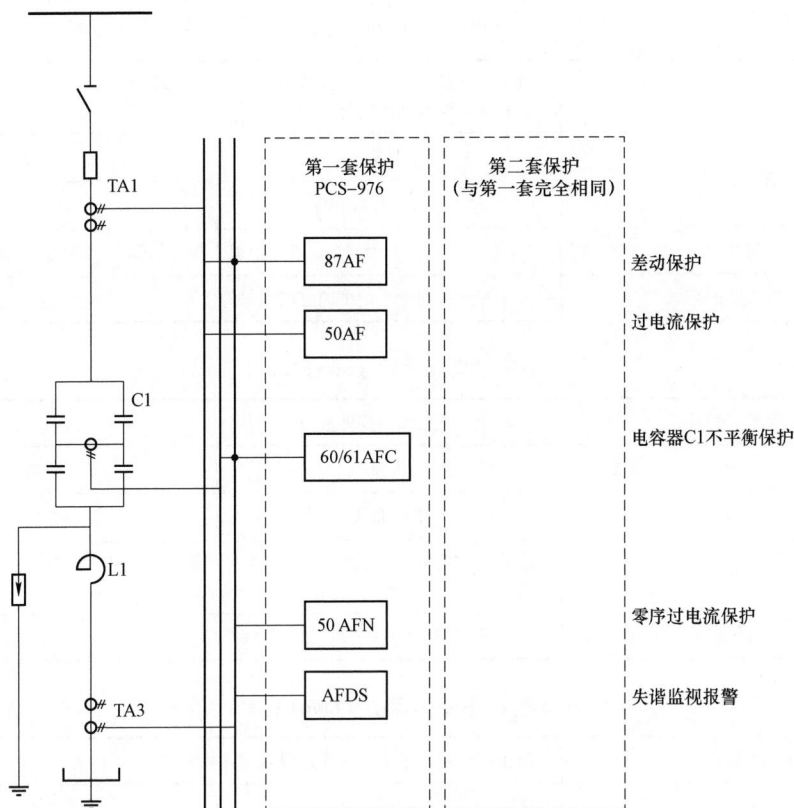

图 4-22 并联电容器保护配置

通过这些保护，可以及时反映并切除交流滤波器装置的故障，以免影响到直流输电系统的正常运行。交流滤波器保护具体保护配置见表 4-82~表 4-90。

表 4-82 差动保护（87 AF）

保护目的	反映交流滤波器的接地故障
切除顺序	跳开关
动作方程	$\begin{cases} I_d > I_{d \cdot st} & 0 < I_r \leqslant I_\alpha \\ I_d > k_{bl} I_r & I_r > I_\alpha \end{cases}$ $\begin{cases} I_d > 1.2 I_N & 0 < I_r \leqslant 0.8 I_N \\ I_d > 0.6[I_r - 0.8 I_N] + 1.2 I_N & I_r > 0.8 I_N \end{cases}$ $\begin{cases} I_d = \|\dot{I}_1 + \dot{I}_2\| \\ I_r = \|\dot{I}_2\| \\ I_\alpha = I_{d \cdot st} / k_{bl} \end{cases}$ 式中：I_N 为滤波器额定电流；I_1、I_2 分别为滤波器首端、尾端调整电流；$I_{d \cdot st}$ 为差动启动定值；I_d 为差动电流工频有效值；I_r 为制动电流工频有效值；k_b 为比率制动系数，装置内部固化为 $k_b=0.5$
后备保护	过电流保护； 零序过电流保护

表 4 – 83 过电流保护（50 AF）

保护目的	过电流保护，防止交流滤波器受过电流的损坏。反映交流滤波器的短路故障	
切除顺序	Ⅰ 段	报警
	Ⅱ、Ⅲ 段	跳开关
动作方程	$I_1 > I_{set}$，式中：I_1 为滤波器首端电流工频有效值；I_{set} 为过电流保护定值	
后备保护	冗余配置的保护系统中的过电流保护	

表 4 – 84 零序过电流保护（50AFN）

保护目的	反映交流滤波器的接地故障	
切除顺序	Ⅰ 段	报警
	Ⅱ、Ⅲ 段	跳开关
动作方程	$I_0 > I_{set0}$，式中：I_0 为滤波器的尾端自产零序电流工频有效值，I_{set0} 为零序电流定值	
后备保护	另一套保护系统中的零序过电流保护	

表 4 – 85 电容器 C_1 不平衡保护（60/61AFC）

保护目的	防止电容器由于故障单元过应力损坏	
切除顺序	Ⅰ 段	报警
	Ⅱ 段	报警 长延时跳闸
	Ⅲ 段	快速跳闸
动作方程	$$I_{ub} > I_{ub \cdot st}$$ $$\frac{I_{ub}}{I_{tro}} > K_{ub \cdot set}$$ 式中：I_{ub} 为交流滤波器的不平衡电流有效值；I_{tro} 为交流滤波器的穿越电流有效值；$I_{ub \cdot st}$ 为不平衡启动整定值，已固化在装置中，不需用户整定；$K_{ub \cdot set}$ 为不平衡保护定值	
后备保护	冗余配置的保护系统中的电容器 C_1 不平衡保护	

表 4 – 86 电阻 R_1/R_2 热过载保护（用于双调谐滤波器/三调谐滤波器）（50AFR）

保护目的	可能导致交流滤波器电阻损坏的过电流。交流滤波器中的短路故障	
切除顺序	Ⅰ 段	报警
	Ⅱ、Ⅲ 段	跳开关
动作方程	$I_1 > I_{set1}$，式中：I_1 为电阻 R_1 电流中 1～36 次谐波的均方根值，I_{set1} 为电阻 R_1 热过载保护定值。 $I_2 > I_{set2}$（三调谐 R_2），式中：I_2 为电阻 R_2 电流中 1～36 次谐波的均方根值，I_{set2} 为电阻 R_2 热过载保护定值	
后备保护	冗余配置的保护系统中的 R_1/R_2 过载保护	

表 4 – 87　　　　　　　　　　　电抗 L_1 热过载保护（50AFL）

保护目的	可能导致交流滤波器电抗 L_1 损坏的过电流。交流滤波器中的短路故障	
切除顺序	Ⅰ 段	报警
	Ⅱ、Ⅲ 段	跳开关
动作方程	$I_1 > I_{set1}$，式中：I_1 是通过计算得到的电抗 L_1 电流 $I_1 - I_{r1}$，取其 1～36 次谐波的均方根值；I_{set1} 为电抗 L_1 过载保护定值	
后备保护	冗余配置的保护系统中的 L_1 过载保护	

表 4 – 88　　　　电抗 L_2 过载保护（用于双调谐和三调谐滤波器保护）（50AFL）

保护目的	可能导致交流滤波器电抗 L_2 损坏的过电流。 交流滤波器中的断路故障	
切除顺序	Ⅰ 段	报警
	Ⅱ、Ⅲ 段	跳开关
动作方程	$I_2 > I_{set2}$，式中：I_2 为电抗 L_2 电流 1～36 次谐波的均方根值；I_{set2} 为电抗 L_2 过载保护定值	
后备保护	冗余配置的保护系统中的 L_2 过载保护	

表 4 – 89　　　　　电抗 L_3 过载保护（用于三调谐滤波器保护）（50AFL）

保护目的	可能导致交流滤波器电抗 L_3 损坏的过电流。 交流滤波器中的断路故障	
切除顺序	Ⅰ 段	报警
	Ⅱ、Ⅲ 段	跳开关
动作方程	$I_3 > I_{set3}$，式中：I_3 为电抗电流 1～36 次谐波的均方根值；I_{set3} 为电抗 L_3 过载保护定值	
后备保护	冗余配置的保护系统中的 L_3 过载保护	

表 4 – 90　　　　　　　　　　　　　失　谐　监　视

保护目的	通过检测滤波器尾端电流互感器的相电流和自产零序电流来甄别交流滤波器的细小变化，在异常时发出报警信号	
切除顺序	Ⅰ 段	报警
动作方程	$I_{harm} > k \cdot I_{1amp}$，式中：$k$ 为失谐制动系数；I_{1amp} 是交流滤波器尾端相电流的基波有效值；I_{harm} 是尾端自产零序电流中 2～36 次谐波电流有效值	
后备保护	冗余配置的保护系统中的失谐报警	

6. 失灵实现方案

基本思路：主、备两套交流滤波器保护装置（PCS – 976A）共用一个失灵回路；任一套交流滤波器保护装置保护动作后，均从操作箱（CZX – 12GN）开出三跳触点，接至失灵保护装置（PCS – 921）的"发变三跳开入"。

当失灵保护装置收到"发变三跳"开入后，可分别经低功率因素、负序过电流和零序过电流三个辅助判据开放失灵保护，三个辅助判据均可由整定控制字投退。输出的动作逻辑先经"失灵跳本开关时间"延时发三相跳闸命令跳本断路器，再经"失灵动作时间"延时跳开相邻断路器。

另外，失灵保护装置包含非故障相失灵功能，由三相跳闸输入触点（在这里只用发变三跳开入）保持失灵过电流高定值动作元件，并且失灵过电流低定值动作元件连续动作，此时输出的动作逻辑先经"失灵跳本开关时间"延时发三相跳闸命令跳本断路器，再经"失灵动作时间"延时跳开相邻断路器。

失灵保护装置详细的失灵逻辑如图 4-23 所示。

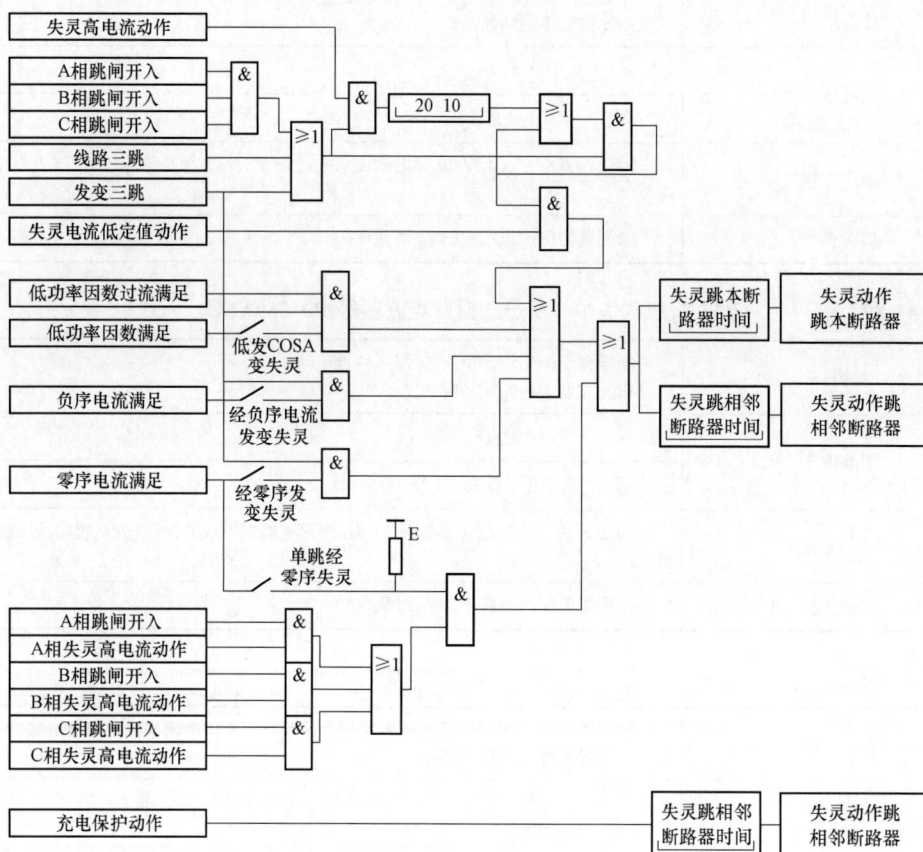

图 4-23 交流滤波器失灵保护装置失灵逻辑图

第5章 换流站辅助系统

5.1 站用电系统

以柳州站为例，其站用电系统分为站用电交流、站用电直流及 UPS 三个系统：站用电交流系统提供照明、电动机运行、水泵运行、操作电源等；站用电直流系统提供控制、保护电源；UPS 系统为工作站系统、服务器屏、远动及通信屏、就地控制屏、电能计量屏等提供电源。

5.1.1 10kV 和 400V 系统介绍

站用交流系统电源共有三路，包括两路站内电源和一路站外电源。一路站内电源通过 500kV 1 号站用变压器降压至 10kV 向 10kV 101M 母线供电；另一路站内电源通过 500kV 2 号站用变压器降压至 35kV，经过 35kV 2 号站用变压器降压至 10kV 向 10kV 102M 母线供电；站外电源取自 110kV 黄冕变电站 35kV 冕换线，经 35kV 0 号站用变压器降压至 10kV 向 10kV 103M 母线供电。

10kV 站用电系统采用单母线分段接线，101M、102M、103M 三段母线之间设置母联断路器。母联断路器装设在 103M 母线侧，母线联络隔离开关分别装设在 101M、102M 侧。10kV 站用电系统具有备自投功能，备自投功能投入。

10kV 101M、102M 各由 7 个开关柜引出负荷，各自备用 1 个间隔，另外再为实训基地备用 1 间隔，两段母线各引出 5 个间隔经 10kV 干式变压器带 400V 负荷，两两互为备用电源；由 103M 引出 1 间隔至检修厂房。

全站 400V 交流配电系统共分为 6 个部分，分别位于 380V 极 1 低端换流器交流配电室、380V 极 1 高端换流器交流配电室、380V 极 2 低端换流器交流配电室、380V 极 2 高端换流器交流配电室、380V 公用交流配电室、检修厂房。其中，除检修厂房采用单母接线外，其余均采用单母线分段接线，具有备自投功能，备自投功能正常投入。

5.1.2　站用电系统备自投功能

1. 10kV 电源备自投功能

站用 10kV 电源由三路电源供电，其中第一、二路电源为主电源，第三路为备用电源。当备自投功能投入时，检测到站用变压器进线有一路或多路失压，并且持续时间达 1.8s 判定为进线电源异常，系统再经 0.02s 延时自动发出相应的跳进线断路器命令，将失压进线隔离，再过 0.6s 后投入相应的母联断路器，将失压母线由备用电源供电；当失压进线故障排除，系统检测到该进线恢复电压时，经 0.02s 自动发出命令切除相关的母联断路器，过 0.6s 后合故障恢复进线断路器的命令，将进线恢复到正常工作状态。当 10kV 备自投动作时，优先选择第三路电源对失压母线（101M 或 102M）进行供电；当第三路电源因故不能投入使用时，再选择 101M 与 102M 母线进线联络运行。10kV 备自投逻辑见表 5-1。

表 5-1　　　　　　　　　　　10kV 备 自 投 逻 辑 表

序号	第一路电源 OK	第三路电源 OK	第二路电源 OK	备自投逻辑
1	TRUE	TRUE	TRUE	合：11DL、13DL、12DL； 分：LK031、LK032
2	TRUE	TRUE	FLASE	合：11DL、13DL、LK032； 分：LK031、12DL
3	TRUE	FLASE	TRUE	合：11DL、12DL； 分：13DL、LK031、LK032
4	FLASE	TRUE	TRUE	合：13DL、LK031、12DL； 分：11DL、LK032、
5	TRUE	FLASE	FLASE	合：11DL、LK031、LK032； 分：12DL、13DL
6	FLASE	FLASE	TRUE	合：12DL、LK031、LK032； 分：11DL、13DL
7	FLASE	TRUE	FLASE	合：13DL、LK031、LK032； 分：11DL、12DL
8	FLASE	FLASE	FLASE	分：所有断路器

注　DL—负荷断路器；LK—母联断路器。

进线电压 OK 判断逻辑如下。

（1）第一路电压 OK 的判断：

1）若 11DL 断路器在"工作位置"，且 11DL 断路器在合闸位置，判 10kV 101M 母线电压三相均高于 8.0kV，则第一路电压 OK；任一相电压低于 8.0kV，则第一路电压不 OK。

2）若 11DL 断路器在"试验位置"，或 11DL 断路器在分闸位置，判 500kV 1 号站用变压器低压侧电压三相均高于 8.0kV，则第一路电压 OK；任一相电压低于 8.0kV，则第一路电压不 OK。

（2）第二路电压 OK 的判断：

1）若 12DL 断路器在"工作位置"，且 12DL 断路器在合闸位置，判 10kV 102M 母线电压三相均高于 8.0kV，则第二路电压 OK；任一相电压低于 8.0kV，则第二路电压不 OK。

2）若 12DL 断路器在"试验位置"，或 12DL 断路器在分闸位置，判 35kV 2 号站用变压器低压侧电压三相均高于 8.0kV，则第二路电压 OK；任一相电压低于 8.0kV，则第二路电压不 OK。

（3）第三路电压 OK 的判断：

1）若 13DL 断路器在"工作位置"，且 13DL 断路器在合闸位置，判 10kV 103M 母线电压三相均高于 2.5kV，则第三路电压 OK；任一相电压低于 2.5kV，则第三路电压不 OK。

2）若 13DL 断路器在"试验位置"，或 13DL 断路器在分闸位置，判 35kV 0 号站用变压器低压侧电压三相均高于 2.5kV，则第三路电压 OK；任一相电压低于 2.5kV，则第三路电压不 OK。

2. 400V 电源备自投功能

站用 400V 电源为双电源供电，极 1 高端换流器、极 1 低端换流器、极 2 高端换流器、极 2 低端换流器及站公用 400V 电源的备自投功能完全一致。当备自投功能投入时，检测到 10kV/400V 干式变压器进线有一路失压，并且持续时间达 2.8s，系统自动发出切相应的进线断路器命令，将失压进线隔离，再过 0.9s 后投入母联断路器，将失压母线由备用电源供电；当失压进线故障排除，系统检测到该进线恢复电压时，经 2.8s 延时自动发出命令切除相关母联断路器，再过 0.9s 合故障恢复进线断路器的命令，将进线恢复到正常工作状态。正常运行方式下，400V 备自投功能正常投入。极 1 低端换流器 400V 交流电源备自投逻辑见表 5-2。

表 5-2　　　　极 1 低端换流器 400V 交流电源备自投逻辑

序号	11B 干式变压器电源 OK	12B 干式变压器电源 OK	备自投逻辑
1	TRUE	TRUE	合：41DL、42DL； 分：412DL
2	TRUE	FLASE	合：41DL、412DL； 分：42DL
3	FLASE	TRUE	合：42DL、412DL； 分：41DL
4	FLASE	FLASE	保护原有位置不变

进线电压 OK 判断逻辑（以极 1 低端换流器 400V 交流电电源为例）如下。

（1）第一路电压 OK 的判断：

1）若 41DL 断路器在"工作位置"，且 41DL 断路器在合闸位置，判 400V 401M 母线电压三相均高于 320V，则第一路电压 OK；任一相电压低于 320V，则第一路电压不OK。

2）若 41DL 断路器在"试验位置"，或 41DL 断路器在分闸位置，判 10kV 11B 干式变压器低压侧电压三相均高于 320V，则第一路电压 OK；任一相电压低于 320V，则第一路电压不 OK。

（2）第二路电压 OK 的判断：

1）若 42DL 断路器在"工作位置"，且 42DL 断路器在合闸位置，判 400V 402M 母线电压三相均高于 320V，则第一路电压 OK；任一相电压低于 320V，则第一路电压不OK。

2）若 42DL 断路器在"试验位置"，或 42DL 断路器在分闸位置，判 10kV 12B 干式变压器低压侧电压三相均高于 320V，则第一路电压 OK；任一相电压低于 320V，则第一路电压不 OK。

5.1.3 220V 直流系统介绍

柳州换流站低压直流系统包括站公用直流系统、极 1 高端换流器直流系统、极 1 低端换流器直流系统、极 2 高端换流器直流系统、极 2 低端换流器直流系统、500kV 继电器小室直流系统、主变压器及 35kV 继电器小室直流系统等，共 7 套独立的 220V 直流系统，均为不接地系统。

220V 直流系统每套均为双重化配置，包括 2 组阀控式密封铅酸蓄电池组、3 面充电动机屏（其中 1 面为备用）、直流联络屏、直流馈线屏等。直流充电母线 A 段和充电母线B 段分别接至直流馈电母线 A 段和 B 段；充电母线 A 段和充电母线 B 段经过切换后，接至直流馈电母线 C 段，馈电母线 A、B、C 段分别向各自负荷供电。

每台高频开关电源分别由两路 380V 交流电源供电（互为备用），将交流整流为直流电后，通过双投开关可以选择接入充电母线给蓄电池浮充同时给负荷供电，或接入馈电母线直接给负荷供电（用于母线联络运行时）。公共高频开关电源（备用充电动机）作为上述两台高频开关电源的备用，可以通过双投开关选择接入任意一段充电母线。

220V 直流系统提供全站的直流操作、测量设备、保护装置、自动顺序控制、事件记录电源。

5.1.4 UPS 系统介绍

站内 UPS 系统由主控楼 UPS（30kVA）、极 2 低端 UPS（5kVA）两套独立运行的 UPS系统组成，两套均采用单母线分段，带联络开关。每台 UPS 主机分别向 220V 交流Ⅰ段母线、220V 交流Ⅱ段母线独立供电。极 1 高端 UPS 系统引自主控楼 UPS 系统，极 2 高端 UPS 系统引自极 2 低端 UPS 系统。

UPS 系统采用双重化冗余接线，UPS 电源为交流 220V 单相输出，馈线屏的输出采用辐射状供电方式，正常情况下 2 台 UPS 主机各带 50%的负荷。一旦一台 UPS 主机在正常运行过程中发生故障转旁路，负荷由旁路供电，通过手动操作输出开关和旁路检修开关，将这台 UPS 完全脱离进行检修；恢复正常后通过手动操作旁路检修开关，将此 UPS 投入运行。每台 UPS 主机的输出开关和母线分段开关均为手动切换开关，当一台 UPS 输出端失电，需由运行人员切换至另一台 UPS 输出端供电。每台 UPS 主机均带有两个 RS485 接口，可分别与站内监控系统通信。

5.2　阀 冷 却 系 统

5.2.1　阀冷却系统运行操作

1. 就地自动启动操作

就地自动启动操作的操作步骤如下：

（1）就地操作在阀冷室任一阀冷控制屏的屏柜门上的操作面板上进行；一些重要的操作设置有密码保护功能，需要输入用户名和密码，密码登录界面如图 5-1 所示。

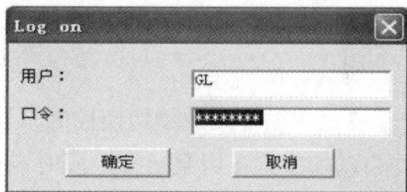

（2）确认阀冷却系统的状态为"阀冷停运""阀未投运""自动模式"，F1 自动模式选择按键上灯亮。

图 5-1　密码登录界面

按下 F3 阀冷却系统启动按键，该键上灯会闪烁，阀冷却系统延时 5s 启动后，F3 键上灯开始长亮，表明阀冷却系统在自动运行状态。待阀冷却系统运行稳定后检查主循环泵、补水泵、风机、喷淋泵的运行状态，在操作面板的主仪表显示界面检查主水压力、冷却水流量、内冷水电导率是否正常，从而判断阀冷却系统运行是否正常。

2. 就地自动停止操作

就地自动停止操作的操作步骤如下：

（1）确认阀冷却系统的状态为"阀冷运行""阀已投运""自动模式"，F1 自动模式选择按键上灯亮，F3 阀冷却系统启动按键上灯亮。

（2）按下 F4 阀冷却系统停止按键，阀冷却系统停运。

3. 就地手动操作

（1）F2 为手动模式选择按键，按下 F2 按键时可选择阀冷却系统进入手动模式，如当前为自动模式，且阀冷却系统在运行状态时，手动模式按键会失效。阀冷却系统在检修或调试时，可在手动模式下手动操作。

（2）如需要对主循环泵进行手动切换时，可进入 F25 主循环泵控制界面进行主循环泵的切换。

（3）F29 和 F30 界面分别为喷淋泵和冷却塔风机的切换和启停界面。可手动启停、切换喷淋泵、工频/变频启停风机。

5.2.2 阀冷却系统控制和保护

1. 阀冷却系统控制

（1）主循环泵控制。

1）主循环泵自动切换控制。P01 主循环泵连续无故障运行 168h 后，启动主循环泵自动切换逻辑，P02 主循环泵投入运行同时 P01 主循环泵停止（以 P01 主循环泵运行为例）。主循环泵控制逻辑如图 5-2 所示。

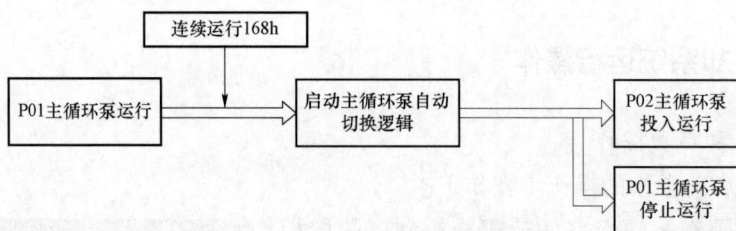

图 5-2 主循环泵控制逻辑图

2）主循环泵故障切换控制。当前泵运行情况下，阀冷却系统出现以下故障时，系统均自动切换到备用泵运行，同时当前泵停止。

a. 主循环泵出水压力低+进阀压力低：阀冷却系统主循环泵出口设置两台压力变送器，当任意一台压力变送器测量值低于保护定值时，延时 3s 后，控制系统报出"主循环泵出水压力低"报警。进阀主管路设置两台进阀压力变送器，当任意一台压力变送器测量值低于保护定值时，延时 3s 后，控制系统报出"进阀压力低"报警。

b. 主循环泵过热：主循环泵轴承设置 PT100 热敏电阻实时进行温度检测，当温度传感器检测值超过设定，延时 2s 后，控制系统报出"主循环泵过热"。

c. 主循环泵回路故障：主循环泵回路设置断路器保护，当断路器脱扣报警时，延时 500ms 后，控制系统报出"主循环泵故障"；当断路器脱扣或热继电器动作时，延时 500ms 后，控制系统报出"主循环泵故障"。

d. 主循环泵安全开关未合：主循环泵动力回路设置就地检修安全开关，当检修安全开关被断开时，延时 500ms 后，控制系统报出"主循环泵安全开关未合"报警，主循环泵不切换。

e. 站用电 400V 电源故障：P01 主循环泵接在 I 段母线上，P02 主循环泵接在 II 段母线上，如 P01 主循环泵运行时，I 段母线电源失电，延时 500ms 后，控制系统报出"1#交流电源故障"，同时主循环泵切换至备用泵运行。

主循环泵故障切换逻辑如图 5-3 所示。

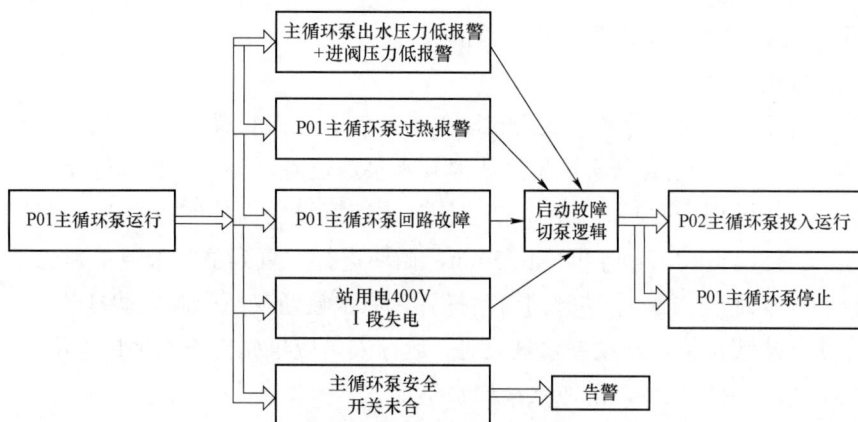

图 5-3 主循环泵故障切换逻辑图

3）主循环泵切换不成功控制。主循环泵长期运行时，如当前工作泵运行出现故障，切换至备用泵运行；如备用泵发生故障，能再切换至工作泵运行。在此期间，阀冷却系统无跳闸信号输出。主循环泵切换不成功控制逻辑如图 5-4 所示。

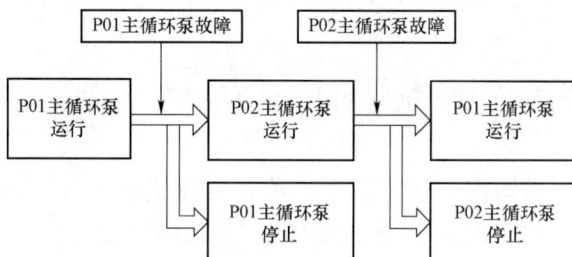

图 5-4 主循环泵切换不成功控制逻辑图

4）主循环泵其他控制。

a. 两台主循环泵可通过就地操作面板实现手动切换。

b. 操作面板具有主循环泵运行时间清零功能。

c. 主循环泵故障设置复位按键，当故障解除后需要手动复位，防止故障投入运行时引起主循环泵不必要的切换。

（2）电加热器控制。

1）冷却水进阀温度不高于 14℃时，电加热器 H01、H02 启动；冷却水进阀温度不低于 16℃时，电加热器 H01、H02 停止。

2）冷却水进阀温度不高于 15℃时，电加热器 H03、H04 启动；冷却水进阀温度不低于 17℃时，电加热器 H03、H04 停止。

3）冷却水进阀温度接近/低于阀厅露点 1℃时，4 台电加热器强制启动。

4）电加热器的启动与主循环泵运行及冷却水流量超低值互锁。

5）当电加热器断路器未合时，报出"阀冷××电加热器故障"。

6）电加热器连续工作 60min 后，阀冷却系统仍存在"进阀温度低"或"进阀温度低于露点"时，报出"阀冷电加热失败－请检查"。

（3）自动补水控制。

1）阀冷却系统自动运行时可实现自动补水控制，当膨胀罐液位下降到自动补水液位时，补水泵自动启动；当膨胀罐液位到达停补水泵液位时，补水泵自动停止。

2）自动补水过程为间断式补水，防止因补水速度过快而导致系统压力迅速变化。间断式补水方式为自动补水 2min 再停止 3min，循环进行，直到膨胀罐液位到达停泵液位。

3）自动补水时，V136 电动阀门自动打开，原水罐通气电磁阀自动打开。

4）当膨胀罐液位接近自动补水液位时，运行人员应事先检查原水罐液位是否能满足系统的补水需求，做好准备以防原水罐储水不足。

5）自动补水时，当原水罐液位到达低液位，控制系统会强制停止补水泵，并发报警信号。

6）自动补水时，当膨胀罐压力因液位的上升而引起压力增大时，系统会根据膨胀罐的压力大小自动进行排气。

（4）手动补水控制。

1）阀冷却系统在运行和停止模式均可通过操作面板进行手动补水，但膨胀罐液位必须小于补水停泵液位。

2）补水前，应检查原水罐液位是否能满足系统的补水需求，检查相应阀门状态是否开启正确。

3）根据液位的下降情况，如需要对阀冷却系统进行手动补水，可通过操作面板"P11/P12 补水泵启动"和"P11/P12 补水泵停止"按键进行操作。

4）手动启动补水泵时，补水泵会连续运行，因此手动补水应注意系统压力的变化。建议手动补水采用间断式控制，让系统有压力缓解过程。

（5）冷却风塔控制。

1）当冷却水进阀温度接近第一组冷却塔启动设定温度时，第一组冷却塔启动并以第一组启动温度为目标，PID 调节第一组冷却塔风机频率。

2）当第一组风机达到 50Hz 时，冷却水进阀温度还是高于第一组冷却塔启动温度设定值，且接近第二组冷却塔启动温度设定值时，启动第二组冷却塔，PLC 以最低频率 PID 调节冷却塔风机。当冷却水进阀温度低于第二组冷却塔启动温度且高于第一组冷却塔启动温度，PLC 自动停止第一次启动的冷却塔，第二组冷却塔风机继续进行 PID 调节；当冷却水进阀温度低于第一组冷却塔启动温度值时，停止所有运行的冷却塔。

3）当两组冷却塔启动后，且冷却水进阀温度仍然高于第二组冷却塔启动温度设定值，并接近第三组冷却塔启动温度设定值时，启动第三组冷却塔，以第三组风机启动温度为目标 PID 调节进阀温度。

4）三组冷却塔采用"先启先停"机制，轮换工作。

5）冷却塔风扇变频器回路带有旁路开关。

6）风机的变频调速控制：风机的转速通过目标温度设定值及当前冷却水进阀温度来控制，目标温度可在操作面板上设定；PLC 根据当前冷却水进阀温度与目标温度间偏差变化，进行 PID 运算后，输出一模拟量信号传送至变频器；变频器根据此信号的增大/减小来升频/降频，控制风机转速，从而改变系统散热量，使冷却水进阀温度逐渐逼近目标温度并最终稳定在目标温度附近，达到准确控制冷却水进阀温度的目的。

冷却风塔的控制原理如图 5-5 所示。

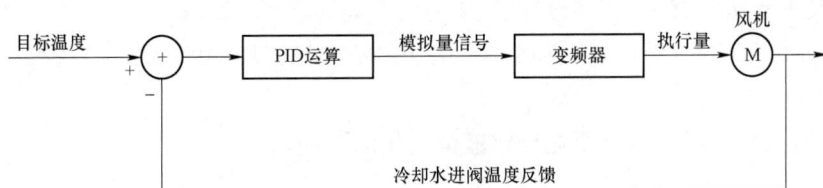

图 5-5　冷却风塔控制原理图

（6）喷淋泵控制。

1）在设定的供水温度范围下，喷淋泵强制启动，即使当室外气温较低，风机停运后，喷淋泵仍保持运行。这有利于保持冷却水温度的稳定，并可防止冬天管道系统结冻。

2）为防止因外冷水池水位测量系统故障等原因误停喷淋泵，引起内冷水温度升高跳闸，外冷水池水位低仅发告警信号；同时加装喷淋泵手动启动功能。

3）每个冷却塔任一台喷淋水泵发生故障时自动切换到备用水泵。运行与备用水泵之间周期性轮换，以保证平均磨损。

（7）过滤泵控制。一般情况下，循环过滤泵采用自动间歇运行方式，间歇时间可以手动设定。自循环过滤系统故障或检修时，可停泵进行，但停运不得超过 24h。

（8）排污泵控制。在喷淋泵坑集水坑设置液位开关及潜水排污泵，并设置水位报警系统。当集水坑内水位高于一定高度时，自动报警并自动启动潜水泵。工作泵事故时，备用泵自动投入运行，同时发送信号到控制系统（工作泵和备用泵不但可以自动控制，还可以手动强制投入）。当积水坑内水位低于一定高度时，自动停泵。

2. 阀冷却系统保护

阀冷却系统保护主要配置流量保护、液位保护、漏水保护、电导率保护等。

（1）流量保护。

1）冷却水流量传感器设计采用"三取二"方式保护出口。

2）主水流量传感器与进阀压力传感器均设计 2 台，通过流量与压力之间的联锁配合实现保护逻辑。

3）主流量跳闸的保护值与进阀压力低或进阀压力高互锁。

（2）液位保护。

1）膨胀罐水位保护设报警和跳闸。

2）膨胀罐液位测量低于 15%时发报警，低于 5%时发直流闭锁命令。

3）膨胀罐装设的两套电容式液位传感器和一套磁翻板式液位传感器采用"三取二"原则出口。

（3）漏水保护。

1）换流阀冷却水膨胀水箱水位扫描，周期为 2s，液位比较周期为 10s，比较周期内泄漏量为 0.3%时，延时 30s 后泄漏保护动作。

2）换流阀冷却水膨胀水箱水位扫描，周期为 60min，在扫描周期内液位下降超过0.5%连续发生 6 次，发系统泄漏报警。

3）补水泵在设定时间内连续启动多次（定值由检漏周期内补水次数设定），发出泄漏报警。

4）泄漏报警须排除温度变化导致液位变化的影响。

5.3 阀厅空调系统

5.3.1 阀厅空调系统简介

阀厅空调系统设计成一个独立的系统，采用风冷螺杆式冷（热）水机组+组合式空气处理机组+风管送回风的系统形式。设置两套，互为备用。冷水机组及组合式空气处理机组均设 100%的备用，即每个阀厅设置 4 台，其中 2 台运行、2 台备用。一套发生故障时，另一套可自动地投入运行。正常时，至少保持一台冷水机组及一台组合式空气处理机组正常运行。

5.3.2 阀厅空调运行操作和运维

1. 阀厅空调运行操作

（1）主控界面：运行人员可通过空调集中监控系统对冷水机组、冷冻水泵、调节阀、电动蝶阀按逻辑进行远程集中控制，可在管理中心的计算机屏幕看到设备状态、参数；可对各机房的组合式空气处理机组进行远程开机（也可在各机房决定是否开机），控制各阀厅温、湿度；可进行系统各设备报警信息显示、分析处理；可对冷冻水供、回水温度、各阀厅温、湿度根据设定的取样周期进行记录保存。

启动计算机进入操作系统界面后，点击桌面上的"WinCC 空调监控系统"图标进入主控界面，如图 5-6 所示。

主控界面用来设定主要参数，操作主要功能，并监视主要数据、运行状态等。绿色变量参数表示可以设定，鼠标点击当前的设定值即可进行修改。黄色变量参数表示显示使用。

"复位故障"：当机组有故障时，在确认故障排除后，可通过该按钮复位报警；

"紧急停机"：按下可紧急停止当前机组，确认危险排除后按"复位故障"按钮复位故障，恢复正常运行；

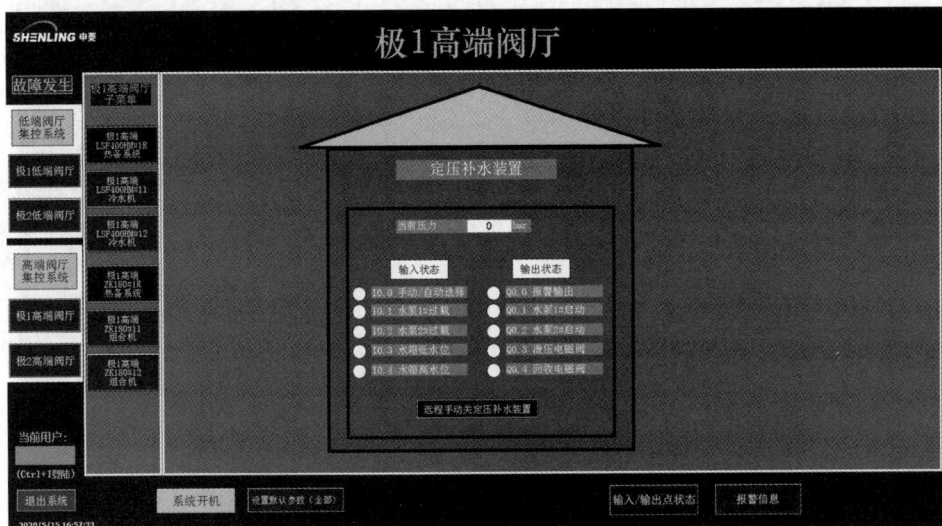

图 5-6 主控界面

其余按钮功能见按钮上的文字提示，只有在控制模式处于远程时才有效。

（2）数据记录界面：此界面可以用表格的方式显示记录的数据值，如图 5-7 所示。可以通过表格上方的工具栏"stop"，按时钟符号选择所需要显示的时间范围。

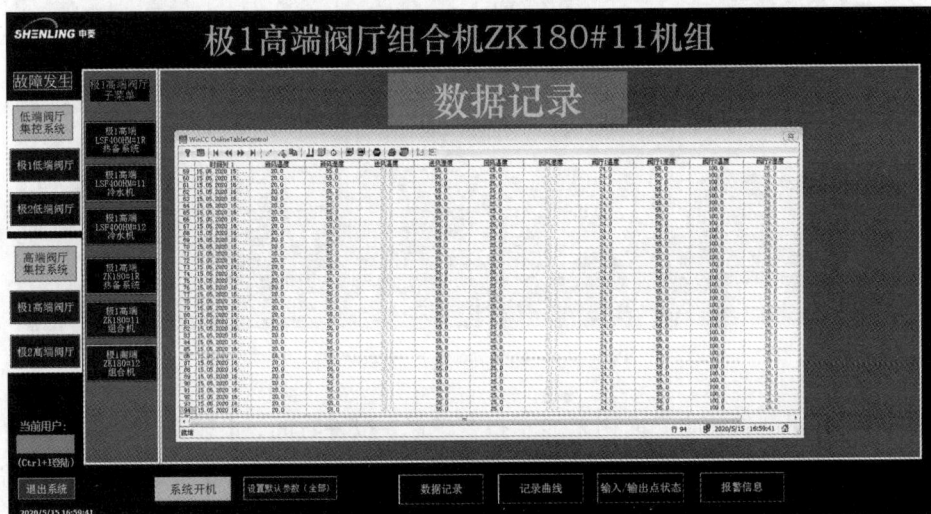

图 5-7 数据记录界面

（3）记录曲线界面：此界面显示数据的实时变化曲线，如图 5-8 所示。可以通过表格上方的工具栏"stop"，按时钟符号选择所需要显示的时间范围。

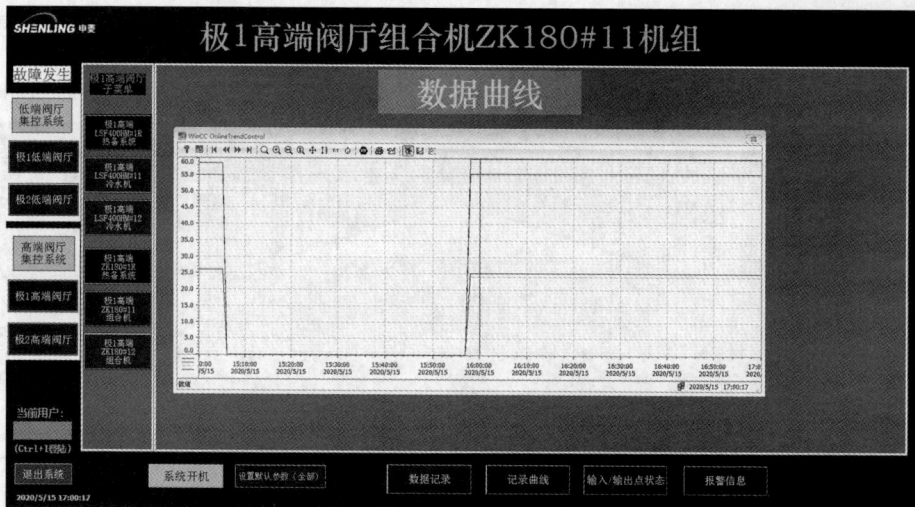

图 5-8　记录曲线界面

（4）输入/输出点状态界面：此界面可以看到空调机组控制器的输入点状态及输出点状态（闭合或者断开），如图 5-9 所示。

图 5-9　输入/输出点状态界面

（5）报警信息界面：此界面用来显示报警信息、报警时间、报警文本及发生报警的机组，红色字体代表报警到来，绿色字体代表报警已消除，如图 5-10 所示。在配置了音箱，有声音报警的情况下，如果暂时报警不能消除，点击确认按钮可以确认报警，已确认的报警不触发报警声音。

2. 阀厅空调运维

阀厅空调的运维主要包含如下项目。

（1）阀厅空调工作站检查。

图 5-10　报警信息界面

1）各监控界面无异常告警信号、各类参数在正常范围。

2）运行中的组合风机面板显示三通阀开度与输出要求开度基本一致。

3）阀厅空调定期切换正常，设定 168h 切换一次。

（2）阀厅空调控制柜检查。

1）组合式空调机组控制单元柜内液晶面板无告警，参数在合格范围内，柜内各空气开关在正常的合位状态。

2）控制柜内无烧焦、烧煳现象。

3）正常运行时控制模式在"自动""远方"方式。

4）箱门关闭紧密，箱内无受潮现象。

（3）通风机组系统检查。

1）风机运行正常，风机处理机组压力范围 0.1～0.6MPa，温度范围 13～35℃，压差范围 25～200Pa。

2）回风阀、送风阀正常开启。

3）滤网进风面无杂物堵塞、无破损现象。

（4）冷水机组系统检查。

1）压缩机外壳无裂纹，联轴器本体无裂纹、破损，运行声响无异常。

2）压缩机油面（从压缩机视油镜观察），压缩机油面应在视油镜的 1/3 以上，螺杆机出水压力范围 0.1～0.6MPa，出水温度范围 7～12℃，循环泵出水压力范围 0.1～0.6MPa。

3）管道、阀门和连接处无泄漏现象；水泵运行无异响、无发热现象。

4）定压补水装置控制面板无告警，储水箱水位接近浮球位置，水压在正常范围内。

5）管道、阀门和连接处无泄漏现象。

（5）空调管道检查。管道、阀门和连接处无泄漏现象。

5.4 消 防 系 统

5.4.1 消防系统简介

消防系统主要由消防给水系统及消火栓系统、水喷雾灭火系统、泡沫消防炮灭火系统、火灾报警控制系统、灭火器材及其他灭火设施。

1. 消防给水系统

柳州站设置有两套独立的消防给水系统。其中一套为主消防给水系统，该系统为临时高压消防给水系统，负责为站内室内外消火栓及水喷雾灭火系统提供满足流量和压力要求的消防用水。另一套为泡沫炮消防给水系统，负责为站内换流变压器的固定消防炮灭火系统提供满足流量与压力要求的消防用水。

2. 水喷雾灭火系统

柳州换流站换流变压器（12 台）、500kV 降压变压器（1 台）、融冰变压器（1 台）消防采用水喷雾灭火系统，同时在各变压器周围设置一定数量的室外消火栓，可供消防人员从消火栓上接出水带，安装喷雾水枪，辅助固定水喷雾灭火系统进行灭火和扑救流散火灾，以阻止火灾蔓延扩大。水喷雾灭火系统由水源、供水设备、管道、雨淋报警阀、过滤器和水雾喷头等组成。

3. 泡沫消防炮灭火系统

泡沫消防炮系统主要由泡沫液储液罐、泡沫比例混合装置、管道及阀门、固定泡沫消防炮、移动式泡沫炮、控制装置等组成。柳州换流站设一套泡沫消防炮灭火系统，其中泡沫炮消防给水系统加压设备（水泵等）设置在综合水泵房内。泡沫比例混合装置、泡沫液储液罐等设备设置在现混泡沫设备间内。

4. 火灾报警控制系统

火灾报警控制系统主要由火灾报警控制器、多线控制盘、图形显示装置、消防电话主机、消防广播主机、火灾报警工作站、吸气式感烟火灾探测系统工作站、火灾探测器手动报警装置、报警显示器以及与消防系统的联动接口装置组成，用于探测各防火区域存在火警的情况。

5. 灭火器材及其他灭火设施

灭火器类型主要包括手提式磷酸铵盐 ABC 干粉灭火器、二氧化碳灭火器、推车式

ABC 干粉灭火器。其中，二氧化碳灭火器布置在布置有精密电气屏柜的房间如主控制室、继电器室等。站内所有建筑物内各楼层和户外油浸式电气设备附近，均设置不同类型的移动式灭火器。建筑物内配置手提式 ABC 干粉或二氧化碳灭火器，大空间的阀厅及检修备品库内同时配置推车式 ABC 干粉灭火器。在户外油浸式电气设备（包括换流变压器、站用变压器、融冰变压器）附近，除设有 MFT50 型推车式 ABC 灭火器，同时配置一定数量的消防沙箱、消防铲、消防铅桶和消防斧等灭火设施。

5.4.2 消防系统运行操作

1. 消防给水系统及消火栓系统

主消防给水系统管网干管管径为 DN300，在阀厅及换流变压器周围、站前区形成环状布置。设置在管网上的室外消火栓布置间距不大于 70m，消防水泵房有两条出水管（DN300）与环状管网相连，并保证当其中一条出水管检修时，另外一条出水管仍能满足换流站消防的全部用水量。消防水泵采用自动控制方式，同时能实现就地手动和远程手动控制；远程手动控制能在消防控制室手动启动各消防水泵，但不能远程停泵。正常情况下，2 台稳压泵轮流交替自动运行，用于维持消防给水系统压力。当系统压力上升至设定上限 0.90MPa 时，稳压泵自动停机；当系统压力下降至设定值 0.70MPa 时，稳压泵自动启动。稳压泵一用一备，当一台泵故障时，备用泵自动投入运行。火灾时，主消防泵根据系统压力信号依次自动投入运行，当系统压力下降至设定值 0.60MPa，启动一台电动消防泵；当系统压力下降至设定值 0.45MPa 时，依次启动第二和第三台消防水泵；当其中一台电动消防泵启动失败或系统压力下降至设定值 0.25MPa 时，备用消防泵自动投入运行。当电动消防泵启动后，电动稳压泵自动停运。

泡沫炮消防给水系统设有消防水管网至现混泡沫设备间，干管管径为 DN300。消防水泵采用自动控制方式，同时能实现就地手动和远程手动控制；远程手动控制能在消防控制室手动启动各消防水泵，但不能远程停泵。正常情况下，2 台稳压泵轮流交替自动运行，用于维持消防给水系统压力。当系统压力上升至设定上限 0.65MPa 时，稳压泵自动停机；当系统压力下降至设定值 0.50MPa 时，稳压泵自动启动。稳压泵一用一备，当一台泵故障时，备用泵自动投入运行。火灾时，泡沫炮消防泵根据系统压力信号依次自动投入运行，当系统压力下降至设定值 0.40MPa，启动一台泡沫炮消防泵；当系统压力下降至设定值 0.30MPa 时，启动第二台泡沫炮消防泵；当其中一台泡沫炮消防泵启动失败或系统压力下降至设定值 0.20MPa 时，备用泡沫炮消防泵自动投入运行。当泡沫炮消防泵启动后，电动稳压泵自动停运。

消火栓系统分为室内消火栓和室外消火栓。室外消火栓布置在路边，距路边 1.5～2m，且距建筑物不小于 5m。室外消防给水管网中间设置检修阀门，保证每 2 个检修阀门间的消火栓不超过 5 个。消防水泵房有两条出水管（DN300）与环状管网相连，并保证当其中一条出水管检修时，另外一条出水管仍能满足换流站消防的全部用水量。室外消火栓采用地上式消火栓 SS100/65−1.6 型，消火栓旁设置地上式消火栓箱，内置 ϕ65、L25m 水龙带 3 根以及 ϕ19 消防水枪 1 支。室内消火栓采用旋转减压稳压型消火栓，设置在消火栓箱内，内置 ϕ65、L25m 麻质衬胶水龙带 1 根，ϕ19 多功能消防水枪一支。室内消防管道采用镀锌焊接钢管，室外埋地消防管道采用钢丝网聚乙烯复合给水管。

2. 水喷雾灭火系统

水喷雾灭火系统保护对象为变压器油箱本体、储油柜、油坑；保护面积为变压器油箱本体外表面面积（顶面面积+侧面面积）+储油柜外表面面积+油坑面积。喷雾强度：20L/（min·m^2），持续喷雾时间：1h，水雾喷头工作压力：0.35MPa。

火灾发生时，布置在变压器周围的火灾探测器探测到火灾，发出信号，通过控制系统联动开启与着火设备相对应的雨淋阀组；雨淋阀组开启后，高压消防水迅速充满雨淋阀组后的管道，通过安装在变压器四周的水雾喷头一起喷雾灭火。水喷雾灭火系统的原理如图 5−11 所示。

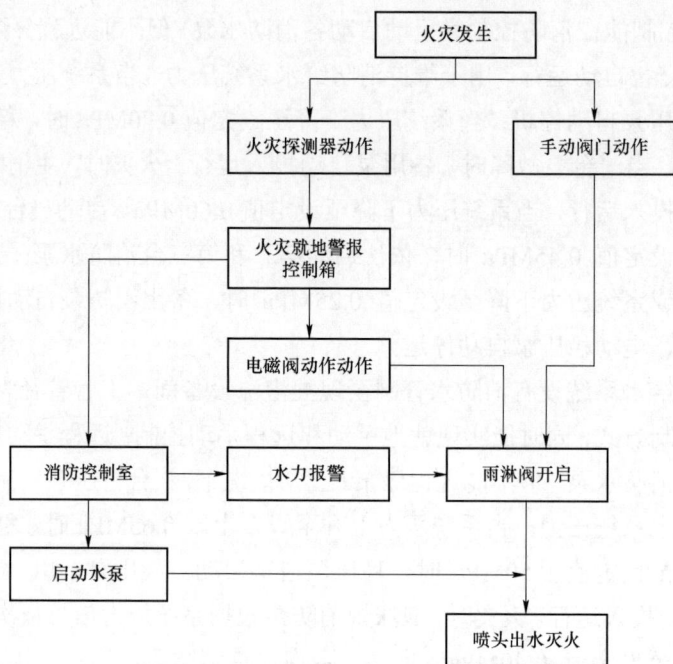

图 5−11　水喷雾灭火系统原理图

雨淋阀组除自动控制外，同时具有现场就地操作和远程手动控制功能。雨淋阀的启、闭状态在主控室远程显示；压力开关的压力信号（无源触点）表示水喷雾灭火系统的喷射状态，该信号在消防主机屏显示；信号蝶阀的启闭状态（无源触点）在消防主机屏显示。

3. 泡沫消防炮灭火系统

为保证消防炮覆盖整个变压器区域，位于换流变压器广场区域的固定式泡沫消防炮安装在低端换流变压器的两侧消防炮塔上；高端换流变压器的消防炮位于换流变压器广场的对侧，地面布置。炮前设置手动阀、电动蝶阀及水流指示器。炮塔设置保护水幕系统，水幕流量为 6L/s；消防炮配套就地控制箱及无线遥控器，可就地调整水炮喷射角度。消防炮采用 PLKD64Ex 型，单台流量：64L/s，入口工作压力：1.0MPa，保护半径：不小于 70m（介质泡沫），泡沫混合液流量：不小于 150L/s，供给时间：不小于 60min。设置压力式泡沫比例混合装置 1 套，泡沫液储液罐有效容积为 20m³。

变压器着火后，现场运行人员打开现混泡沫间内控制阀门，通过智能接口单元启动泡沫炮消防给水水泵。泵组启动后，压力水通过泡沫比例混合装置，混合泡沫罐内水成膜泡沫液，形成有压力 3%泡沫液，管道供至消防泡沫炮喷射。泡沫消防炮灭火系统手动启动方法分为两种，分别是主控室远程手动启动和现场就地应急启动。

（1）主控室远程手动：泡沫消防灭火系统在手动状态下，当系统报警信号被工作人员通过控制室显示器或现场确认后，控制室通过消防炮控制器驱动消防水炮瞄准着火点，启动电动阀和消防水泵实施灭火。消防泵和消防炮的工作状态在控制室显示。

（2）现场应急手动：工作人员发现火灾后，通过设在泡沫罐间的监控器观察现场，通过电控箱按键驱动消防炮瞄准着火点，启动电动阀和消防水泵实施灭火。消防阀、泵和消防炮的工作状态在电控箱和控制室显示。

4. 火灾报警系统

在控制楼内设置中央火灾报警屏，实现监视、报警、消防联动控制等功能，并与控制保护系统及 SCADA 系统进行通信和接口。运行人员可在主控室火灾报警主机上监视火灾报警信息。在主控室设有火灾报警系统主机屏 1、火灾报警系统主机屏 2、吸气式感烟火灾探测系统工作站等。在站公用二次设备室内设有火灾报警系统电源屏 1、火灾报警系统电源屏 2。在主变压器及 35kV 继电器室设有火灾报警系统分屏 1，在极 2 高端换流器控制保护室设有火灾报警系统控制分屏 2。

火灾报警系统可与消防泵、水喷雾灭火系统雨淋阀组、通风及空调、切非消防电源、排烟系统等进行联动。

（1）与消防泵的联动。当火灾发生时，消防泵可以通过控制模块联动启动；也可以通过多线控制盘，在主控室手动直接启动，并接收其反馈信号。

（2）与水喷雾灭火系统雨淋阀组的联动。发生火灾时，雨淋阀的电磁阀可以通过控制模块联动启动；也可以通过多线控制盘，在主控室手动直接启动，并接收其反馈信号。在自动联锁控制方式下，当收到变压器火灾信号（两路火灾探测器信号或一路火灾探测器信号、一路手动火灾报警按钮信号），且变压器的进线断路器断开时，将自动启动相应的电磁阀。在远程手动控制方式下，在主控室多线控制盘上可以随时手动直接启动任何一台变压器的电磁阀。

（3）与通风及空调的联动。阀厅发生火灾时，通过控制模块联动断开阀厅空调总配电柜的电源，关闭相应的全自动防火阀，并接收其反馈信号。主控楼、辅控楼发生火灾时，通过控制模块联动断开对应楼层暖通配电箱的电源，并接收其反馈信号。

（4）与切非消防电源的联动。建筑物内发生火灾时，通过控制模块联动断开对应建筑物或楼层的照明箱、交流配电箱、动力箱、风机电源箱，并接收其反馈信号。

（5）与排烟系统的联动。站内主控室及主控楼会议室设有机械排烟系统，火灾发生时，排烟口（主控室、会议室各1个）可以通过控制模块联动启动；也可以通过多线控制盘，在主控室手动直接启动，并接收其反馈信号。排烟口开启时，排烟风机自动启动。排烟风机可以通过控制模块联动启动，也可以通过多线控制盘，在主控室手动直接启动，并接收其反馈信号。

5.4.3　消防系统维护

消防系统的主要运维项目见表5-3。

表5-3　　　　　　　　　　　消防系统主要运维项目

序号	项目	要求	周期
日常巡视要求			
1	火灾自动报警系统	（1）火灾报警控制器各指示灯显示正常，无异常报警。 （2）火灾自动报警系统触发装置外观完好，工作指示灯正常	1次/1d
		（1）主机外观无锈蚀、破损。 （2）主机内保持清洁，设备标识完整、准确。 （3）火灾报警声光显示正常，无异常告警信号，空气开关、继电器位置正确。 （4）探测器外观完好，无松脱、缺失，表面清洁	1次/月
2	消防供水系统	消防设施、器材在位，无阻挡	1次/1d
		（1）消火栓阀门关闭，无漏水、喷水，标识醒目、正确。 （2）消火栓箱内扳手、接头、水带完好、齐备。 （3）喷头和管道接地良好，无漏水、喷水。 （4）消火栓、消防管道系统无腐蚀，管网走向等标识清晰、完整	1次/月
		检查消火栓供水启动是否正常，各消火栓每年至少喷水1次	1次/3月
3	水喷淋灭火系统	（1）消防控制柜各指示灯显示正常，无异常及告警信号，工作状态正常。 （2）雨淋阀、喷雾头、管件、管网及阀门无损伤、腐蚀、渗漏；各接口、排水管口无水流	1次/1d
4	消防炮灭火系统	（1）消防炮控制系统控制屏显示正常，启停控制按钮、声光指示正常，阀门位置正确，无异常及告警信号。 （2）控制系统电源电压显示及主、备用电柄位置正常，系统自动/手动切换手柄位置正确，泡沫液储液罐、管网压力显示正常	1次/1d
5	消防水泵系统	（1）水泵接合器、消火栓、泵房内阀门开关、电磁阀等标识清晰、位置正确，运行状态，开、关指示标识清晰，位置正确。 （2）消防水泵、部件无锈蚀、漏水、裂纹，基础牢固，接地装置接地良好，地基无下陷，设施周围无杂物和其他设备。 （3）标识正确、内容清晰，无缺失、未失效。 （4）操作说明齐全。 （5）消防管网压力指示正确。 （6）消防控制柜电源开关布线清晰、整齐规范，设备标识完整、准确。 （7）消防控制柜柜体无锈蚀、破损、变形	1次/月
		（1）消防水泵自启停试验。 （2）工作泵与备用泵转换运行。 （3）消防用电设备电源切换试验正常	1次/3月

续表

序号	项目	要求	周期
6	消防炮系统	（1）消防炮喷头、管道系统、泡沫比例混合器接地良好，无漏水、喷水等异常。 （2）消防管网系统无腐蚀，管网走向等标识清晰完整。 （3）消防供水水泵、部件无锈蚀、漏水、裂纹等异常，地面基础牢固，接地装置接地良好，地基无下陷，设施周围无杂物和其他设备。 （4）泡沫储存容器、液体单向阀、高压软管、集流管、管网与喷嘴等外观检查无碰撞变形、无锈蚀，保护涂料完好，铭牌清晰。 （5）泡沫液储液罐罐体完好，铭牌、标识牌上泡沫灭火剂的型号、配比浓度清晰可辨；泡沫灭火剂在有效日期内，储量充足；储液罐配件齐全完好，液位计、安全阀及压力表状态应正常。 （6）消防炮系统操作说明齐全、正确，标识及铭牌醒目、清晰。 （7）电缆出入口位置封堵严密、充实，无孔洞。 （8）二次接线线路完整、电磁阀功能正常，灭火系统各位置阀门开闭位置正确，运行状态、开、关指示标识清晰	1 次/月
7	其他消防设施	（1）检查监控系统无消防水池水位相关告警。 （2）防火重点部位标志清晰，无破损、脱落。 （3）安全疏散指示标志清晰，无破损、脱落、被遮挡；安全疏散通道照明完好、充足；安全疏散通道畅通，无杂物堆放，无阻挡。 （4）防火门在关闭状态，外观完整。 （5）现场用电、用火不存在违章情况。 （6）易燃、易爆、有毒、有害介质等物品按规定地点摆放	1 次/1d
		（1）消防沙池：消防用沙干燥、数量充足，沙箱（池）完好，无锈蚀、破损、变形；消防沙铲、沙桶、斧头完好，标识清晰。 （2）应急疏散照明：消防应急灯外观完好，安装位置正确、指示正确，标示醒目。 （3）防火门：防火门开启正常，闭门器无漏油或松动。 （4）消防管网防腐检查：防腐漆无脱皮、漏刷、反锈、气泡、流坠、皱皮、堆积及混色等，表面光亮、光滑；各类管道涂色标志准确、明显，水流方向标识清楚。 （5）消防布置图、应急疏散图正确、齐备，粘贴位置符合要求。 （6）消防安全标志的设置、应急照明完好、有效。 （7）室内外消防通道、疏散楼梯和安全出口通畅。 （8）无违章用火、用电情况。 （9）检查灭火器压力、生产日期、试验日期和外观，更换过期、压力不足、不能正常使用的灭火器。 （10）防毒面具包装完整，在保质期内，更换过期、损坏的防毒面具	1 次/月

专业巡维要求

1	火灾自动报警系统	（1）消防报警主机显示屏和楼层显示器间的各个显示功能正常，所有指示灯、开关、按钮无损坏或接触不良情况。 （2）检查备用电源的工作状态，备用电池的电压及其他指标参数符合要求。 （3）系统设备所有接线端子无松动、破损、脱落。 （4）测试报警主机系统的接地电阻满足是否要求，并做好记录。 （5）对感烟（温）探测器进行清洁。 （6）对不合格、灵敏度差、故障率高、污损、缺失的消防报警设备进行更换，确保系统的正常运行。 （7）感烟（温）探测器功能测试，探测器动作灵敏，报警功能正常，指示灯显示清晰，地址码显示准确。 （8）对火灾探测器的模拟试验，火灾报警控制器的声光显示报警正常，探测区域与建筑部位的相应关系准确无误。 （9）试验手报按钮报警，动作灵敏、报警准确，联动功能正常，本层及其上、下各一层声光警报器动作鸣响。 （10）对备用电源进行充放电试验；对主、备用电源进行 1 次自动切换试验，确保系统正常运行。 （11）检测报警主机控制程序有无乱码，确保主机功能正常。 （12）检测消防报警主机输出功能，联动模块动作、反馈信号功能及消防联动设备动作逻辑应符合设计要求，检查系统能否实现设计联动控制功能	1 次/6 月

序号	项目	要求	周期
2	消防供水系统	（1）栓口橡胶无老化、龟裂或脱落，水带无霉烂、穿孔，自救式卷盘胶管无老化、龟裂，按钮无破碎。 （2）消火栓阀门关闭，无漏水、喷水，标识醒目、正确。 （3）水泵接合器完整、不渗漏。 （4）止回阀启闭灵活、有效。 （5）消火栓管网的减压阀及其过滤器正常，清洗过滤器。 （6）阀门转动部位加黄油或其他润滑物。 （7）对消火栓系统管网进行全面检查，对油漆脱落的管道及时除锈刷防锈漆和标志漆。 （8）测试每个消火栓口的静压、动压是否正常。 （9）测试消火栓各按钮报警功能是否正常。 （10）声光警报器测试正常。 （11）消防水泵及稳压泵启动正常。 （12）数据监控中心报警信号正常。 （13）安全泄压阀灵敏、可靠，水锤吸纳器工作正常	1次/6月
3	消防水泵系统	（1）电动机轴承转动均匀，无严重脏污，无润滑油变质现象。 （2）电动机外观无变形、损伤、锈蚀，机械性能良好（电动机在运行时不发热、无异常振动及杂音）。 （3）水泵轴与电动机的连接部位无松动、变形、损伤和锈蚀。水封无漏水，无变形损伤，螺栓、螺母未松动。 （4）电源开关、布线清晰、整齐、规范，设备标识完整、准确。 （5）控制器主电源有独立双回路，直接接入控制器电源端。 （6）电源自动切换装置、备用电源及控制系统检查无异常。 （7）各控制柜内指示灯正常，到消防中心信号正常。 （8）柜体无锈蚀、破损、变形。 （9）维护水泵的相间及对地电阻，确保符合要求。 （10）对消防水泵维护保养，添加润滑油，清洗内部杂质。 （11）工作泵与备用泵转换运行1次试验，自动和手动启动消防水泵，要求流量、压力、运行电流正常，消防水泵动力运行可靠。 （12）具备不间断供电，其性能正常。 （13）测试消防水泵故障切换功能，确保正常	1次/6月
4	水喷雾灭火系统	（1）水喷雾灭火系统控制屏显示正常，启停控制按钮、灯光指示正常；阀门位置正确，启停控制按钮、灯光指示正常；电源电压显示及主、备用电手柄位置正常，系统自动/手动切换手柄位置正确；注水启停控制按钮、灯光指示正确；蓄电池水位显示、管网压力显示正常。其他装置处在正常投运状态。 （2）水喷雾喷头齐全，无损坏及掉落，各支架和管道无变形、锈蚀现象，无异物。 （3）管道和阀门无跑、冒、滴、漏现象。 （4）消防水池的水位符合要求，补水水源以及池内水质清洁，浮球阀功能良好，水位计指示正确。消防水泵进水阀及管网注水阀处于开启状态，系统泄水阀处于关闭状态。 （5）检查接线线路、电磁阀，确保电磁阀工作正常。 （6）设备标识及铭牌醒目、齐全，无损坏、失效。 （7）水喷雾系统管道阀门进行启闭性试验，并添加润滑油，保证阀门正常启闭。 （8）消防水池清洁	1次/6月
		（1）不喷水的情况下进行雨淋阀、消防泵、报警及联动功能测试。 （2）水喷雾灭火系统止回阀清洁、检查要求： 1）清洗止回阀入口的过滤器，若发现损坏应立即更换； 2）进行水泵侧管道放水，检测止回阀性能，若阀后压力表跟随阀压力表一起快速下降，则止回阀的单项功能失效，应立即更换	1次/3月

续表

序号	项目	要求	周期
5	消防炮灭火系统	（1）对消防水池液位、泡沫液储液罐压力值数据进行记录。 （2）电磁阀启动、关闭试验动作正常。 （3）后台或遥控操作消防炮，俯仰、回转动作测试可用。 （4）加注润滑脂	1 次/3 月
		（1）使用消防炮喷射泡沫液后可能出现喷射效果不好的情况，该情况是因为水质中含小石子堵塞炮筒喷口所致，应将炮筒拆下，将堵在喷口处的石子清理干净后再将炮筒安装还原即可排除故障。 （2）每次喷射含酸碱或浑浊水后，应喷射清水以清洗水炮内腔流道；每次喷射完清水后，应使炮管处于俯角最低位置，以便余水排放。每半年定期按上述操作过程对转动部位进行清洗。 （3）当由于密封失效造成渗漏时，更换 O 形橡胶密封圈。 （4）修补剥落的漆膜	1 次/6 月

第6章 特高压多端混合直流输电典型故障分析

6.1 换流器区域故障

6.1.1 常规直流输电换流器交流侧故障

1. Y 桥阀侧单相接地故障

（1）故障特征：故障时刻，Y 桥为 6、1 阀导通，D 桥为 1、2 阀导通，故障电流经 D 桥的 2、1 阀，Y 桥 6 阀、Y 桥阀侧 B 相，流入 Y 桥阀侧 A 相接地点，再从接地极流向 D 桥 2 阀，形成故障电流回路。1 阀虽然导通，但不流过电流，故直流高压母线电流 I_{DCH} 减小为 0，换流器中性线电流 I_{DCN}、中性母线电流 I_{DLN} 均增大且相等。Y 桥阀侧单相接地故障波形如图 6-1 所示。

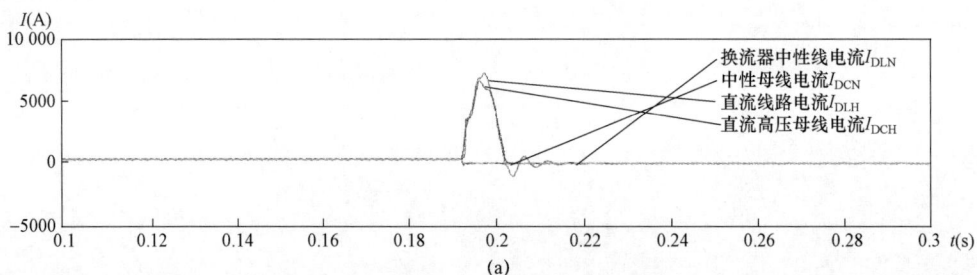

图 6-1 Y 桥阀侧单相接地故障波形（一）

（a）故障电流

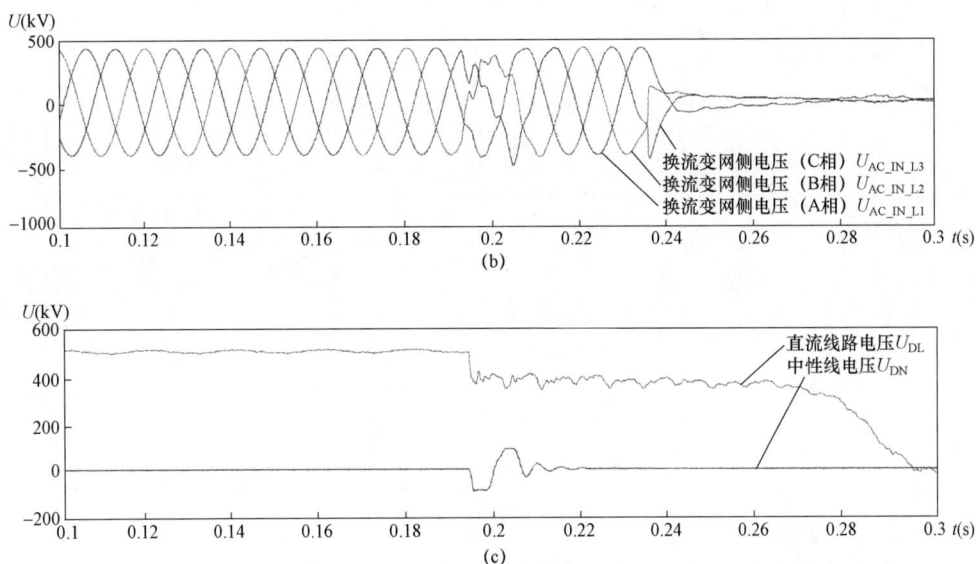

图 6-1　Y 桥阀侧单相接地故障波形（二）

（b）网侧电压；（c）故障电压

（2）保护动作：Y 桥阀短路保护（87CSY）动作、D 桥阀短路保护（87CSD）动作、阀直流差动保护（87DCM）Ⅰ段动作。

2. Y 桥阀侧相间故障

（1）故障特征：Y 桥 A、B 两相电流剧增且为等大反相的正弦波，D 桥电流降为 0，直流高压母线电流 I_{DCH}、换流器中性线电流 I_{DCN}、中性母线电流 I_{DLN} 均降为 0，故障电流通过 Y 桥阀侧 A、B 两相形成电流回路，短路电流 I_{VY} 在换流器闭锁后仍未消失，在交流断路器跳开后才消失。Y 桥阀侧相间故障波形如图 6-2 所示。

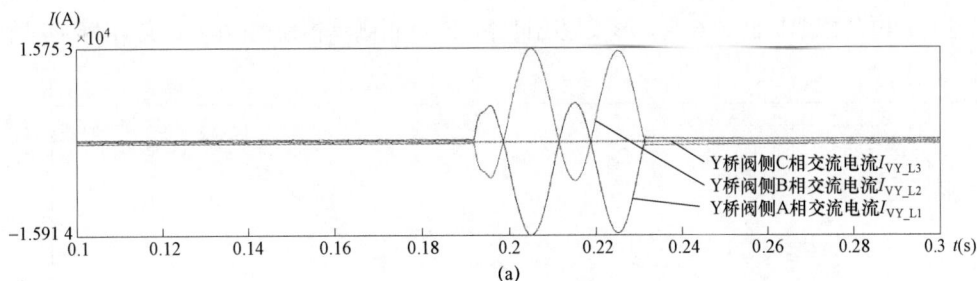

图 6-2　Y 桥阀侧相间故障波形（一）

（a）阀侧电流

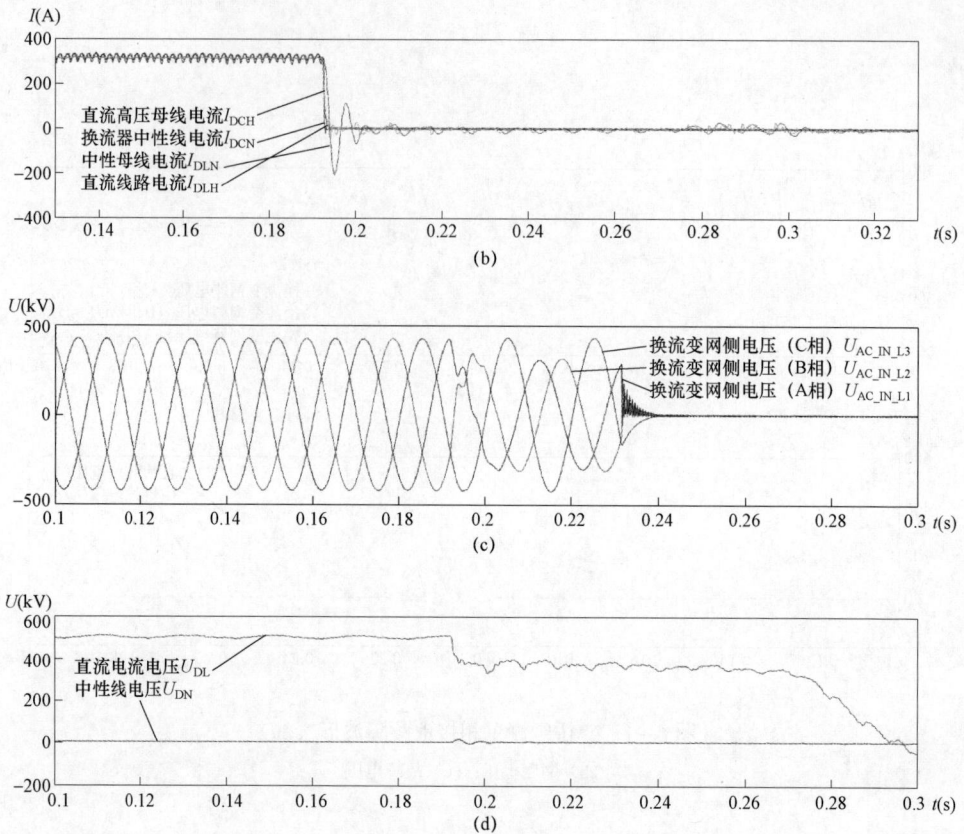

图 6-2　Y 桥阀侧相间故障波形（二）
（b）故障电流；（c）网侧电压；（d）故障电压

（2）保护动作：Y 桥阀短路保护（87CSY）动作。

3. D 桥阀侧单相接地故障

（1）故障特征：Y 桥电流减小为 0，D 桥电流增大，直流高压母线电流 I_{DCH} 减小为 0，换流器中性线电流 I_{DCN}、中性母线电流 I_{DLN} 增大且相等。仅在 D 桥阀侧接地点、D 桥、中性母线、接地极之间形成故障电流回路。D 桥 5、6 阀导通时，短路故障引起 A、B 相电流增大，可推测为 D 桥阀侧 A 相接地故障，导致短路电流经 6 阀流向 B 相，从 A 相流出后流入接地点，再从接地极回到 6 阀，形成短路回路。D 桥阀侧单相接地故障波形如图 6-3 所示。

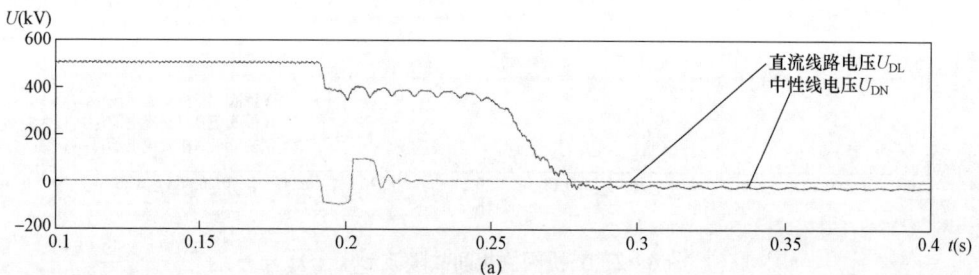

图 6-3　D 桥阀侧单相接地故障波形（一）
（a）故障电压

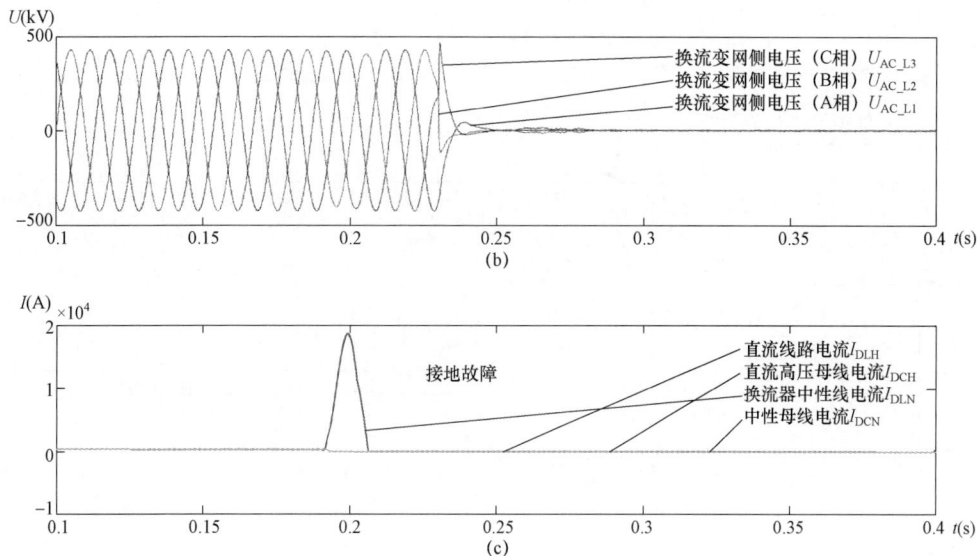

图 6-3　D 桥阀侧单相接地故障波形（二）

（b）网侧电压；（c）故障电流

（2）保护动作：D 桥阀短路保护（87SCD）动作，阀直流差动保护（87DCM）Ⅰ 段动作。

4. D 桥阀侧相间故障

（1）故障特征：D 桥 B、C 两相电流剧增且为等大反相的正弦波，Y 桥电流降为 0，直流高压母线电流 I_{DCH}、换流器中性线电流 I_{DCN}、中性母线电流 I_{DLN} 均降为 0，故障电流通过 D 桥阀侧 B、C 两相形成电流回路，短路电流 I_{VD} 在换流器闭锁后仍未消失，在交流断路器跳开后才消失。D 桥阀侧相间故障波形如图 6-4 所示。

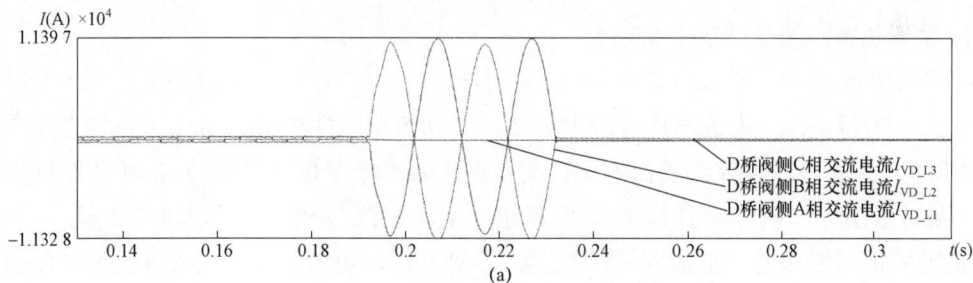

图 6-4　D 桥阀侧相间故障波形（一）

（a）阀侧电流

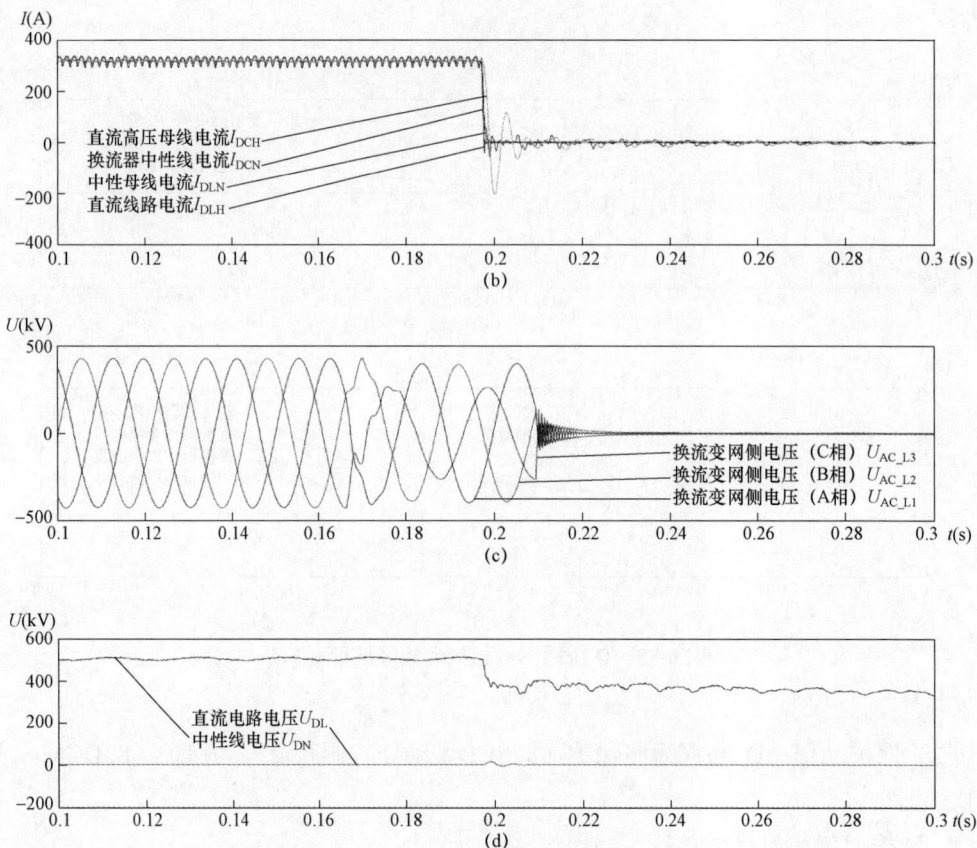

图 6-4　D 桥阀侧相间故障波形（二）

（b）故障电流；（c）网侧电压；（d）故障电压

（2）保护动作：D 桥阀短路保护（87SCD）动作。

6.1.2　常规直流输电换流器短路故障

1. 整流侧高压阀臂短路（AC 相）

（1）故障特征：Y 桥 2、3 阀换为 3、4 阀导通后，A、C 两相电流剧增且为等大反相的正弦波，D 桥电流、直流高压母线电流 I_{DCH}、换流器中性线电流 I_{DCN}、中性母线电流 I_{DLN} 均降低，直到逆变侧收到整流侧保护动作直流后才降为 0。可判断为 Y 桥 2 阀发生阀短路，导致 Y 桥 3、4 阀导通后，故障电流通过 Y 桥阀侧 C 相，流经短路的 2 阀，再到 4 阀，流到 Y 桥阀侧 A 相，形成 Y 桥阀侧 A、C 两相短路电流回路，故 A 相为负，C 相为正。整流侧高压阀臂短路故障波形如图 6-5 所示。

（2）保护动作：Y 桥阀短路保护（87SCY）动作，过电流保护（76，50/51C）Ⅰ 段动作。

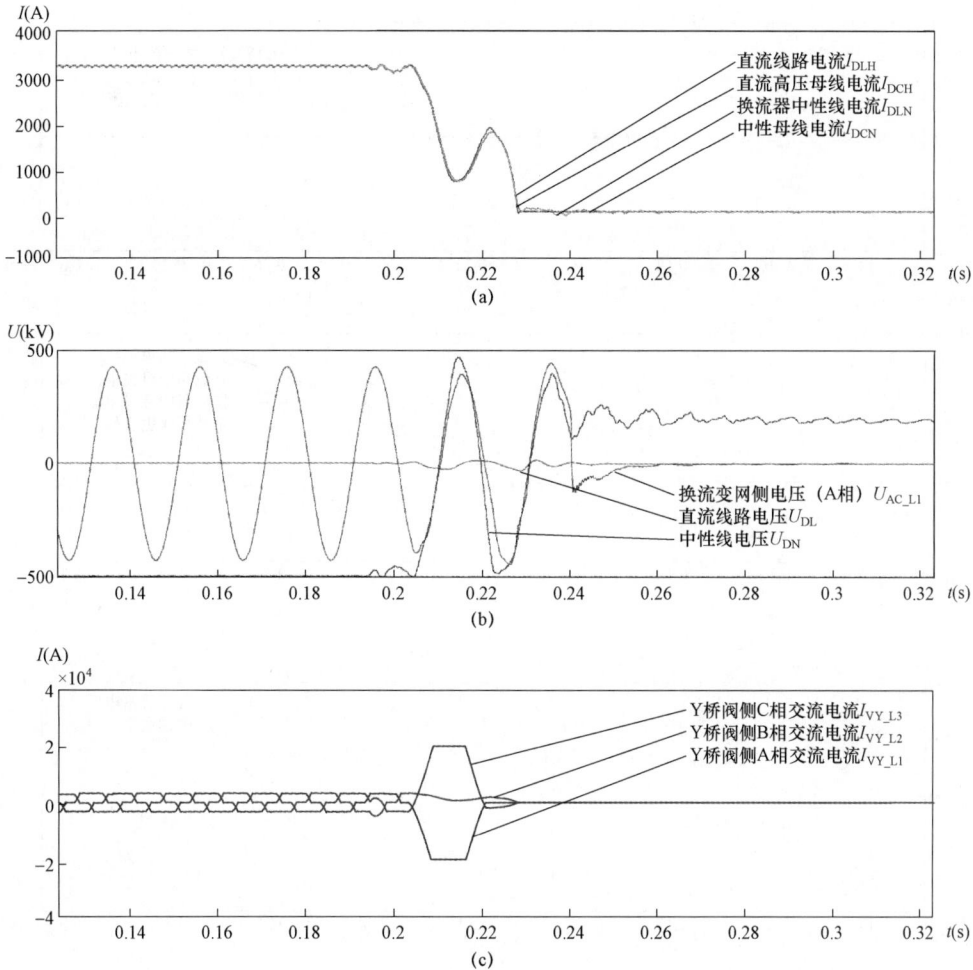

图 6-5　整流侧高压阀臂短路故障波形
（a）故障电流；（b）故障电压；（c）阀侧电流

2. 整流侧桥中点对地短路

（1）故障特征：D 桥 6、1 阀换为 1、2 阀导通后，发生故障，A、C 两相电流剧增且为等大反相，D 桥电流、直流高压母线电流 I_{DCH} 降为 0，换流器中性线电流 I_{DCN}、中性母线电流 I_{DLN} 均增大且与 D 桥故障电流相等。可判断为整流桥中点对地短路，故障电流通过接地极经 2 阀流入 D 桥阀侧 C 相，经 D 桥阀侧 A 相、1 阀流入接地点，再从接地极流回，形成对地短路电流回路，故 A 相为正，C 相为负。整流侧桥中点对地短路故障波形如图 6-6 所示。

（2）保护动作：D 桥阀短路保护（87SCD）动作，阀直流差动保护（87DCM）Ⅰ 段动作。

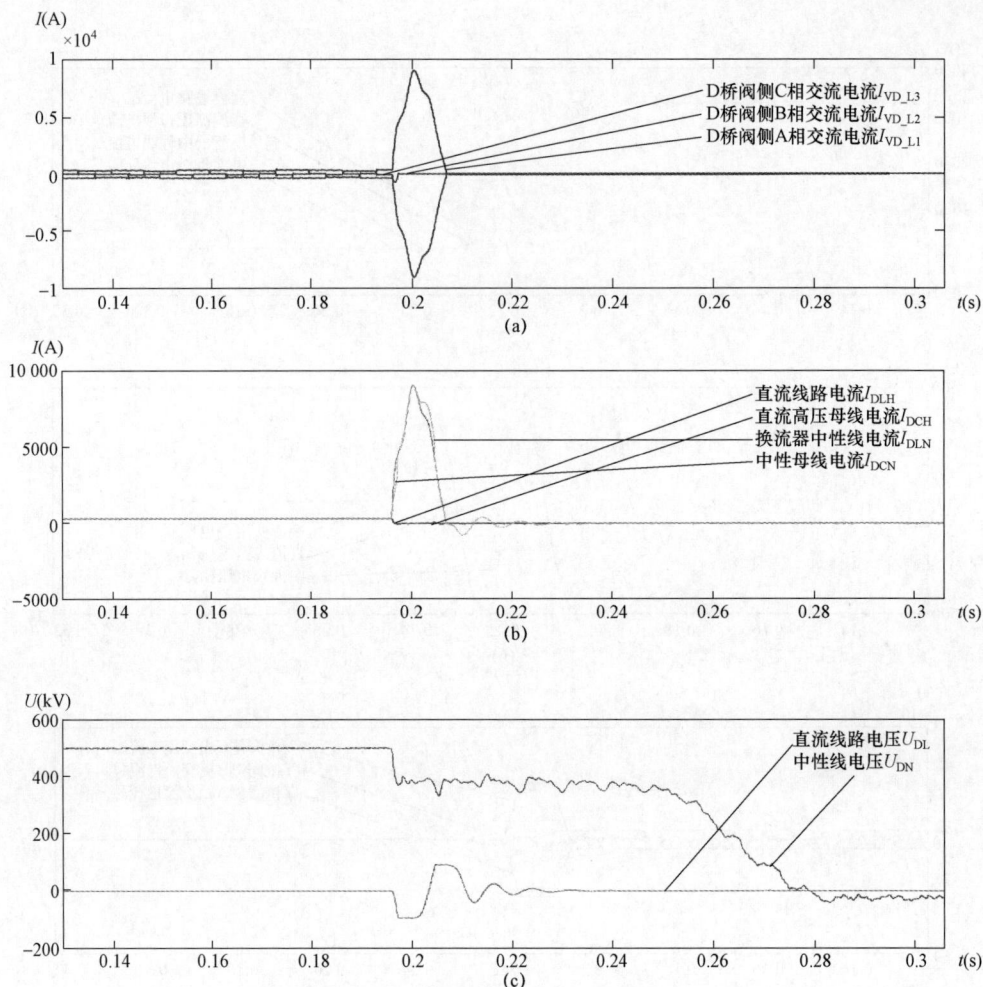

图 6-6 整流侧桥中点对地短路故障波形

（a）阀侧电流；（b）故障电流；（c）故障电压

3. 整流侧低压阀组桥臂短路

（1）故障特征：D 桥 6、1 阀换为 1、2 阀导通后，发生故障，A、C 两相电流剧增且为等大反相，D 桥电流、直流高压母线电流 I_{DCH} 降为 0，换流器中性线电流 I_{DCN}、中性母线电流 I_{DLN} 均增大且与 D 桥故障电流相等。可判断为整流桥中点对地短路，故障电流通过接地极经 2 阀流入 D 桥阀侧 C 相，经 D 桥阀侧 A 相、1 阀流入接地点，再从接地极流回，形成对地短路电流回路，故 A 相为正，C 相为负。整流侧低压阀组桥臂短路故障波形如图 6-7 所示。

（2）保护动作：D 桥阀短路保护（87SCD）动作，过电流保护（76，50/51C）Ⅰ段动作。

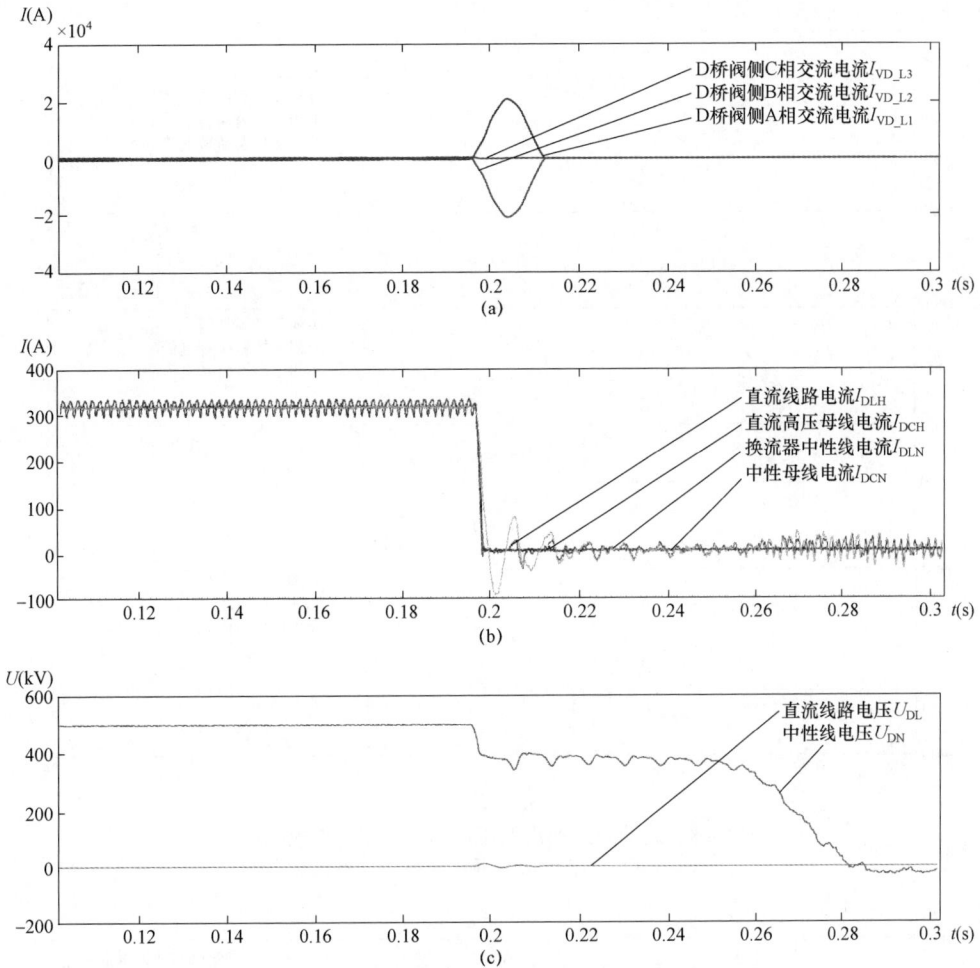

图 6-7　整流侧低压阀组桥臂短路故障波形

（a）阀侧电流；（b）故障电流；（c）故障电压

6.1.3　柔性直流输电换流器交流侧故障

1. 高端阀组换流变压器阀侧单相接地故障

以昆柳龙系统中柳州站极 2 高阀单阀组交流侧可控充电期间 A 相接地短路为例说明。

（1）故障特征：高端阀组换流变压器阀侧单相接地故障波形如图 6-8 所示。

（2）保护动作：直流差动保护（87DCM）Ⅰ段动作（Y-ESOF）；交流连接母线差动保护（87CH）A 相动作（X-ESOF）；上桥臂过电流保护（50/51C）C 相Ⅰ段动作（X-ESOF）。

2. 高端阀组换流变压器阀侧三相短路故障

以昆柳龙系统中双极四阀组运行（2000MW）、柳州站高端阀组换流变压器阀侧三相短路接地为例说明。

（1）故障特征：高端阀组换流变压器阀侧三相短路故障波形如图 6-9 所示。

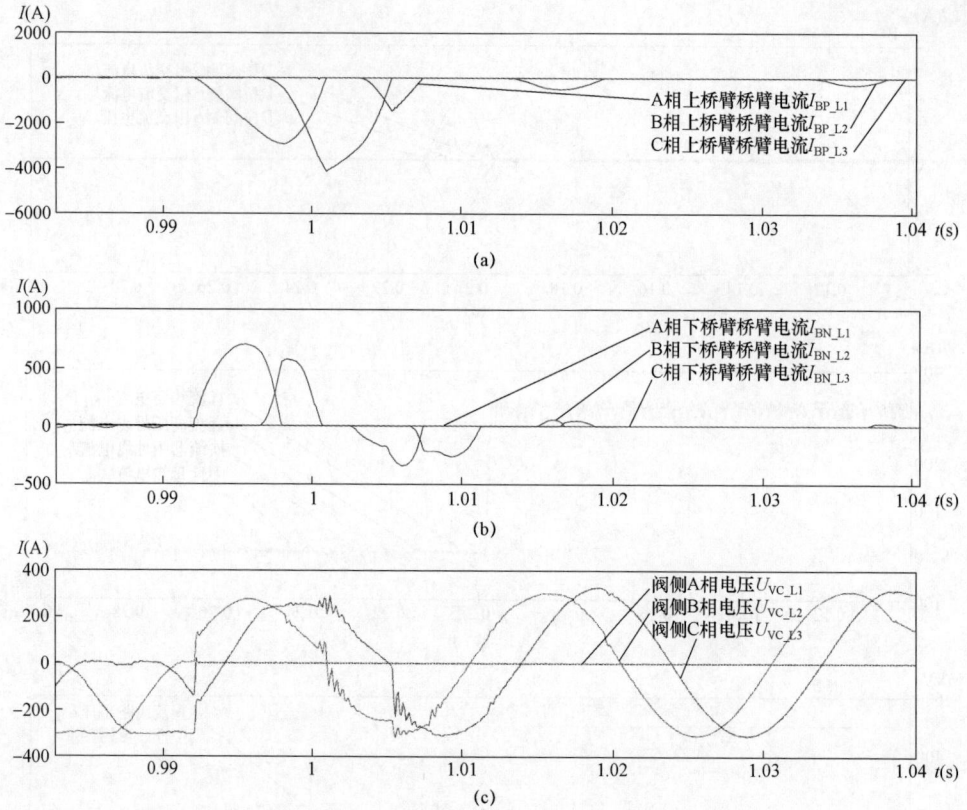

图 6-8　高端阀组换流变压器阀侧单相接地故障波形
（a）上桥臂电流；（b）下桥臂电流；（c）阀侧电压

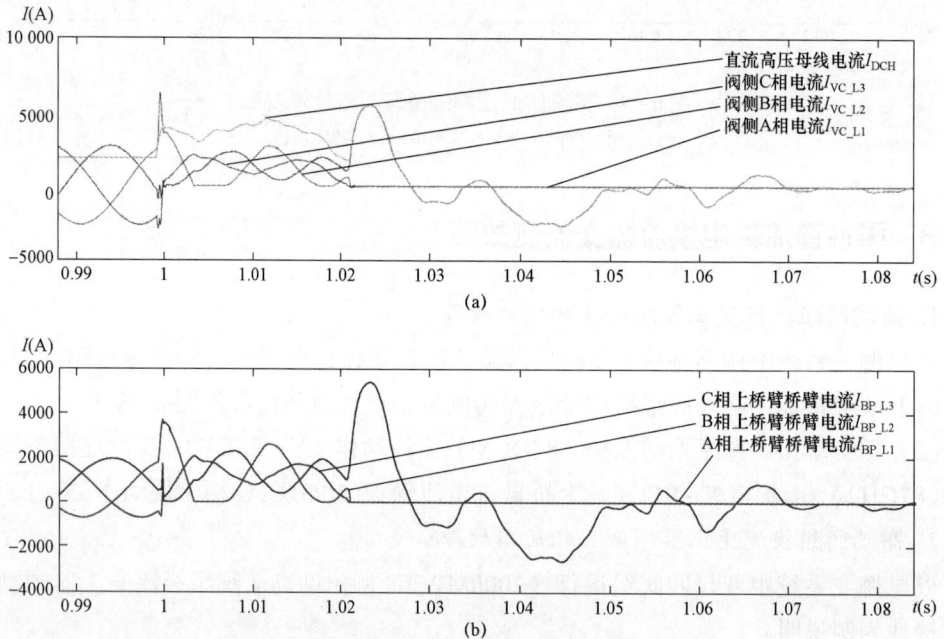

图 6-9　高端阀组换流变压器阀侧三相短路故障波形
（a）故障电流；（b）上桥臂电流

（2）保护动作：上桥臂过电流保护（50/51C）B 相Ⅰ段动作；上桥臂过电流保护（50/51C）A 相Ⅰ段动作；交流连接母线差动保护（87CH）A 相动作；交流连接母线差动保护（87CH）B 相动作；交流连接母线差动保护（87CH）C 相动作；直流差动保护（87DCM）Ⅰ段动作；交流连接母线过电流保护（50/51T）B 相Ⅰ段动作；交流连接母线过电流保护（50/51T）A 相Ⅰ段动作；交流连接母线过电流保护（50/51T）C 相Ⅰ段动作；桥臂电流上升率越限阀控请求跳闸；子模块平均值过压阀控请求跳闸。

6.1.4 柔性直流输电换流器短路故障

以昆柳龙系统中柳州站双极四阀组运行（800MW）、极 1 高阀换流器 C 相与极母线短路为例说明。

（1）故障特征：上桥臂电流 I_{BP} 与下桥臂电流 I_{BN} 故障相存在故障电流，I_{BP} 故障电流大约为 I_{BN} 的 2 倍。高压阀组上桥臂短路故障波形如图 6-10 所示。

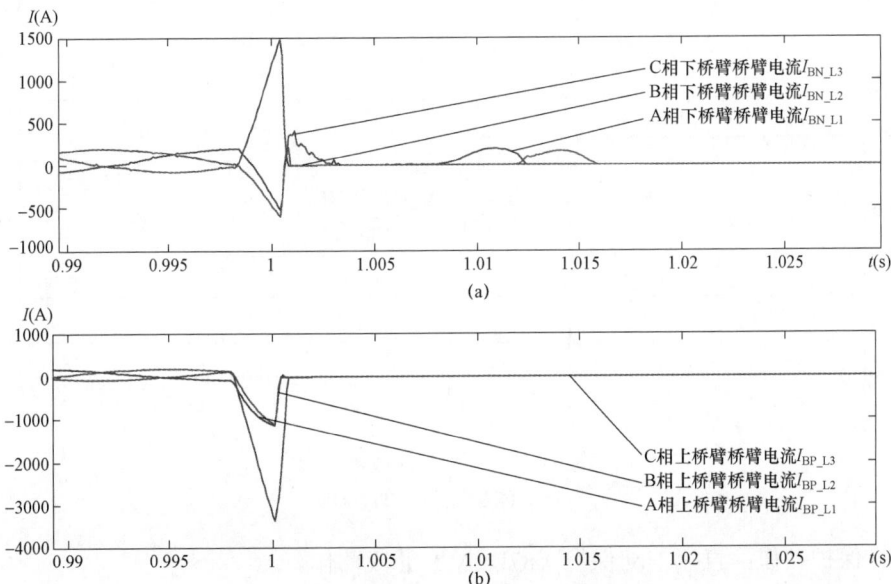

图 6-10 高压阀组上桥臂短路故障波形
（a）下桥臂电流；（b）上桥臂电流

（2）保护动作：桥臂差动保护（87CG）动作，上桥臂电抗器差动保护（87BR）动作；阀控暂停触发信号出现。

6.2 多端直流母线区域故障

6.2.1 中性母线故障分析

以昆柳龙系统中柳州站极 1 单极双阀组运行（400MW）、中性母线出现故障为例说明。

（1）故障特征：直流高压母线电流 I_{DCH} 与换流器中性线电流 I_{DCN} 之间不存在差流，故障发生后 I_{DCH}、I_{DCN} 逐渐降低，I_{DCH} 的下降速率大于 I_{DCN}。直流线路电压 U_{DL} 也随之下降。中性母线故障波形如图 6-11 所示。

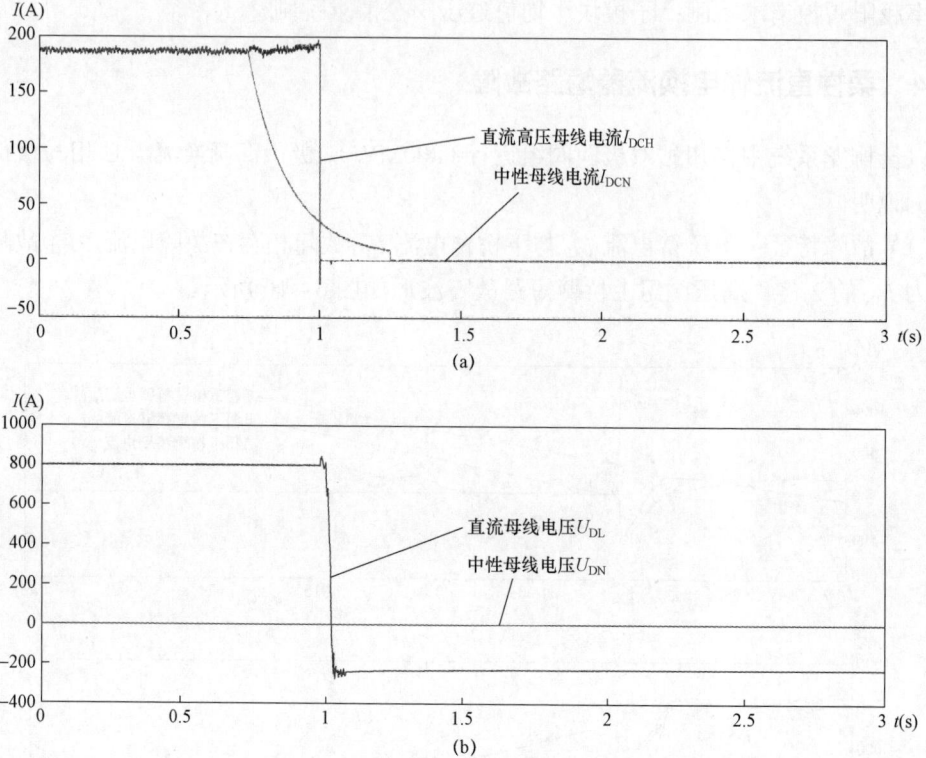

图 6-11　中性母线故障波形
（a）故障电流；（b）故障电压

（2）保护动作：直流差动保护（87DCM）Ⅱ 段动作。

6.2.2　接地极母线故障分析

以昆柳龙系统中柳州站极 1 金属回线转极 1 单极大地回线过程中，（MRTB 闭合后、GRTS 断开前）发生接地极母线接地故障为例说明。

（1）故障特征：直流高压母线电流 I_{DCH} 与换流器中性线电流 I_{DCN} 之间不存在差流，故障发生后 I_{DCH}、I_{DCN} 逐渐降低至 0。直流中性母线电流 I_{DLN} 也降至 0，接地极线路电流 I_{DEE1}、I_{DEE2} 也随之降至 0。接地极母线接地故障波形如图 6-12 所示。

（2）保护动作：接地极母线差动保护（87EB）跳闸。

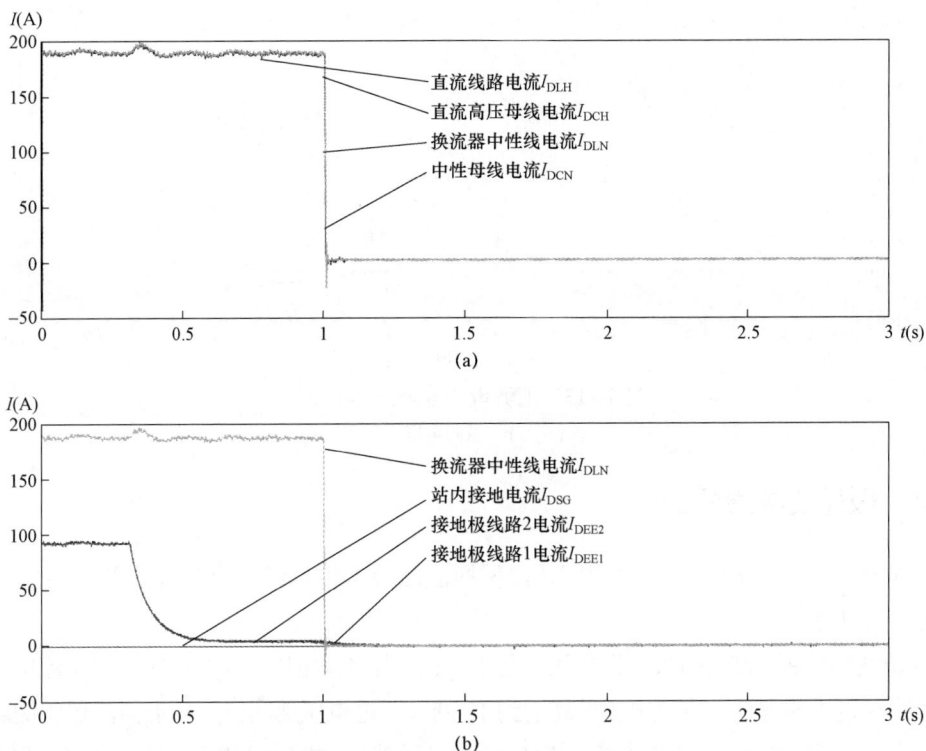

图 6-12　接地极母线接地故障波形
（a）故障电流；（b）接地极电流

6.2.3　汇流母线故障分析

以昆柳龙系统中柳州站双极四阀组运行（800MW）、昆北侧汇流母线高阻接地故障为例说明。

（1）故障特征：汇流母线故障波形如图 6-13 所示。

（2）保护动作：昆柳线路保护，汇流母线差动保护Ⅱ段（87DCB）动作/柳龙线路保护，汇流母线差动保护Ⅱ段（87DCB）动作。

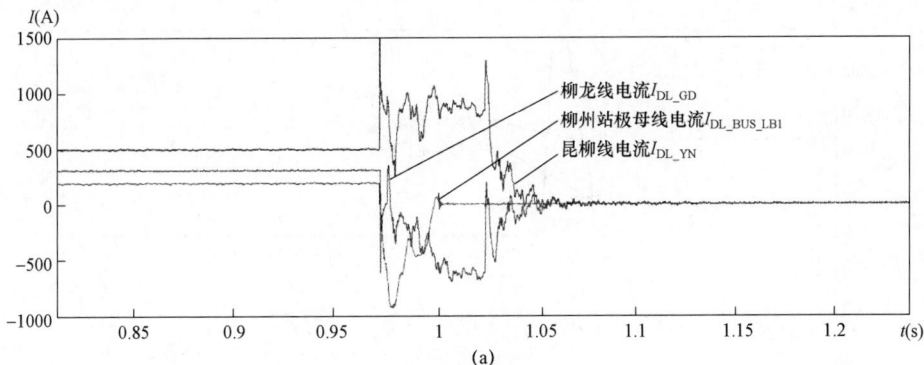

图 6-13　汇流母线故障波形（一）
（a）线路电流

图 6-13　汇流母线故障波形（二）

（b）故障电压

6.2.4　极母线故障分析

以昆柳龙三端双极四换流器运行，柳州换流站极 1 极母线过电压导致低端换流器阀侧避雷器动作为例。

（1）故障特征：柳州站极 1 极母线电压 U_{DL}、阀组中点电压 U_{DM}、中性母线直流电压 U_{DN} 出现了明显过电压现象，直流电压最高达到 1230kV；过电压期间极 1 低端换流器阀侧避雷器动作，极 1 直流线路 I_{DLH} 和中性母线电流 I_{DCN} 出现差流。极母线故障波形如图 6-14 所示。

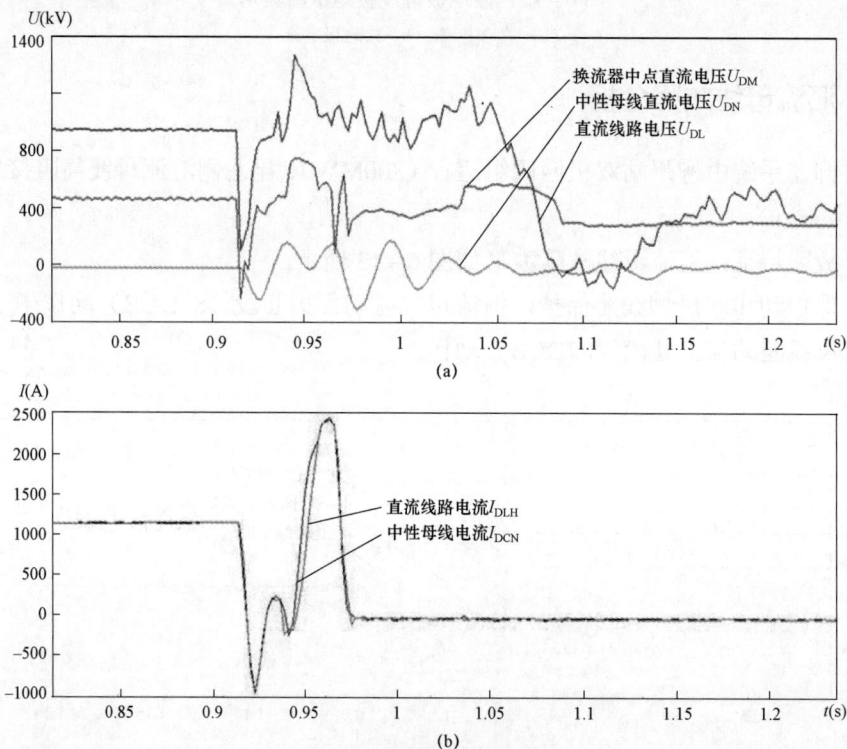

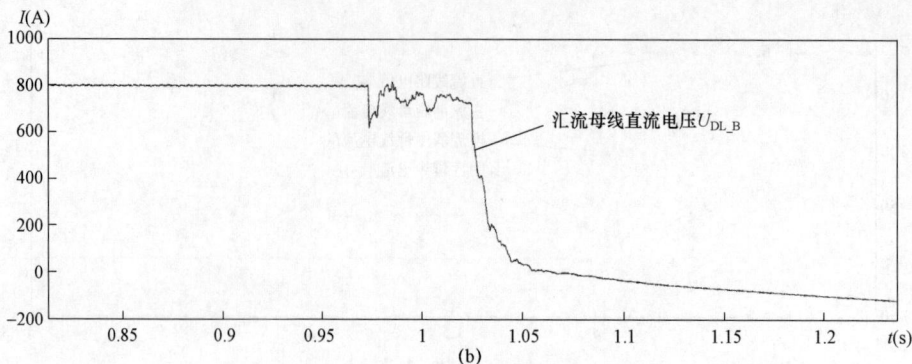

图 6-14　极母线故障波形

（a）故障电压；（b）故障电流

（2）保护动作：直流差动保护（87DCM）动作跳闸。

6.3　多端直流线路区域故障

6.3.1　柳龙线路故障分析

以昆柳龙系统中昆龙两端双极三换流器运行（极 1 双换流器，极 2 单换流器），柳龙线极 2 直流线路遭遇雷击为例。

（1）故障特征：昆柳线极 2 直流电压先从 −400kV 上升至 −1392kV 后下降，电流先下降后上升，电压变化率达到 −3939kV/ms，电压比电流先下降；柳龙线极 2 直流电压先从 −400kV 上升至 −1391kV 后下降，电压变化率达到 −3738kV/ms，电流先下降后上升，电流比电压先下降。直流线路故障波形如图 6−15 所示。

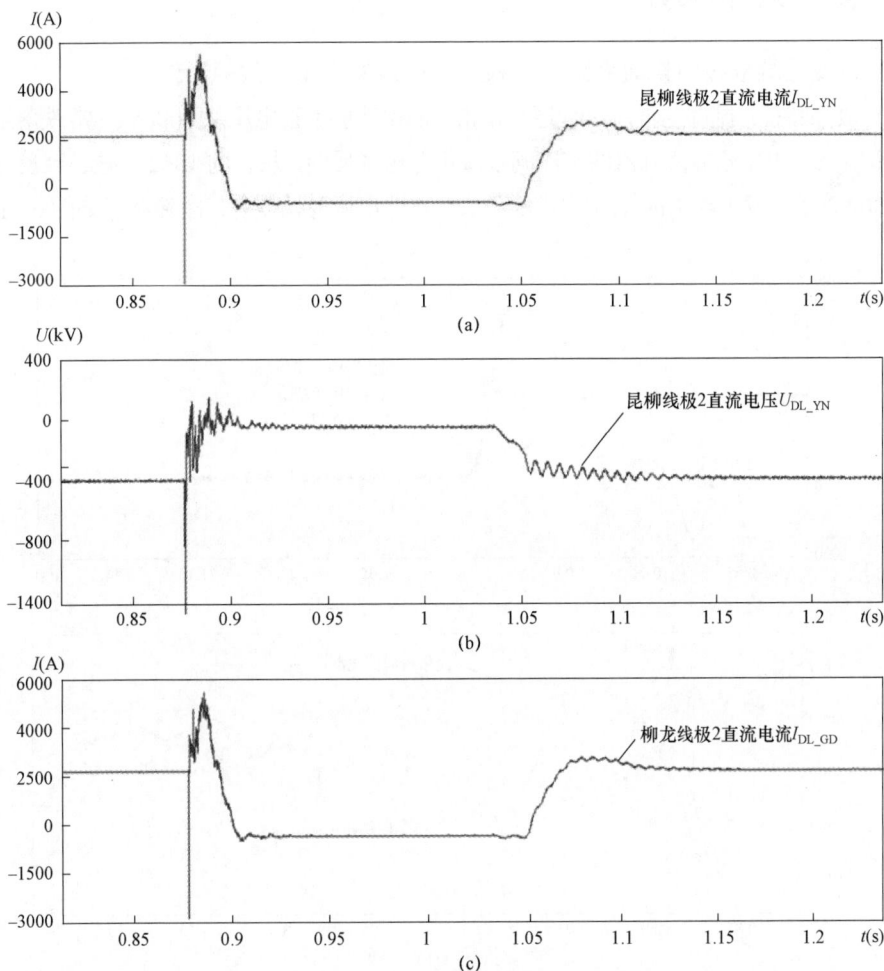

图 6−15　直流线路故障波形（一）

（a）昆柳线故障电流；（b）昆柳线故障电压；（c）柳龙线故障电流

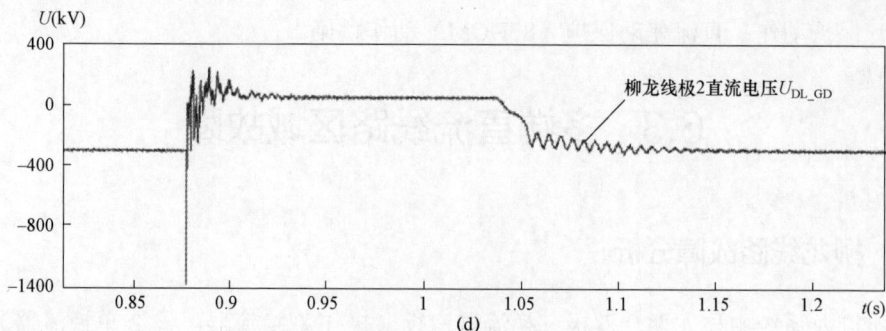

图 6-15　直流线路故障波形（二）

（d）柳龙线故障电压

（2）保护动作：昆柳段电压突变量保护（27du/dt）动作、行波保护（WFPDL）不动作，柳龙段电压突变量保护（27du/dt）不动作，行波保护（WFPDL）动作。

6.3.2　昆柳线路故障分析

以昆柳龙三端双极四换流器运行，极 1 昆柳线发生雷击故障为例。

（1）故障特征：昆柳龙直流运行遭受雷击，柳州站极 1 直电压从 800kV 异常跌落至 98kV，流入柳州站极 1 和高低端换流器的电流同步减小并出现反向，从正向 1062A 减小至反向电流峰值约 -530A，故障发生约 1ms 后雷击电流消失，直流电压开始恢复，故障波形如图 6-16 所示。

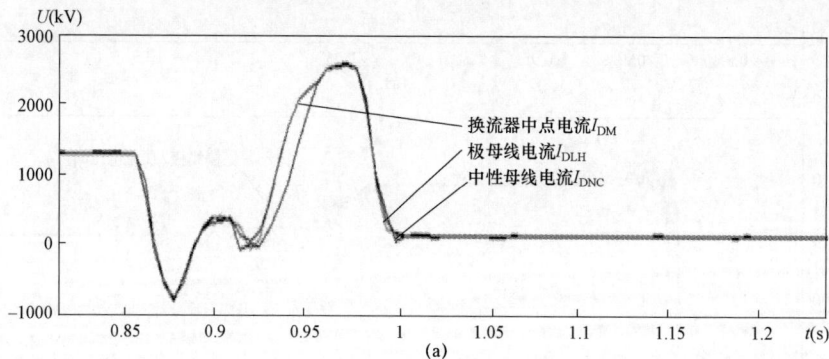

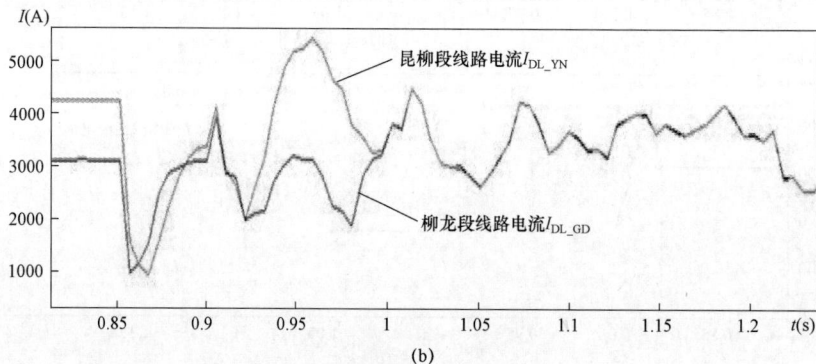

图 6-16　直流线路故障波形（一）

（a）极区电流；（b）线路电流

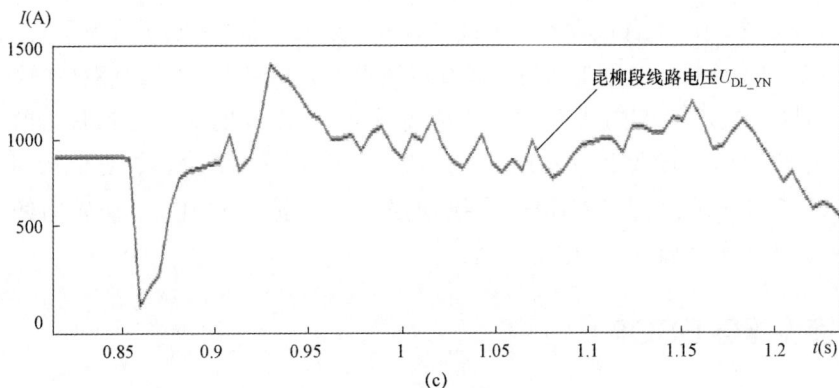

图 6-16　直流线路故障波形（二）

（c）故障电压

（2）保护动作：行波保护（WFPDL）动作。

6.4　多端直流故障保护动作策略

根据故障区域或故障设备不同，对于多端直流故障采取不同的保护动作策略。在直流故障处理过程中，往往需要根据保护动作后果启动相应的处置流程，以下为常见的保护动作策略。

6.4.1　极层 X-ESOF

极层 X-ESOF 主要针对多端直流 2 个以上换流站运行的工况，动作后果为所有换流站故障极均闭锁。故障处置原则为尽快消除入地电流，可以转为单极金属回线运行。

导致该后果的故障区域主要有汇流母线、与单一送端或单一受端连接的线路、极母线（在没有直流线路开关的情况下）。涉及的保护包括汇流母线差动保护（87DCB_BUS）、金属回线纵差保护（87MRL）、金属回线横差保护（87DCLT）、交直流碰线保护（81-I/U）、极母线差动保护（87HV），极母线开关保护（82HSS）等。

6.4.2　极层 Y-ESOF

极层 Y-ESOF 主要针对多端直流 2 个以上换流站运行的工况，动作后果为单个换流站的故障极闭锁，其他极保持运行，出现"$N+(N-1)$"的工况，各站之间均可能出现入地电流。故障处置原则为尽快消除入地电流和恢复直流功率，根据现场实际情况可以暂时通过降低功率减少入地电流保持"$N+(N-1)$"运行；如果故障处理时间较长，还可以转为"$N+0$"（单极金属）运行或故障换流站所有极均退出运行。

导致该后果的故障区域主要有极母线区域（从阀厅高压直流穿墙套管至直流出线上的

直流电流互感器之间的所有极设备和母线设备），极中性母线区域（从阀厅低压直流穿墙套管至接地极线路连接点之间的所有设备和母线设备）和双极区域（从双极中性母线的电流互感器到接地极连接点的所有设备和母线设备）。涉及的保护包括极母线差动保护（87HV）、中性母线差动保护（87LV）、直流差动保护（87DCM）、直流后备差动保护（87DCB）、旁路开关保护（82BPS）、接地极开路保护（59EL）、金属回线接地保护（51MRGF）、接地系统保护（87GSP）等。

6.4.3　换流器层 ESOF

换流器层 ESOF 主要针对特高压多端直流单极双换流器运行的工况，动作后果为所有换流站均闭锁同一极的单个换流器，包括故障换流器。故障处置原则主要为恢复直流功率，即转移损失的功率至其他运行换流器并尽快将故障换流器检修处理。

导致该后果的故障区域覆盖启动回路、柔性直流输电变压器阀侧套管至阀厅极线侧的直流穿墙套管在内的所有设备和母线设备。涉及的保护包括交流连接母线差动保护（87CH）、交流过电压保护（59AC）、启动电阻过电流保护（50/51R）、桥臂差动保护（87CG）、桥臂过电流保护（50/51C）、桥臂电抗差动保护（87BR）、直流过电压开路保护（59DC）、直流低电压保护（27DC）等。